工业和信息化"十三五"人才培养规划教材

据技术类

Hadoop 大数据处理技术基础与实践

第2版 | 微课版

安俊秀 靳宇倡 郭英 编著

Big Data Processing Technology Based on Hadoop

人民邮电出版社
北京

图书在版编目（CIP）数据

Hadoop大数据处理技术基础与实践 ：微课版 / 安俊秀，靳宇倡，郭英编著. -- 2版. -- 北京 ：人民邮电出版社，2020.9（2024.2重印）

工业和信息化“十三五”人才培养规划教材. 大数据技术类

ISBN 978-7-115-54568-8

Ⅰ. ①H… Ⅱ. ①安… ②靳… ③郭… Ⅲ. ①数据处理软件－高等学校－教材 Ⅳ. ①TP274

中国版本图书馆CIP数据核字(2020)第141199号

内 容 提 要

全书共有 12 章，从 Hadoop 概述开始，介绍了 Hadoop 的安装与配置管理，并对 Hadoop 的生态体系架构进行了介绍，包括 HDFS 技术、YARN 技术、MapReduce 技术、Hadoop I/O 操作、海量数据库技术 HBase、ZooKeeper 技术、分布式数据仓库技术 Hive、分布式数据分析工具 Pig，以及数据迁移工具 Sqoop，最后对大数据实时处理技术做了简单介绍，旨在让读者了解当前其他的大数据处理技术。

本书除了介绍 Hadoop 的理论外，还介绍了如何使用各组件，但因为只是介绍基础的使用，没有涉及底层的高级内容，所以本书只是起引导作用，旨在让读者了解 Hadoop 并能够使用 Hadoop 的基本功能，并不是学习 Hadoop 的完全手册。

本书适合作为高等院校、高等职业院校大数据、物联网、云计算及其他计算机相关专业的教材，也可供云计算与大数据技术相关的培训班使用。

◆ 编　　著　安俊秀　靳宇倡　郭　英

责任编辑　马小霞

责任印制　王　郁　马振武

◆ 人民邮电出版社出版发行　　北京市丰台区成寿寺路 11 号

邮编　100164　　电子邮件　315@ptpress.com.cn

网址　https://www.ptpress.com.cn

大厂回族自治县聚鑫印刷有限责任公司印刷

◆ 开本：787×1092　1/16

印张：16.5　　2020 年 9 月第 2 版

字数：444 千字　　2024 年 2 月河北第10次印刷

定价：56.00 元

读者服务热线：(010) 81055256　印装质量热线：(010) 81055316

反盗版热线：(010) 81055315

广告经营许可证：京东市监广登字 20170147 号

前言 PREFACE

如今，人类社会正进入数据爆炸的时代。根据权威机构预计，全球数据总量每过两年就会增长一倍，到 2020 年，人类拥有的数据总量会达到惊人的 3.5ZB。大数据时代的力量，正在积极地影响着人们生活的方方面面，深刻改变着人类的思维、生产、生活和学习方式。党的二十大报告提出，建设现代化产业体系，坚持把发展经济的着力点放在实体经济上，推进新型工业化，在大数据时代，利用数据服务实体经济，积极推动新一代信息技术、生物技术、新能源、新材料等战略性新兴产业发展，提升产业链供应链的现代化水平，加快建设制造强国、交通强国、网络强国、数字中国。本书积极响应需求，利用大数据知识体系，积极推动新一代信息技术和大数据人才教育工作。

在大数据时代，如何高效存储数据尤为重要。Hadoop 具备的可扩展性、高容错性、高可靠性、高性能、大存储量等特点是其成为大型公司搭建云计算平台的主流技术的重要原因，Hadoop 已经成为云计算与大数据平台的事实标准。本书定位于高等院校、高等职业院校云计算、大数据和物联网专业的核心专业基础课程教材，结合学生群体的就业需求，以实用为目的，避免讲述复杂的理论知识，重点讲解 Hadoop 技术架构的典型应用。

在深刻领会二十大精神中教育科技人才、法治建设、国家安全等方面部署的背景下，本书将教育科技人才放在首位，在读者具有一定计算机网络和分布式系统的知识基础上，尽力完善大数据基础教学体系，通过微课和 PPT 等多元性教学方式以及课后实践，以实施创新驱动的教学方略，不断塑造教材在大数据时代发展下的动能新优势。

本书第 1 版于 2015 年上市，广受好评。Hadoop 作为一种开源软件，其生态系统是开放的，它包含的软件种类多，版本升级较快。与第 1 版相比，第 2 版技术更加新颖，所有技术都针对目前最新内容进行了更新。本书使用新版本 CentOS-7-x86_64 和 Hadoop-2.7.7 编写；去掉了 Hadoop 1.x 与 Hadoop 2.x 这一章内容，并把 YARN 单独作为一章详细阐述。此外，几乎每一章节都增加了新内容，而且修改了章节，细节更加完善，并对第 1 版存在的缺陷和不足进行了修正。本书还增加了微课，每小节的微课视频长度大多在 5 分钟左右，最长不超过 10 分钟。微课内容主要是对书中知识的拓展性增补或对复杂的操作内容进行实战演练。

全书共分为 12 章。第 1 章介绍 Hadoop 起源及体系架构；第 2 章介绍 Hadoop 的安装与配置管理；第 3 章介绍 Hadoop 分布式文件系统 HDFS 技术；第 4 章介绍 Hadoop 资源管理器调度平台 YARN 技术；第 5 章介绍 MapReduce 技术；第 6 章介绍 Hadoop I/O 操作；第 7 章介绍海量数据库 HBase 技术；第 8 章介绍 ZooKeeper 分布式协调服务；第 9 章介绍分布式数据仓库技术 Hive；第 10 章介绍分布式数据分析工具 Pig；第 11 章介绍 Hadoop 与 RDBMS 数据迁移工具 Sqoop；第 12 章介绍大数据实时处理技术。

本书的编写汇集了多位学者的智慧，由成都信息工程大学的安俊秀教授和四川师范大学的靳宇倡教授、郭英教授编著。第 1 章由刘鎏、靳宇倡编写；第 2 章和第 4 章由孙琛恺、卢晓晓、安俊秀编写；第 3 章由柴英杰、安俊秀编写；第 5 章、第 6 章由卢晓晓、郭英编写；第 7～11 章由孙琛恺、邓鹏飞、安俊秀编写；第 12 章由文仁强、靳宇倡编写。同时，本书的编写和出版还得到了国家自然科学基金项目（71673032）和国家社会科学基金项目（15BSH025）的支持。

本书除了介绍 Hadoop 的理论知识外，还介绍如何使用各组件，但因为只是介绍基础的使用，没有涉及底层的高级内容，所以本书只起引导作用，旨在让读者了解 Hadoop 并能够使用 Hadoop 的基本功能，不是学习 Hadoop 的完全手册。自二十大以来，在统筹推进社会主义经济、政治、文化、社会、生态文明建设等方面部署中，现代化的互联网和大数据技术无疑发挥着重要的作用。通过学习本书，读者能具备分布式存储编程与应用能力、非结构化数据库技术与应用能力、大数据分析与处理能力、大数据挖掘技术应用能力及 Hadoop 平台部署能力。

本书每章都附有一定量的习题，以帮助学生进一步巩固基础知识；还附有实践性较强的实训，供学生上机操作使用；另外，每章还附有针对重难点的微课视频，供学生观看。本书配备了 PPT 课件、源代码、习题答案、微课等丰富的教学资源，可在人邮教育社区（www.ryjiaoyu.com）免费下载。

安俊秀

2023 年 5 月于成都信息工程大学

目录 CONTENTS

第 7 章

第 8 章

第 9 章

第 10 章

第 11 章

第 12 章

附录 A

附录 B

第1章 Hadoop概述

01

Hadoop 是阿帕奇（Apache）旗下的一个开源计算框架，具有高可靠性和可扩展性，可以部署在大量成本低廉的个人计算机（Personal Computer，PC）上，为分布式计算和存储任务提供基础支持。本章通过介绍 Hadoop 的起源发展、体系架构、分布式开发以及应用案例，让读者了解 Hadoop 与大数据处理的关系，及其简单结构和设计思想。

1.1 Hadoop 简介

Hadoop 是针对大数据处理研发的一个开源分布式系统架构，是一个有效解决分布式存储和并行计算的平台。Hadoop 是搭建在廉价 PC 上的分布式集群系统架构，具有高可用性、高容错性、可扩展性等众多优点。因其开源、低成本的特点，备受企业追捧，目前已成为最常用的大数据处理平台之一。

微课 1-1 大数据的 4V 特征

Hadoop 的实现基于 Google 发布的三篇经典论文：*MapReduce*、*Google File System* 和 *BigTable*，Google 虽然没有将其核心技术开源，但这三篇论文已向开源社区的开发者指明了方向。Hadoop 之父道·卡廷（Doug Cutting）基于 Google 的三篇论文使用 Java 语言实现了 Hadoop，并将其开源，随后，Apache 基金会整合道·卡廷以及其他 IT 公司的贡献成果，推出了 Hadoop 生态系统。

Hadoop 是以分布式文件系统（Hadoop Distributed File System，HDFS）和 MapReduce 为核心，以及一些支持 Hadoop 的其他子项目的通用工具组成的分布式计算系统，主要用于海量数据（大于 1TB）的高效存储、管理和分析。Hadoop 以分布式集群为框架，可以动态地添加和删除节点，能为空闲的计算节点分配任务，并完成相关数据计算与存储。此外，Hadoop 还能够实现各个节点之间的数据动态交互通信，这使得 Hadoop 平台拥有较高的数据处理效率，并且平台的副本策略默认保存着多个数据副本，当有任务执行失败时，能自动重新分配任务，具有很高的容错性；同时只需要廉价的服务器或 PC 就可以构建 Hadoop 平台，不需要额外购买其他硬件，又是开源的，进一步降低了企业的成本。腾讯、华为等互联网巨头都部署了基于 Hadoop 平台的大数据分布式系统。

简单来说，Hadoop 是一个可以更容易开发和处理大规模数据的软件平台。Hadoop 这个名字不是一个缩写，它是一个虚构的名字。该项目的创建者道·卡廷这样解释 Hadoop 的得名：“这个名字是我的孩子给一个棕黄色的大象玩具起的。我的命名标准就是简短、容易发音和拼写，没有太多的意义，并且不会被用于别处。小孩子恰恰是这方面的高手。”图 1-1 所示为 Hadoop 的 Logo。

图 1-1 Hadoop 的 Logo

Hadoop 最早起源于 Nutch。Nutch 是基于 Java 实现的开源搜索引擎，2002 年由道·卡廷领衔的雅虎（Yahoo!）开发。2003 年，Google 在操作系统原理会议（Symposium on Operating Systems Principles，SOSP）上发表了有关 Google 分布式文件系统（Google File System，GFS）的论文；2004 年，Google 在操作系统设计与实现会议（Operating System Design and Implementation，OSDI）上发表了有关 MapReduce 分布式处理技术的论文。道·卡廷意识到，GFS 可以解决在网络爬取和索引过程中产生的超大文件存储需求的问题，MapReduce 框架可用于处理海量网页的索引问题。但是，Google 仅仅提供了思想，并没有提供开源代码。于是，在 2004 年，Nutch 项目组将这两个系统在原有理论基础上完成了开源实现，形成了 Hadoop，成为真正可扩展应用于 Web 数据处理的技术。

Facebook、亚马逊（Amazon）、雅虎、Twitter 等互联网信息提供商和电商，基于 Hadoop 平台为用户提供快速的服务和精准的分析。在 Facebook 部署的 Hadoop 集群内，计算机超过了 2 000 台，CPU 核心超过 23 000 个，可存储的数据量达到 36PB，用于存储日志数据，支持其上的数据分析和机器学习。亚马逊是全球最大的电子商务网站之一，其根据用户的购买和搜索日志数据搭建 Hadoop 集群，完成用户端的购买、浏览分析和商品的智能推荐。雅虎于 2008 年搭建完成了 Hadoop 云平台，并应用于网页搜索、日志分析及广告推送。IBM、Oracle 和惠普（HP）等解决方案的提供商或设备商主要基于 Hadoop 架构平台为企业客户提供大数据应用产品和解决方案。例如，IBM 提供的大数据产品包括基于 Hadoop 开源平台开发的 IBM 大数据平台系统，以及流数据处理软件 Streams、分析工具 Big Insights 等面向 Hadoop 云平台开发的数据分析产品。在此方面，国内知名互联网企业有阿里巴巴、百度、腾讯和华为等。淘宝是目前国内最大的 C2C 电子商务平台，也是国内第一批采用 Hadoop 升级数据平台的企业之一。从 2008 年开始，淘宝开始研究基于 Hadoop 的数据处理平台“云梯（Cloud Ladder）”分布式架构，云梯使用的 Hadoop 集群是全国最大的 Hadoop 集群之一，支撑了淘宝的整个数据分析工作，整个集群达到 17 000 个节点，数据总容量达 24.3PB，并且每天仍以 255TB 的速度不断增长。百度基于 Hadoop 的海量数据处理平台，平均每天处理的数据量超过了 20PB，其处理平台主要用于网页爬取和分析、搜索日志存储和分析、在线广告展示与点击等商业数据分析挖掘。腾讯以其自主研发的台风（Typhoon）云平台进行在线数据处理和离线批量数据处理，同时应用 Hadoop 解决了一些海量数据环境下的特殊问题，如网页分析、数据挖掘，并且腾讯对台风云平台进行了一些扩展，以支持 Hadoop 程序在其上运行，提高了资源利用率和 Hadoop 的可扩展性。

Hadoop 是基于以下思想设计的。

（1）可以通过普通机器组成的服务器群来分发以及处理数据，这些服务器群总计可达数千个节点，使高性能服务成本极度降低（Economical）。

（2）极度减小服务器节点失效导致的问题，不会因某个服务器节点失效导致工作不能正常进行，因为 Hadoop 能自动维护数据的多份复制，并且在任务失败后能自动重新部署计算任务，实现了工作可靠性（Reliable）和弹性扩容能力（Scalable）。

（3）能高效率（Efficient）地存储和处理千万亿字节（PB）的高数据，通过分发数据，Hadoop 可以在数据所在的节点上并行地处理它们，这使得处理速度非常高。一个 10TB 的巨型文件，在传统系统上，将需要很长时间。但是在 Hadoop 上，因采用并行执行机制，所以可以大大提高效率。

（4）文件不会被频繁写入和修改；机柜内的数据传输速率大于机柜间的数据传输速率；在海量数据的情况下，移动计算比移动数据更高效。

1.2 Hadoop 体系架构

Hadoop 实现了对大数据进行分布式并行处理的系统框架，是一种数据并行处理的方法。Hadoop 由实现数据分析的 MapReduce 计算框架和实现数据存储的 HDFS 有机结合组成。MapReduce 自动把应用程序分割成许多小的工作单元，并把这些单元放到集群中的相应节点上执行，而 HDFS 负责存储各个节点上的数据，实现高吞吐率的数据读写。Hadoop 的基础架构如图 1-2 所示。

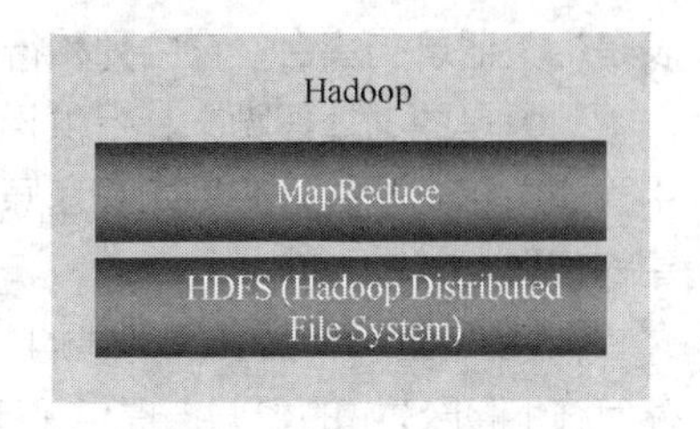

图 1-2　Hadoop 的基础架构

HDFS 是 Hadoop 的存储系统，从用户角度看，它与其他文件系统没有什么区别，都具有创建文件、删除文件、移动文件和重命名文件等功能。MapReduce 则是一个分布式计算框架，分为 Map（映射）和 Reduce（归约）过程，是一种将大任务细分处理再汇总结果的方法。

MapReduce 的主要吸引力在于：它支持使用廉价的计算机集群对规模达到 PB 级的数据集进行分布式并行计算，是一种编程模型。它由 Map 函数和 Reduce 函数构成，分别完成任务分解与结果汇总。MapReduce 的用途是批量处理，而不是实时查询，即特别不适用于交互式应用。它能使编程人员在不会分布式并行编程的情况下，将自己的程序运行在分布式系统上。

HDFS 中的数据具有“一次写，多次读”的特征，即保证一个文件在一个时刻只能被一个调用者执行写操作，但可以被多个调用者执行读操作。HDFS 以流式数据访问模式来存储超大文件，并运行于商用硬件集群上。HDFS 具有高容错性，可以部署在低廉的硬件上，提供了对数据读写的高吞吐率，非常适合具有超大数据集的应用程序。HDFS 为分布式计算存储提供了底层支持，HDFS 与 MapReduce 框架紧密结合，是完成分布式并行数据处理的典型案例。

目前，Hadoop 已经发展成为包含很多项目的集合，形成了一个以 Hadoop 为中心的生态系统（Hadoop Ecosystem），如图 1-3 所示。此生态系统提供了互补性服务，并在核心层上提供了更高层的服务，使 Hadoop 的应用更加方便快捷。

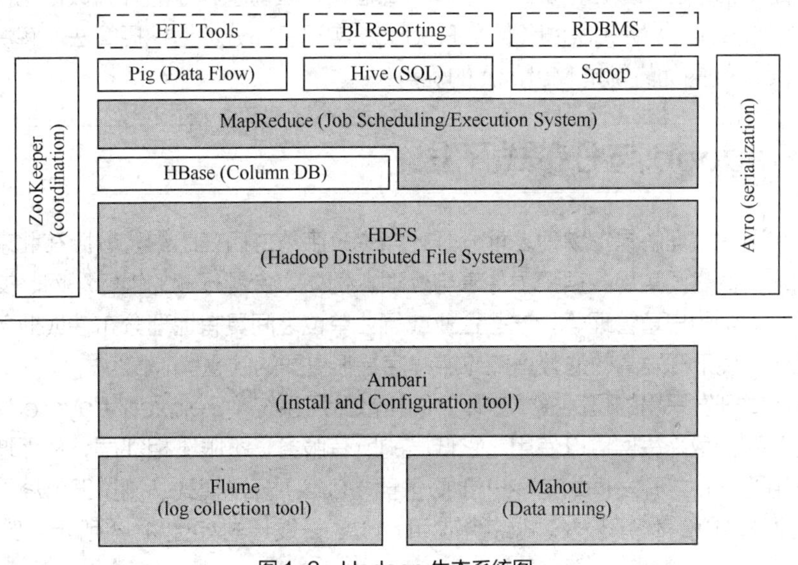

图 1-3　Hadoop 生态系统图

数据提取、转换和加载（Extract Transform Load，ETL）Tools 是构建数据仓库的重要环节，由一系列数据仓库采集工具构成。

商业智能报表（Business Intelligence Reporting，BI Reporting）能提供综合报告、数据分析和数据集成等功能。

RDBMS 是关系型数据库管理系统。RDBMS 中的数据存储在被称为表（Table）的数据库中。表是相关记录的集合，它由列和行组成，是一种二维关系表。

Pig 是数据处理脚本，提供相应的数据流（Data Flow）语言和运行环境，实现数据转换（使用管道）和实验性研究（如快速原型），适用于数据准备阶段。Pig 运行在由 Hadoop 基本架构构建的集群上。

Hive 是基于平面文件构建的分布式数据仓库，擅长数据展示，由 Facebook 贡献。Hive 管理存储在 HDFS 中的数据，提供了基于 SQL 的查询语言 HQL，用于查询数据。Hive 和 Pig 都是建立在 Hadoop 基本架构之上的，可以用来从数据库中提取信息，交给 Hadoop 处理。

Sqoop 是数据接口，用于完成 HDFS 和关系型数据库中数据的相互转移。

HBase 是类似于 Google BigTable 的分布式列数据库（Column DB）。HBase 支持 MapReduce 的并行计算和点查询（即随机读取）。HBase 是基于 Java 的产品，与其对应的基于 C++的开源项目是 Hypertable。

Avro 是一种新的数据序列化（serialization）格式和传输工具，主要用来取代 Hadoop 基本架构中原有的 IPC 机制。Avro 和 HBase 于 2010 年 5 月成为 Apache 顶级项目。

ZooKeeper 是一个分布式的，开放源码的分布式应用程序协调服务，它是一个为分布式应用提供一致性服务的软件，提供的功能包括：配置维护、域名服务、分布式同步、组服务等。

Ambari 项目旨在将监控和管理等核心功能加入 Hadoop 项目。Ambari 可帮助系统管理员部署和配置 Hadoop、升级集群以及监控服务。

Flume 是 Cloudera 提供的一个高可用、高可靠、分布式的海量日志采集、聚合和传输的系统，Flume 支持在日志系统中定制各类数据发送方，用于收集数据；同时，Flume 提供对数据进行简单处理，并写到各种数据接收方（可定制）的能力。

Mahout 是机器学习和数据挖掘的一个分布式框架，区别于其他的开源数据挖掘软件，它是基于 Hadoop 之上的；因为 Mahout 用 MapReduce 实现了部分数据挖掘算法，解决了并行挖掘的问题，所以 Hadoop 的优势就是 Mahout 的优势。

1.3 Hadoop 与分布式开发

分布式从字面意思理解是指物理地址分开，如主分店：主店在纽约，分店在北京。分布式就是要在不同的物理位置空间实现数据资源共享与处理。例如，金融行业的银行联网、交通行业的售票系统、公安系统的全国户籍管理等，这些企业或行业单位之间具有地理分布性或业务分布性，如何在这种分布式的环境下开发高效的数据库应用程序是很重要的问题。

典型的分布式开发采用的是层模式变体，即松散分层系统（Relaxed Layered System）。这种模式的层间关系松散，每层可以使用比它低层的所有服务，不限于相邻层，从而增加了层模式的灵活性。较常用的分布式开发模式有客户机/服务器（C/S）开发模式、浏览器/服务器（B/S）开发模式、C/S 开发模式和 B/S 开发模式综合应用。C/S 开发模式如图 1-4 所示，B/S 开发模式如图 1-5 所示。

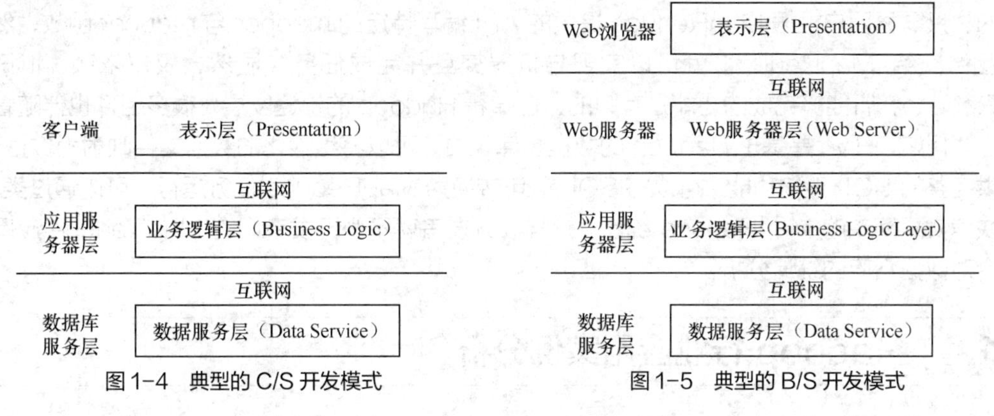

图1-4　典型的 C/S 开发模式　　图1-5　典型的 B/S 开发模式

在图 1-5 中，多了一层 Web 服务层，它主要用于创建和展示用户界面。在现实中，经常把 Web 服务器层和应用服务器层统称为业务逻辑层，也就是说在 B/S 开发模式下，一般把业务逻辑放在 Web 服务器中。因此分布式开发主要分为 3 个层次架构，即用户界面、业务逻辑、数据库存储与管理，3 个层次分别部署在不同的位置。其中用户界面实现客户端所需的功能，B/S 架构的用户界面是通过 Web 浏览器来实现的，如 IE 6.0。由此可看出，B/S 架构的系统比 C/S 架构系统更能避免高额的投入和维护成本。业务逻辑层主要是由满足企业业务需要的分布式构件组成的，负责对输入/输出的数据按照业务逻辑进行加工处理，并实现对数据库服务器的访问，确保在更新数据库或将数据提供给用户之前数据是可靠的。数据库存储与管理是在一个专门的数据库服务器上实现的，从而实现软件开发中的业务与数据分离，实现了软件复用。这样的架构能够简化客户端的工作环境并减轻系统维护和升级的成本与工作量。

分布式开发技术已经成为建立应用框架（Application Framework）和软构件（Software Component）的核心技术，在开发大型分布式应用系统中表现出强大的生命力，并形成了三项具有代表性的主流技术，一个是微软公司推出的分布式构件对象模型（Distributed Component Object Model，DCOM），即.NET 核心技术。另一个是 SUN 公司推出的企业 Java 组件（Enterprise Java Beans，EJB），即 J2EE 核心技术。第三个是对象管理组织（Object Management Group，OMG）推出的公共对象请求代理结构（Common Object Request Broker Architecture，CORBA）。

当然，不同的分布式系统或开发平台所在层次是不同的，实现的功能也不一样。并且要完成一个分布式系统有很多工作要做，如分布式操作系统、分布式程序设计语言及其编译/解释系统、分布式文件系统和分布式数据库系统等。因此，分布式开发就是根据用户的需要，选择特定的分布式软件系统或平台，然后基于这个系统或平台进一步开发或者在这个系统上进行分布式应用开发。

Hadoop 是分布式开发的一种，它实现了分布式文件系统和部分分布式数据库的功能。Hadoop 中的 HDFS 能够实现数据在计算机集群组成的云上高效地存储和管理，Hadoop 中的并行编程框架 MapReduce 能够让用户编写的 Hadoop 并行应用程序运行更加简化，使人们能够通过 Hadoop 进行相应的分布式开发。

通过 Hadoop 进行分布式开发，要先了解 Hadoop 的应用特点。Hadoop 的优势在于具有处理大规模分布式数据的能力，而且所有的数据处理作业都是批处理，所有要处理的数据都要求在本地，任务的处理是高延迟的。MapReduce 的处理过程虽然是基于流式的，但处理的数据不是实时数据，也就是说，Hadoop 在实时性数据处理上不占优势，因此，Hadoop 不适合于开发 Web 程序。

Hadoop 中并行应用程序的开发是基于 MapReduce 编程框架的，不需要考虑任务具体是怎么分配的，只需要用户根据 MapReduce 提供的 API 编写特定的 mapper 与 reducer 函数，然后把这些函数交给 MapReduce 就可以实现与机器交互并完成任务。显然，仅仅依赖 HDFS 和 MapReduce，所能够完成的功能是有限的。但随着 Hadoop 的快速发展，很多组件也伴随着它应运而生。例如，Hive 是基于 Hadoop 的数据仓库工具，可以将结构化的数据文件映射为数据库表，并提供完整的 SQL 查询功能，可以将 SQL 语句转换为 MapReduce 任务运行，可以通过类 SQL 语句快速实现简单的 MapReduce 统计。这样，开发者就不必开发专门的 MapReduce 应用，十分适合对数据仓库的统计分析。

1.4 Hadoop 行业应用案例分析

随着企业数据量的迅速增长，存储和处理大规模数据已成为企业的迫切需求。Hadoop 作为开源的云计算平台，已在业界得到广泛应用。下面将选取具有代表性的 Hadoop 商业应用案例进行分析，让读者了解 Hadoop 在企业界的应用情况。

1.4.1 Hadoop 在门户网站的应用

关于 Hadoop 技术的研究和应用，雅虎始终处于领先地位，它将 Hadoop 应用于自己的各种产品中，包括数据分析、内容优化、反垃圾邮件系统、广告优化选择、大数据处理和提取、转换和加载（Extract Transform Load，ETL）等。Hadoop 在用户兴趣预测、搜索排名、广告定位等方面也得到了充分的应用。

在主页个性化方面，雅虎的实时服务系统通过 Apache 从数据库中读取相应的映射，并且每隔 5 分钟，Hadoop 集群就会基于最新数据重新排列内容，每隔 7 分钟更新在页面内容。在邮箱方面，雅虎利用 Hadoop 集群根据垃圾邮件模式为邮件计分，并且每隔几小时就在集群上改进反垃圾邮件模型，集群系统每天还可以推动 50 亿次的邮件投递。在雅虎的 Search Webmap 应用上。Search Webmap 运行在超过 10 000 台机器的 Linux 系统集群里，雅虎的网页搜索查询使用的就是它产生的数据。

雅虎在 Hadoop 中同时使用了 Pig 和 Hive。Pig 和 Hive 主要用于数据准备和数据表示。数据准备阶段通常被认为是 ETL 数据的阶段。这个阶段需要装载和清洗原始数据，并让它遵守特定的数据模型，还要尽可能地让它与其他数据源结合等。这一阶段的客户一般都是程序员、数据专家或研究者。数据表示阶段一般指的都是数据仓库，数据仓库存储了客户所需的产品，客户会根据需要选取合适的产品。这一阶段的客户可能是系统的数据工程师、分析师或决策者。

1.4.2 Hadoop 在搜索引擎中的应用

百度作为全球最大的中文搜索引擎，提供基于搜索引擎的各种产品，包括以网络搜索为主的功能性搜索，以贴吧为主的社区搜索，针对区域、行业的垂直搜索、MP3 音乐搜索以及百科等，几乎覆盖了中文网络世界的所有搜索需求。

百度对海量数据处理的要求是比较高的，要在线下对数据进行分析，还要在规定的时间内处理完并反馈到平台上。百度在互联网领域的平台需求要通过性能较好的云平台处理，Hadoop 就是很好的选择。在百度中，Hadoop 主要应用于日志存储和统计；网页数据分析和挖掘；商业分析，如用户的行为和广告关注度等；在线数据反馈，及时得到在线广告的点击情况；用户网页的聚类，分析用户的推荐度及用户之间的关联度。

百度现在拥有 3 个 Hadoop 集群，总规模在 700 台服务器左右，其中有 100 多台新服务器和 600 多台要淘汰的服务器（它们的计算能力相当于 200 多台新服务器），不过其规模还在不断增加中。现在每天运行的 MapReduce 任务在 3 000 个左右，处理数据约 120TB/天。

1.4.3 Hadoop 在电商平台中的应用

在 eBay 上存储着上亿种商品的信息，而且每天有数百万种的新商品在增加，因此需要用云系统来存储和处理 PB 级别的数据，而 Hadoop 是个很好的选择。Hadoop 是建立在商业硬件上的容错、可扩展、分布式的云计算框架，eBay 利用 Hadoop 建立了一个大规模的集群系统——Athena，它被分为 5 层，如图 1-6 所示。

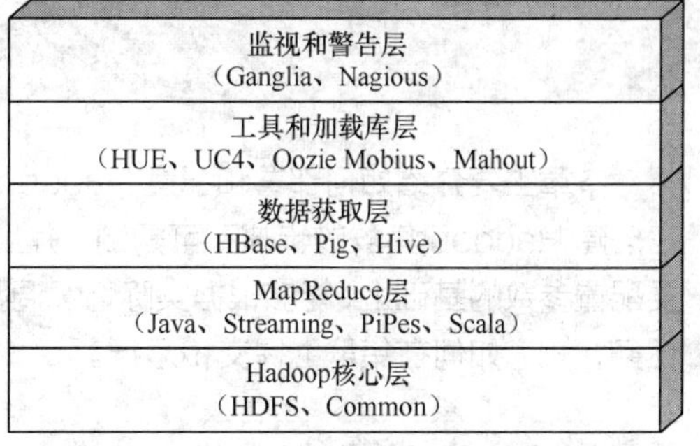

图 1-6　Athena 的层次

Hadoop 核心层包括 Hadoop 运行时环境、一些通用设施和 Hadoop 分布式文件系统（Hadoop Distributed File System，HDFS），其中 HDFS 为读写大块数据做一些优化，如将块的大小由 128MB 改为 256MB。MapReduce 层为开发和执行任务提供 API 和控件。数据获取层的主要框架是 HBase、Pig 和 Hive。

除了以上案例，在很多其他的应用中也有 Hadoop 的身影。如在 Facebook、电信等业务中，Hadoop 都发挥着举足轻重的作用。由此可以看出，Hadoop 分布式集群在大数据处理方面有着无与伦比的优势，它的特点（易于部署、代价低、方便扩展、性能强等）使得它能很快地被业界接受，生存能力也非常强。实际上除商业上的应用外，Hadoop 在科学研究上也发挥了很大的作用，如数据挖掘、数据分析等。

微课 1-2　谁在用 Hadoop?及其一些相关技术

Hadoop 在某些处理机制上也存在不足，如实时处理，但随着 Hadoop 的发展，这些不足正在被慢慢弥补，Hadoop 支持 Storm 架构（一种实时处理架构）。随着时间的推移，Hadoop 会越来越完善，无论是用于电子商务还是科学研究，都是很不错的选择。

习题

1. Hadoop 的核心组件是什么，它们各自承担什么样的角色?
2. Hadoop 处理数据的特点是什么?
3. 如何简单地开发 Hadoop 应用?

第2章 Hadoop的安装与配置管理

本章主要介绍如何部署和配置 Hadoop 集群，最重要的是网络配置和集群参数配置。读者要注意搭建 Hadoop 集群的步骤不可颠倒，并且养成做好一步就检验的习惯。学完本章，读者在了解主要配置参数的基础上，能够根据实际情况调整配置参数，也能根据实际情况增删节点；对于 Hadoop 任务，知道如何在集群上提交和运行。

2.1 实验准备

通过物理机器虚拟化 4 台虚拟机：1 个 Master 节点、3 个 Slave 节点，节点之间通过局域网相互联通。为了实现节点间在同一局域网中定向通信，配置使用静态地址。表 2-1 所示为各节点的 IP 地址分配及角色。

表 2-1 各节点的 IP 地址分配及角色

节点主机名	静态 IP 地址	主要角色
Node	192.168.10.100	NameNode 节点
Node1	192.168.10.101	DataNode 节点
Node2	192.168.10.102	DataNode 节点
Node3	192.168.10.103	DataNode 节点

Master 机器主要配置 NameNode 和 JobTracker 角色，总体负责分布式数据的处理和分解任务的执行；3 个 Slave 节点机器配置数据节点（DataNode）和 TaskTracker 角色，负责分布式数据存储以及任务的执行。

安装过程中用到的软件如图 2-1 所示。

名称	修改日期	类型	大小
CentOS-7-x86_64-DVD-1810	2019/6/10 16:07	光盘映像文件	4,481,024...
hadoop-2.7.7.tar.gz	2019/6/10 14:43	360压缩	213,595 KB
jdk-8u211-linux-x64.tar.gz	2019/6/11 19:53	360压缩	5 KB
PieTTY 0.3.26	2019/6/23 9:33	应用程序	267 KB
vmware12	2019/6/10 16:50	360压缩 ZIP 文件	404,957 KB
WinSCP_5.15.2_Setup	2019/6/23 9:36	应用程序	9,609 KB

图 2-1 安装过程中用到的软件

以上软件下载方式如表 2-2 所示。

表 2-2 软件下载方式

软件名称	下载方式
CentOS 7	CentOS 是一个由 Red Hat Linux 提供的可自由使用源代码的企业级 Linux 发行版本，可以从官网下载

续表

软件名称	下载方式
Hadoop-2.7.7.tar.gz	可以从官网下载
jdk-8u211-linux-x64.tar.gz	Hadoop 是基于 Java 的工程项目，需要 Linux 下的 JDK 支持，可以在 Oracle 官网下载
PieTTY	源自于 PuTTY，支持亚洲多国语言，并大幅改进使用界面，易学易用，在 Windows 环境下发展的 Telnet/SSH 安全远端连线程式，可以从百度搜索下载
VMware 12	VMware 工作站允许一台真实的计算机同时运行数个操作系统，如 Windows、Linux、BSD 等衍生版本，可以从官网下载
WinSCP	Windows 平台软件，用于在 Windows 下复制文件到 Linux 中，可以从官网下载

用户信息如表 2-3 所示，所有虚拟节点都一样。

表 2-3　Linux 系统用户

用户	密码	用户组
root	安装 CentOS 时提供	root
hadoop	读者自定	hadoop

2.2 配置一个单节点环境

本节主要是在虚拟机上进行单节点的配置，包括 CentOS 的安装和单节点的网络配置。需要上传 Hadoop 和 JDK 到虚拟机中，并对其进行配置，包括配置文件的修改和主机名 IP 地址的修改。

2.2.1 运行一个虚拟环境 CentOS

在计算机上安装虚拟机，下载 VMware 12 后，安装并打开 VMware 12，再添加 CentOS 到虚拟机的 CD/DVD 中，执行菜单栏“文件”→“打开”命令，选择 CentOS 文件，如图 2-2 所示。

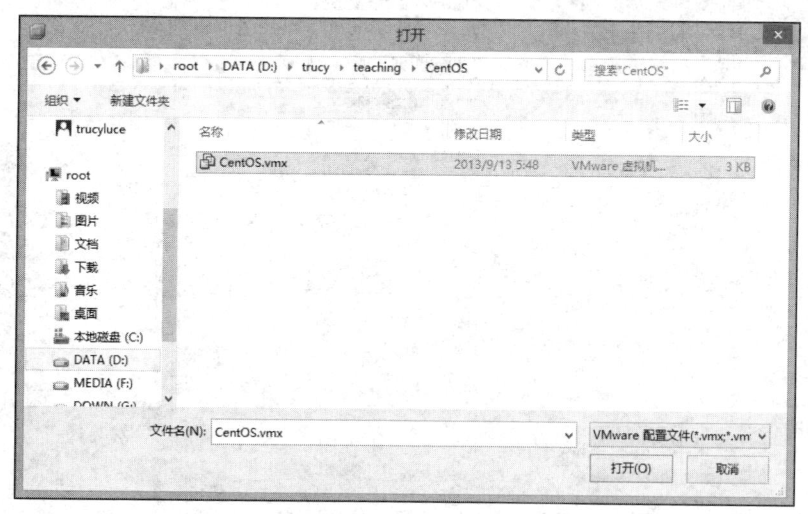

（a）

图 2-2　打开 CentOS

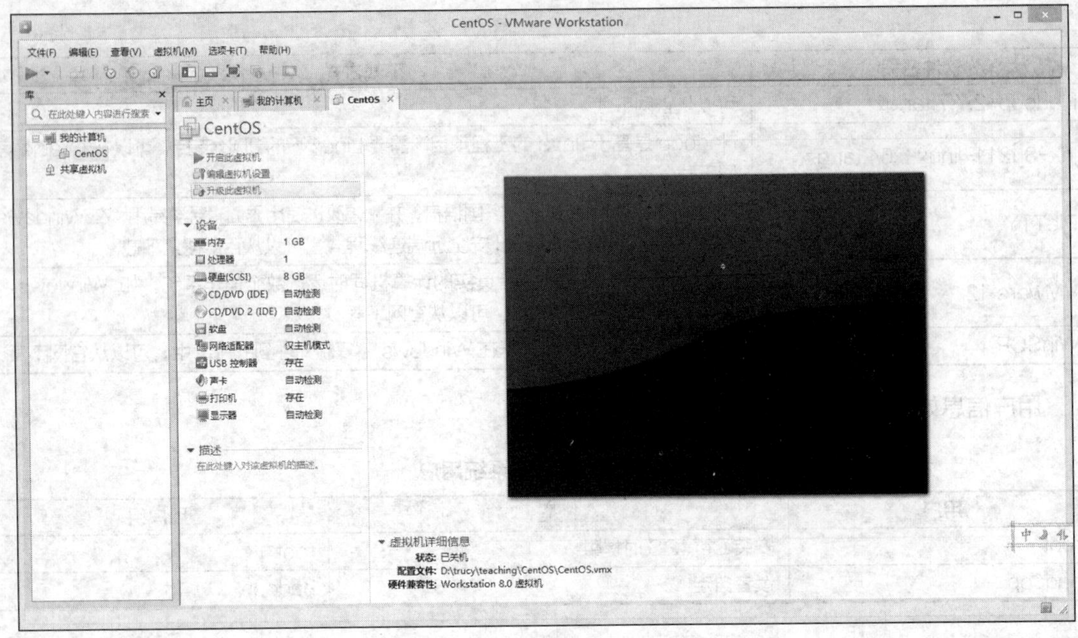

（b）

图 2-2　打开 CentOS（续）

用鼠标右键单击 CentOS，从弹出的快捷菜单中选择“设置”命令，弹出“虚拟机设置”对话框，显示虚拟系统的主要硬件参数信息，用户可以根据自己的机器性能进行配置，这里保持默认配置，如图 2-3 所示。

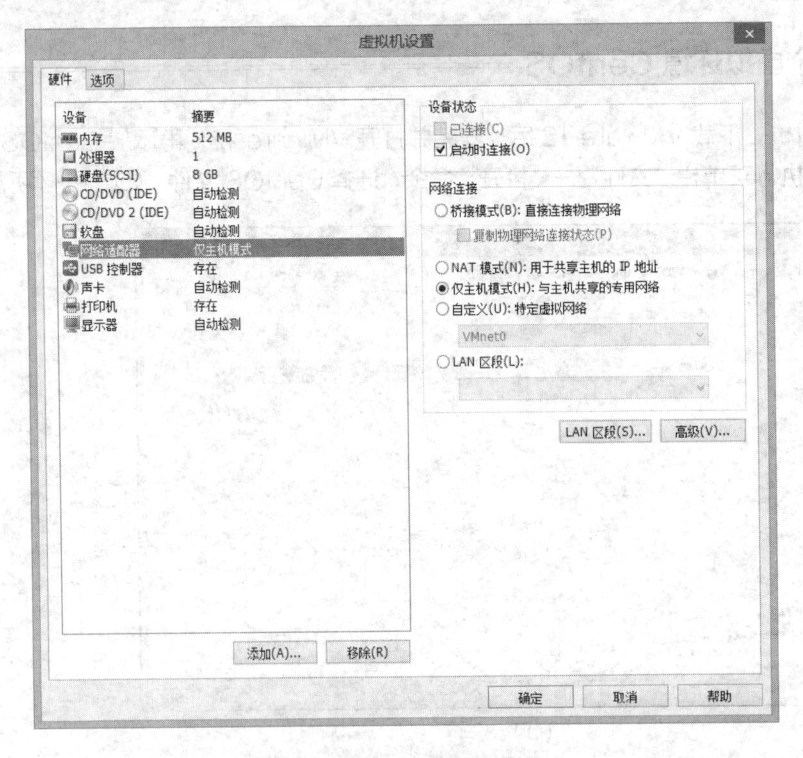

图 2-3　显示虚拟系统属性

微课 2-1
CentOS 7 的安装及配置

2.2.2 配置网络

VMware 提供了 3 种工作模式：桥接（bridged）模式、网络地址转换（Network Address Translation，NAT）模式和仅主机（host-only）模式。在学习 VMware 虚拟网络时，建议选择 host-only 模式。原因有两个：一是如果使用的是笔记本电脑，从 A 网络移到 B 网络，环境发生变化后，只有 host-only 模式不受影响，其他模式必须重新设置虚拟交换机配置；二是可以将真实环境和虚拟环境隔离开，以保证虚拟环境的安全。下面将简单介绍 bridged 模式和 NAT 模式，重点介绍 host-only 模式。

1. bridged 模式

在 bridged 模式下，VMware 虚拟出来的操作系统就像是局域网中的一台独立的主机，它可以访问网内的任何一台机器。同时在 bridged 模式下，需要手工为虚拟系统配置 IP 地址、子网掩码，而且要与宿主机器处于同一网段，这样虚拟系统才能和宿主机器通信。

2. NAT 模式

使用 NAT 模式就是让虚拟系统借助 NAT 功能，通过宿主机器所在的网络来访问公网。也就是说，使用 NAT 模式可以在虚拟系统中安全地访问互联网。采用 NAT 模式最大的优势就是虚拟系统接入互联网非常简单，不需要进行任何其他配置，只需要宿主机器能访问互联网即可。

3. host-only 模式

在某些特殊的网络调试环境中，要求将真实环境和虚拟环境隔离开，这时可采用 host-only 模式。在 host-only 模式中，所有的虚拟系统是可以相互通信的，但虚拟系统和真实的网络是被隔离开的。

在 host-only 模式下，虚拟系统的 TCP/IP 配置信息（如 IP 地址、网关地址、DNS 服务器等）都可以由 VMnet1（host-only）虚拟网络的动态主机配置协议（Dynamic Host Configuration Protocol，DHCP）服务器来分配。

如果想利用 VMware 创建一个与网内其他机器相隔离的虚拟系统，进行某些特殊的网络调试工作，就可以选择 host-only 模式，如图 2-4 所示。

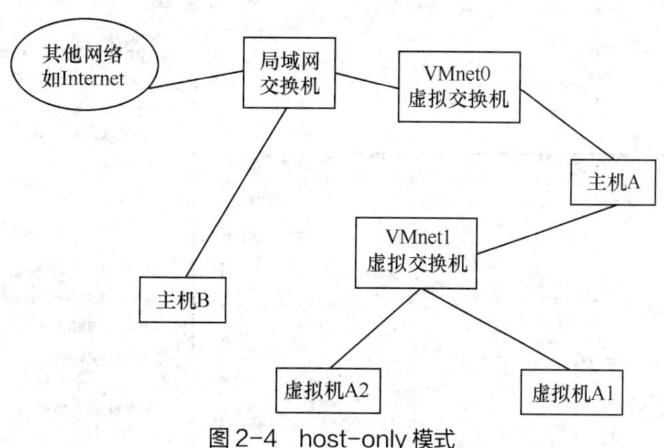

图 2-4 host-only 模式

使用 host-only 模式，A、A1、A2 可以互访，但 A1、A2 不能访问 B，也不能被 B 访问。主机上安装 VMware Workstation 或 VMware Server 时，会默认安装 3 块虚拟网卡。这 3 块虚拟网卡的名称分别为 VMnet0、VMnet1、VMnet8。其中 VMnet0 的网络属性为“物理网卡”，VMnet1

与 VMnet8 的网络属性为“虚拟网卡”。在默认情况下，VMnet1 虚拟网卡的定义是“仅主机虚拟网络”，VMnet8 虚拟网卡的定义是“NAT 网络”，同时，主机物理网卡被定义为“桥接网络”，主机物理网卡也可以称为 VMnet0。

安装完虚拟机后，默认安装了两个虚拟网卡：VMnet1 和 VMnet8。其中，VMnet1 是 host-only 网卡，用 host-only 模式连接网络。VMnet8 是 NAT 网卡，用 NAT 模式连接网络。它们的 IP 地址是默认的，如果要用虚拟机做实验的话，最好将 VMnet1 和 VMnet8 的 IP 地址改了。因为此处采用 host-only 模式，所以下面将改写 VMnet1 的 IP 地址。

步骤 1，启动虚拟机，选择“Other”，在弹出的对话框中输入“root”，如图 2-5 所示。

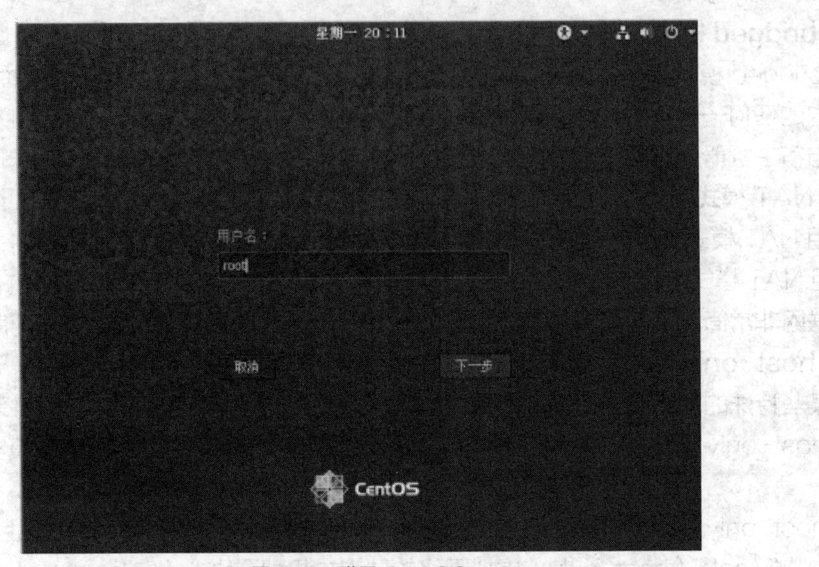

图 2-5　登录 CentOS

步骤 2，在 Windows 网络连接中打开 VMnet1 网络，然后设置 IPv4，如图 2-6 所示。

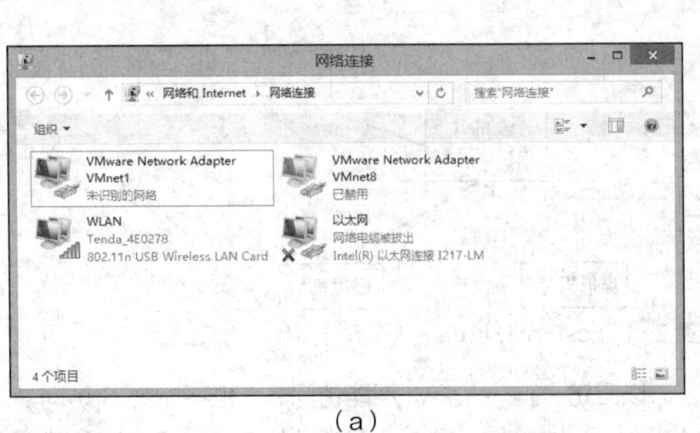

（a）

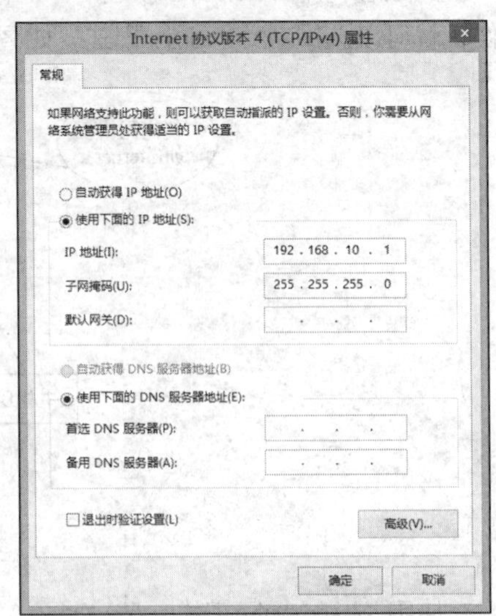

（b）

图 2-6　网络连接

步骤 3，在 Linux 桌面环境中用鼠标右键单击任务栏右侧的计算机图标，选中“Wired Settings”选项，打开 Network Connections 对话框。单击“Edit”按钮选择“IPV4 Settings”选项卡，在模式里面选择 Manual（手动模式），然后增加 IP 地址，单击“Apply”按钮，如图 2-7 所示。

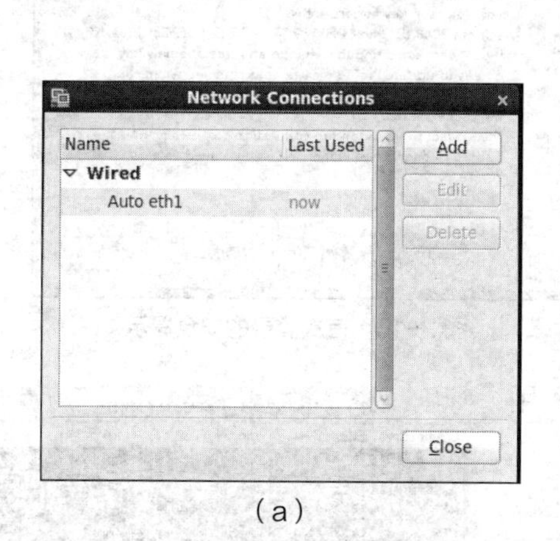

（a）

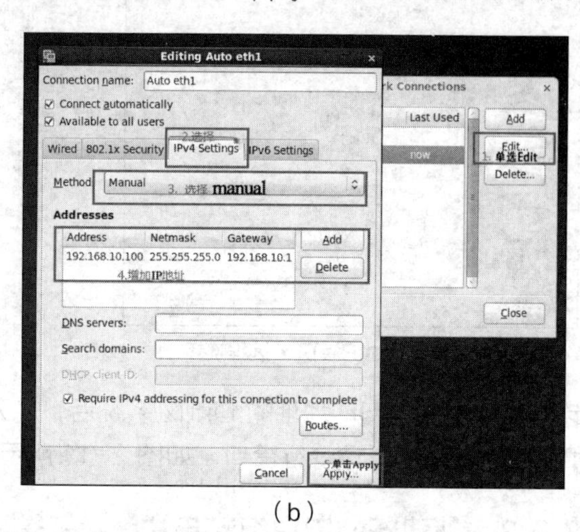

（b）

图 2-7　配置网络

步骤 4，打开终端，重启网络服务器，使配置生效，当出现 3 个“OK”后，说明网络配置成功，可以用 ifconfig 命令查看配置情况，如图 2-8 所示。

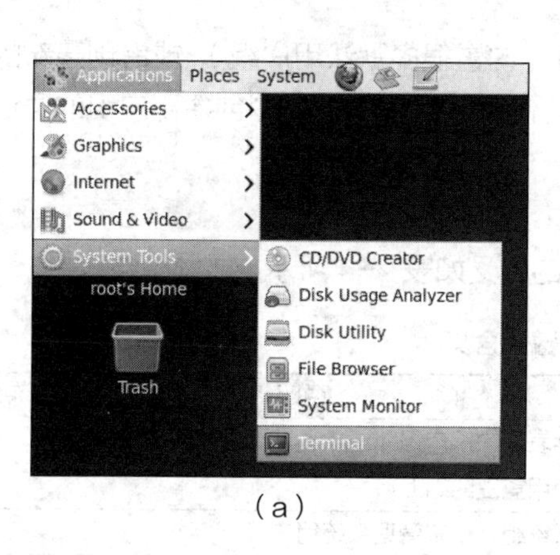

（a）

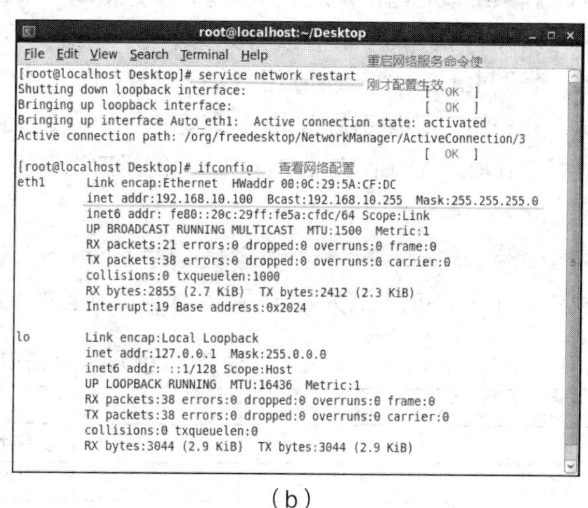

（b）

图 2-8　查看网络配置情况

常用的远程登录工具还有 PuTTY、PieTTY XShell 等，但 PieTTY 相比之下操作更加简单，功能更加强大，并且软件只有 300 多 KB。使用 PieTTY 连接到 Linux 的步骤如下。

步骤 1，打开 PieTTY 客户端软件后，填写“目标 IP 地址”，端口是 SSH 模式的访问端口是 22。单击“Open”按钮，输入用户名和密码登录，如图 2-9 所示。

弹出对话框提示“潜在安全缺口”，如图 2-10 所示。由于首次使用 PieTTY 登录 Linux 虚拟机，PieTTY 缓存中并没有该 Linux 虚拟机的 rsa2 公钥信息，因此会提示是否信任此机器，单击“是”按钮。

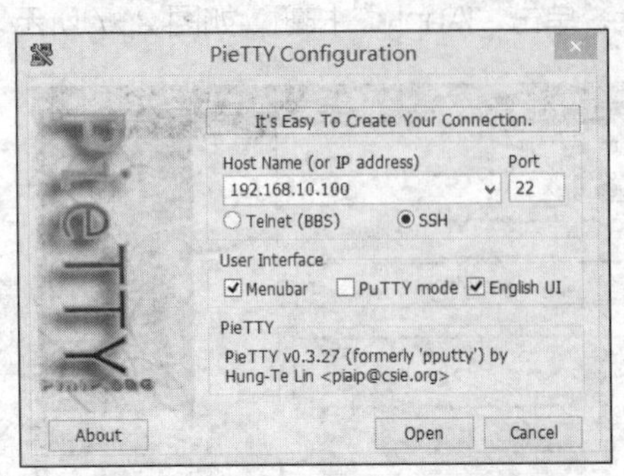

图 2-9　通过 PieTTY 远程连接

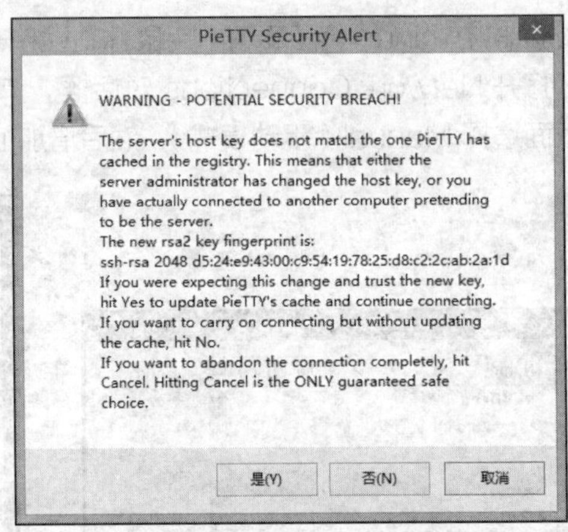

图 2-10　首次登录的安全提示

步骤 2，进入目标 IP 地址的 Linux 系统后，输入用户名和密码，即可进入命令行窗口，如图 2-11 所示。

```
root@localhost:~ [51x6]
Connection  Edit  View  Window  Option  Help
login as: root
root@192.168.10.100's password: ******
[root@localhost ~]#
```

图 2-11　PieTTY 的命令行窗口

2.2.3　创建新的用户组和用户

读者看到这个标题可能会产生疑问：Hadoop 本身已经有 root 用户了，为什么还要创建新用户？因为一方面，对 Linux 不是很熟悉的人很可能会误操作而损坏操作系统核心内容；另一方面是为了方便同一个组的用户共享 Hadoop 集群。实现思路是使用 root 登录，创建自定义用户，并为这个用户分组。

1. 创建 Hadoop Group 组

添加用户时，可以将用户添加到现有的用户组（Linux 内置很多默认用户组），或者创建新的用户组；可以在/etc/group 文件中看到所有的用户组信息。使用 groupadd 命令创建用户组的语法结构为：

```
groupadd  [-g [-o]] [-r] [-f] groupname
```

其中，“[ ]”中的参数为可选项，groupadd 各参数的含义如表 2-4 所示。

表 2-4　groupadd 各参数的含义

参数	说明
-g	以数字表示的用户组 ID
-o	可以使用重复的组 ID
-r	建立系统组，用来管理系统用户
-f	强制创建
groupname	用户组的名称

如果不指定参数，系统将使用默认值。例如，创建一个 hadoopGroup 用户组的命令是：groupadd hadoopGroup，可以看出它就没有参数。

2. 添加 Hadoop 用户

添加用户可以使用 useradd 命令，语法为：

```
useradd [-d homedir] [-g groupname] [-m -s shell] [-u userid] [accountname]
```

其中，“[ ]”中的参数为可选项，useradd 各参数的含义如表 2-5 所示。

表 2-5 useradd 各参数的含义

参数	描述
-d homedir	指定用户主目录
-g groupname	指定用户组
-m	如果主目录不存在，就创建
-s shell	为用户指定默认 Shell
-u userid	指定用户 ID
accountname	用户名

例如，创建用户组 hadoopGroup，并创建 hadoop 用户加入这个组，用户主目录为 /home/hadoop，命令如图 2-12 所示。

```
[root@node ~]# groupadd hadoopGroup
[root@node ~]# useradd -d /home/hadoop -g hadoopGroup hadoop
```

图 2-12 创建用户命令

2.2.4 上传文件到 CentOS 并配置 Java 和 Hadoop 环境

新建完用户后，就可以安装 JDK 和 Hadoop 了。

1. 使用 WinSCP 传输文件

WinSCP 是 Windows 环境下使用安全外壳协议（Secure Shell，SSH）的开源图形化安全文件传输协议（SSH File Transfer Protocol，SFTP）客户端，同时支持基于 SSH 的安全复制协议（Secure Copy，based on SSH，SCP 协议）。SCP 协议的主要功能是在本地与远程计算机间安全地复制文件。

在 root 用户下，执行命令 rm -rf /usr/local/*，删除目录下的所有内容（当前内容无用）。使用 WinSCP 把 JDK 文件从 Windows 复制到/usr/local 目录下，以下是使用 WinSCP 传输文件的步骤。

步骤 1，打开 WinSCP 后，在“WinSCP 登录”对话框中单击“新建”按钮。在弹出的新建对话框中，输入 IP 地址和用户信息后，单击“确定”按钮，如图 2-13 所示。

步骤 2，输入 Linux 的用户名，单击“确定”按钮，如图 2-14 所示。

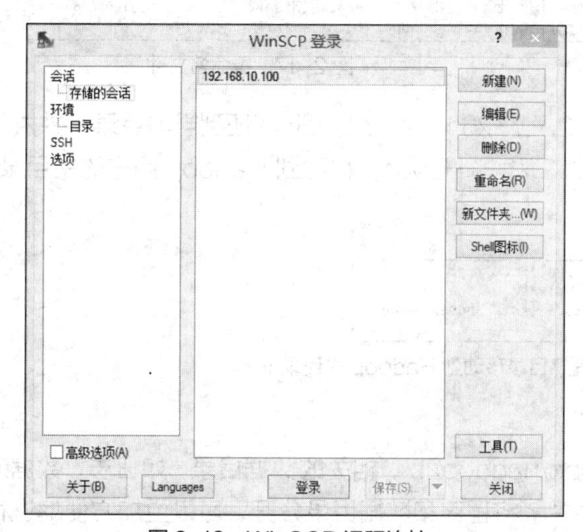

图 2-13 WinSCP 远程连接

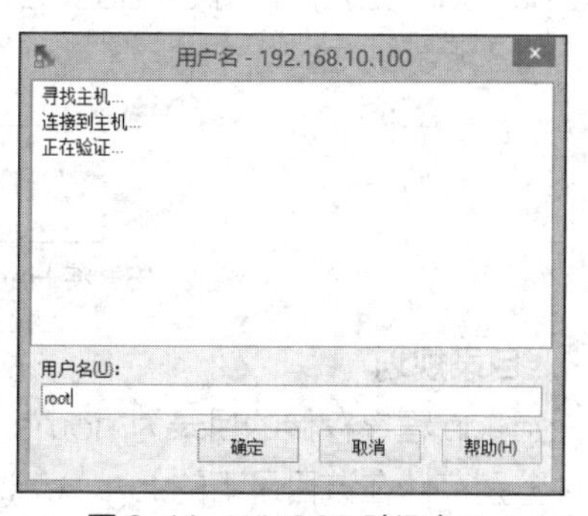

图 2-14 WinSCP 验证窗口

步骤 3，WinSCP 窗口左侧是 Windows 端，右侧是 Linux 端，可以直接拖动文件来传输文件，如图 2-15 所示。

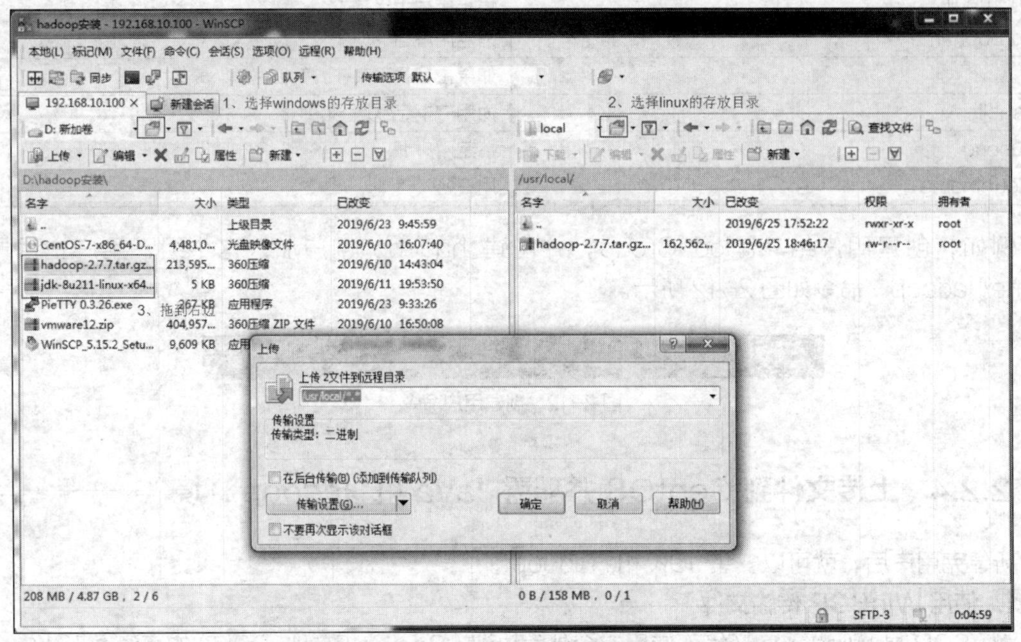
1、选择windows的存放目录
2、选择linux的存放目录
3、拖到右边
上传 2文件到远程目录
确定
取消
帮助(H)

图 2-15　WinSCP 使用步骤

2．解压文件

输入解压命令 tar -zvxf jdk-8u211-linux-x64.tar.gz 将 jdk 解压到当前目录。其中，参数 z 代表调用 gzip 压缩程序的功能，v 代表显示详细解压过程，x 代表解压文件参数指令，f 参数后跟解压的文件名，如图 2-16 所示。

为了后面写环境变量方便，更改文件名为 jdk1.8，如图 2-17 所示。

```
[root@hadoop01 ~]# cd /usr
[root@hadoop01 usr]# cd ./local
[root@hadoop01 local]# ls
hadoop-2.7.7.tar.gz  jdk-8u211-linux-x64.tar.gz
[root@hadoop01 local]# tar -zxvf jdk-8u211-linux-x64.tar.gz
```

图 2-16　解压命令

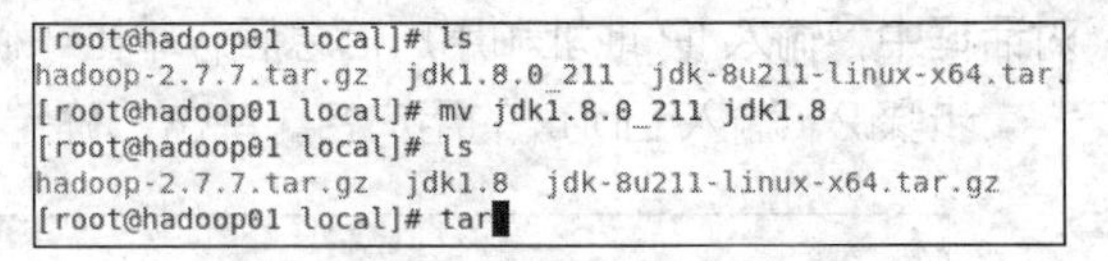
[root@hadoop01 local]# ls
hadoop-2.7.7.tar.gz jdk1.8.0_211 jdk-8u211-linux-x64.tar.
[root@hadoop01 local]# mv jdk1.8.0_211 jdk1.8
[root@hadoop01 local]# ls
hadoop-2.7.7.tar.gz jdk1.8 jdk-8u211-linux-x64.tar.gz
[root@hadoop01 local]# tar

图 2-17　重命名文件

同样，执行解压命令 tar -zvxf hadoop-2.7.7-x64.tar.gz 将 jdk 解压到当前目录，并执行命令 mv hadoop-2.7.7 /home/hadoop/hadoop2.7，将 Hadoop 移动到 Hadoop 用户的主目录下，如图 2-18 所示。

```
[root@hadoop01 local]# cd /usr
[root@hadoop01 usr]# cd ./local
[root@hadoop01 local]# ls /home/hadoop
hadoop2.7
```

图 2-18　将 Hadoop 程序目录移动到 Hadoop 主目录下

3．目录规划

Hadoop 程序存储的目录为/home/hadoop/hadoop2.7，相关的数据目录，如日志、数据的存储文件分别存储在该目录下的 log、data 文件中。将程序和数据目录分开，可以更加方便地进行配置管理和同步。

具体目录的准备与配置如下。

（1）创建程序存储目录/home/hadoop/hadoop2.7，用来存储 Hadoop 程序文件。

（2）创建数据存储目录/home/hadoop/hadoop2.7/hdfs，用来存储集群数据。

（3）创建目录/home/hadoop/hadoop2.7/hdfs/name，用来存储文件系统元数据。

（4）创建目录/home/hadoop/hadoop2.7/hdfs/data，用来存储真正的数据。

（5）创建日志目录/home/hadoop/hadoop2.7/logs，用来存储日志信息。

（6）创建临时目录/home/hadoop/hadoop2.7/tmp，用来存储临时生成的文件。

执行命令 mkdir –p /home/hadoop/hadoop2.7/hdfs，为还不存在目录的 Hadoop 程序创建目录，mkdir 是 make directory 的缩写，参数 p 可以创建多级目录。

给 hadoopGroup 组赋予权限，凡是属于 hadoopGroup 组的用户，都有权利使用 Hadoop 2.7，方便多用户操作。

首先，把 hadoop2.7 加入 hadoopGroup 组，可以在 Hadoop 2.7 当前目录下执行命令 chgrp –R hadoopGroup hadoop2.7。其中，chgrp 是 change group 的缩写，R 参数表示可以将作用域扩展到后面目录中的所有文件和子目录。

然后，给这个组赋予权限 chmod –R g=rwx hadoop2.7。chmod 是 change model 的缩写，g=rwx 表示给后面的文件赋予用户的读（r）、写（w）、执行（x）权限。

4．导入 JDK 环境变量

执行 cd /etc 命令后，再执行 vi profile 命令，对 profile 文件进行编辑，如图 2–19 所示，在行末尾添加：

```
export JAVA_HOME=/usr/local/jdk1.8
export CLASSPATH=.:$JAVA_HOME/lib/tools.jar: $JAVA_HOME/lib/dt.jar
export PATH=.:$JAVA_HOME/bin:$PATH
```

```
root@hadoop01:/etc
File Edit View Search Terminal Help
# /etc/profile
export JAVA_HOME=/usr/local/jdk1.8
export CLASSPATH=.:$JAVA_HOME/lib/tools.jar:$JAVA_HOME/lib/dt.jar
export PATH=.:$JAVA_HOME/bin:$PATH
# System wide environment and startup programs, for login setup
# Functions and aliases go in /etc/bashrc

# It's NOT a good idea to change this file unless you know what you
# are doing. It's much better to create a custom.sh shell script in
# /etc/profile.d/ to make custom changes to your environment, as this
# will prevent the need for merging in future updates.

pathmunge () {
    case ":${PATH}:" in
        *:"$1":*)
            ;;
        *)
            if [ "$2" = "after" ] ; then
                PATH=$PATH:$1
            else
                PATH=$1:$PATH
            fi
    esac
}
```

图 2–19　修改 profile 文件

VI 编辑器的具体使用可以自行查阅相关资料。

执行命令 source profile，使其配置立即生效。

执行命令 java –version，查看是否安装成功。若出现图 2–20 所示的信息，就表示安装成功。

```
[root@hadoop01 etc]# vi profile
[root@hadoop01 etc]# source profile
[root@hadoop01 etc]# java -version
java version "1.8.0_211"
Java(TM) SE Runtime Environment (build 1.8.0_211-b12)
Java HotSpot(TM) 64-Bit Server VM (build 25.211-b12, mixed mode)
```

图 2-20　查看 JDK 配置情况

5. 导入 Hadoop 环境变量

同上面一样，修改 profile，如图 2-21 所示。

```
# /etc/profile
export JAVA_HOME=/usr/local/jdk1.8
export CLASSPATH=.:$JAVA_HOME/lib/tools.jar:$JAVA_HOME/lib/dt.jar
export HADOOP_HOME=/home/hadoop/hadoop2.7
export PATH=.:$HADOOP_HOME/sbin:$HADOOP_HOME/bin:$JAVA_HOME/bin:$PATH
export HADOOP_LOG_DIR=/home/hadoop/hadoop2.7/logs
export YARN_LOG_DIR=$HADOOP_LOG_DIR
```

图 2-21　导入 Hadoop 环境变量

执行 hadoop 命令，查看 Hadoop 环境配置是否成功，若出现图 2-22 所示的信息，就说明 Hadoop 环境配置成功。

```
Usage: hadoop [--config confdir] [COMMAND | CLASSNAME]
  CLASSNAME            run the class named CLASSNAME
 or
  where COMMAND is one of:
  fs                   run a generic filesystem user client
  version              print the version
  jar <jar>            run a jar file
                       note: please use "yarn jar" to launch
                             YARN applications, not this command.
  checknative [-a|-h]  check native hadoop and compression libraries availability
  distcp <srcurl> <desturl> copy file or directories recursively
  archive -archiveName NAME -p <parent path> <src>* <dest> create a hadoop archive
  classpath            prints the class path needed to get the
  credential           interact with credential providers
                       Hadoop jar and the required libraries
  daemonlog            get/set the log level for each daemon
  trace                view and modify Hadoop tracing settings

Most commands print help when invoked w/o parameters.
```

图 2-22　验证 Hadoop 环境变量配置情况

2.2.5　修改 Hadoop 2.7 配置文件

Hadoop 没有使用 java.util.Properties 管理配置文件，也没有使用 Apache Jakarta Commons Configuration 管理配置文件，而是使用了一套独有的配置文件管理系统，并提供自己的 API，即使用 org.apache.hadoop.conf.Configuration 处理配置信息，让用户也可以通过 Eclipse 工具分析源码，并利用这些 API 修改配置文件。

由于 Hadoop 集群中，每个机器的配置基本相同，所以先在主节点上配置部署，然后复制到其他节点。主要涉及 Hadoop 的脚本文件和配置文件如下。

（1）配置~/hadoop2.7/etc/hadoop 下的 hadoop-env.sh、yarn-env.sh、mapred-env.sh，修改 JAVA_HOME 值（export JAVA_HOME=/usr/local/jdk1.8/），如图 2-23 所示。

```
# The java implementation to use.
export JAVA_HOME=/usr/local/jdk1.8/

# The jsvc implementation to use. Jsvc is required to run secure datanodes
# that bind to privileged ports to provide authentication of data transfer
# protocol.  Jsvc is not required if SASL is configured for authentication of
# data transfer protocol using non-privileged ports.
#export JSVC_HOME=${JSVC_HOME}
```

图 2-23　指定 JDK 路径

（2）配置~/hadoop2.7/etc/hadoop/slaves，这个文件保存所有 Slave 节点，如图 2-24 所示。

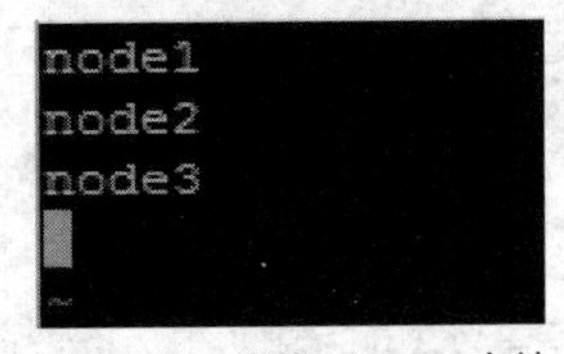

图 2-24　修改 slaves 文件

微课 2-2　代码添加与替换

（3）配置~/hadoop-2.7/etc/hadoop/core-site.xml，将以下代码添加到文件中。

```
<configuration>
    <property>
        <name>fs.defaultFS</name>
        <value>hdfs://node:9000/</value>
        <description> 设定 NameNode 的主机名及端口</description>
</property>

    <property>
        <name>hadoop.tmp.dir</name>
        <value>/home/hadoop/tmp/hadoop-${user.name}</value>
        <description> 存储临时文件的目录 </description>
</property>

    <property>
        <name>hadoop.proxyuser.hadoop.hosts</name>
        <value>*</value>
</property>

    <property>
        <name>hadoop.proxyuser.hadoop.groups</name>
        <value>*</value>
    </property>
 </configuration>
```

（4）配置~/hadoop-2.7/etc/hadoop/hdfs-site.xml，添加如下代码。

```
<configuration>

    <property>
        <name>dfs.namenode.http-address</name>
        <value>node:50070</value>
        <description> NameNode 地址和端口 </description>
    </property>

    <property>
        <name>dfs.namenode.secondary.http-address</name>
        <value>node1:50090</value>
        <description> Secondary NameNode 地址和端口 </description>
    </property>

    <property>
        <name>dfs.replication</name>
        <value>3</value>
        <description> 设定 HDFS 存储文件的副本数，默认为 3 </description>
    </property>

    <property>
        <name>dfs.namenode.name.dir</name>
```

```
            <value>file:///home/hadoop/hadoop2.7/hdfs/name</value>
            <description> NameNode 用来持续存储命名空间和交换日志的本地文件系统路径
</description>
        </property>

        <property>
            <name>dfs.datanode.data.dir</name>
            <value>file:///home/hadoop/hadoop2.7/hdfs/data</value>
            <description> DataNode 在本地存储块文件的目录列表</description>
        </property>

        <property>
            <name>dfs.namenode.checkpoint.dir</name>
            <value>file:///home/hadoop/hadoop2.7/hdfs/namesecondary</value>
            <description> 设置 Secondary NameNode 存储临时镜像的本地文件系统路径。如果这是一个用
逗号分隔的文件列表，则镜像将会冗余复制到所有目录
    </description>
        </property>

        <property>
            <name>dfs.webhdfs.enabled</name>
            <value>true</value>
    <description>是否允许网页浏览 HDFS 文件
    </description>
        </property>

        <property>
            <name>dfs.stream-buffer-size</name>
            <value>131072</value>
    <description> 默认是 4 KB，作为 Hadoop 缓冲区，用于 Hadoop 读 HDFS 的文件和写 HDFS 的文件，还有
map 的输出都用到了这个缓冲区容量，对于现在的硬件，可以设置为 128 KB（131072），甚至是 1 MB（太大了，
map 和 reduce 任务可能会内存溢出）
                </description>
        </property>
    </configuration>
```

（5）配置~/hadoop-2.7/etc/hadoop/mapred-site.xml，添加如下代码。

```
    <configuration>
        <property>
            <name>mapreduce.framework.name</name>
            <value>yarn</value>
        </property>
        <property>
            <name>mapreduce.jobhistory.address</name>
            <value>node:10020</value>
        </property>

        <property>
            <name>mapreduce.jobhistory.webapp.address</name>
            <value>node:19888</value>
        </property>

    </configuration>
```

（6）配置~/hadoop-2.7/etc/hadoop/yarn-site.xml，添加如下代码。

```
    <configuration>
        <property>
            <name>yarn.resourcemanager.hostname</name>
            <value>node</value>
        </property>
```

```
    <property>
        <name>yarn.nodemanager.aux-services</name>
        <value>mapreduce_shuffle</value>
    </property>

    <property>
        <name>yarn.nodemanager.aux-services.mapreduce.shuffle.class</name>
        <value>org.apache.hadoop.mapred.ShuffleHandler</value>
    </property>

    <property>
        <name>yarn.resourcemanager.address</name>
        <value>node:8032</value>
    </property>

    <property>
        <name>yarn.resourcemanager.scheduler.address</name>
        <value>node:8030</value>
    </property>

    <property>
        <name>yarn.resourcemanager.resource-tracker.address</name>
        <value>node:8031</value>
    </property>

    <property>
        <name>yarn.resourcemanager.admin.address</name>
        <value>node:8033</value>
    </property>

    <property>
        <name>yarn.resourcemanager.webapp.address</name>
        <value>node:8088</value>
    </property>
</configuration>
```

2.2.6 修改 CentOS 主机名

修改当前会话中的主机名，执行命令 hostname node，如图 2-25 所示。但是这种配置只对当前状态有效，一旦重新启动虚拟机，主机名又恢复了原样，因此只能在配置文件中修改。要想修改配置文件中的主机名，执行命令 vi /etc/sysconfig/network。重启生效，由于第一步已经在当前会话中配置了 hostname，所以不用重启，如图 2-26 所示。

```
[root@hadoop01 /]# hostname
hadoop01
[root@hadoop01 /]# hostname node
[root@hadoop01 /]# hostname
node
```

图 2-25 修改主机名

图 2-26 修改配置文件中的主机名

2.2.7 绑定 hostname 与 IP

执行命令 vi /etc/hosts，增加内容如下。

```
192.168.10.100    node
192.168.10.101    node1
192.168.10.102    node2
192.168.10.103    node3
```

执行命令 ping node，检验是否修改成功，如图 2-27 所示。

```
[root@localhost sysconfig]# vi /etc/hosts
[root@localhost sysconfig]# ping node
PING node (192.168.10.100) 56(84) bytes of data.
64 bytes from node (192.168.10.100): icmp_seq=1 ttl=64 time=12.8 ms
64 bytes from node (192.168.10.100): icmp_seq=2 ttl=64 time=0.060 ms
^C
--- node ping statistics ---
2 packets transmitted, 2 received, 0% packet loss, time 1928ms
rtt min/avg/max/mdev = 0.060/6.452/12.845/6.393 ms
[root@localhost sysconfig]#
```

图 2-27 验证 hostname 与 IP 的绑定

2.2.8 关闭防火墙

如果不关闭防火墙，则可能会出现以下 3 种情况。

（1）HDFS 的 Web 管理页面，会出现打不开该节点文件浏览页面的情况。

（2）后台运行脚本（如 Hive），会出现莫名其妙的假死状态。

（3）在删除和增加节点时，会让数据迁移处理时间增长，甚至不能正常完成相关操作。

执行命令 service iptables stop 关闭防火墙，执行命令 service iptables status 验证防火墙是否关闭，如图 2-28 所示。

```
[root@localhost ~]# service iptables stop
iptables: Setting chains to policy ACCEPT: filter          [  OK  ]
iptables: Flushing firewall rules:                         [  OK  ]
iptables: Unloading modules:                               [  OK  ]
[root@localhost ~]# service iptables status
iptables: Firewall is not running.
```

图 2-28 关闭防火墙

执行上面的操作可以关闭防火墙，但因为重启后防火墙还会继续运行，所以还要关闭防火墙自动运行，执行命令 chkconfig iptables off 关闭防火墙自动运行，验证关闭防火墙自动运行是否成功，执行命令 chkconfig --list |grep iptables，结果如图 2-29 所示。

```
[root@localhost ~]# chkconfig iptables off
[root@localhost ~]# chkconfig --list |grep iptables
iptables        0:off   1:off   2:off   3:off   4:off   5:off   6:off
```

图 2-29 关闭防火墙的自动启动

2.3 节点之间的免密码通信

本节主要讲解在完成虚拟机基本配置的情况下，选择 SSH 安全协议，实现各个节点之间的免密码通信连接。

2.3.1 什么是 SSH

SSH 是由国际互联网工程任务组（Internet Engineering Task Force，IETF）中的网络工作小组（Network Working Group）制定的。SSH 是建立在应用层和传输层基础上的安全协议，专为远程登录会话和其他网络服务提供安全性协议，即利用 SSH 可以有效防止远程管理过程中的信息泄露问题，且具有高可靠性。

从客户端来看，SSH 提供两种级别的安全验证。第一种级别是基于口令的安全验证，只要知道账号和口令，就可以登录到远程主机。所有传输的数据都会被加密，但是不能保证正在连接的服务器就是想连接的服务器。可能会有别的服务器在冒充真正的服务器，也就是受到“中间人”这种方式的攻击。第二种级别是基于密钥的安全验证，这种验证需要依靠密钥，也就是必须为自己创建一对密钥，并把公用密钥放在需要访问的服务器上。这里私钥只能自己拥有，所以称为私钥，公钥可以解开私钥加密的信息，同样私钥可以解开公钥加密的信息。如果要连接到 SSH 服务器，客户端软件就会向服务器发出请求，请求用密钥进行安全验证。服务器收到请求之后，先在该服务器的相应主目录下寻找相应的公钥，然后把它和发送过来的公钥进行比较。如果两个密钥一致，服务器就用这个公钥加密“质询（challenge）”，并把它发送给客户端软件。客户端软件收到“质询”之后就可以用私钥解密再把它发送给服务器完成安全认证。用这种方式，客户端必须知道自己密钥的口令。但是，与第一种级别相比，第二种级别不需要在网络上传送口令。第二种级别不仅加密所有传送的数据，而且“中间人”这种攻击方式也是不可能的，因为它没有私钥，但是整个登录的过程耗时较长。

2.3.2 复制虚拟机节点

配置完 SSH 后，关闭当前开启的虚拟机，然后选择“虚拟机”→“管理”→“克隆”命令，打开克隆虚拟机向导，选择“创建完整克隆”，再设置克隆的虚拟机名称和安装位置，如图 2-30 所示。

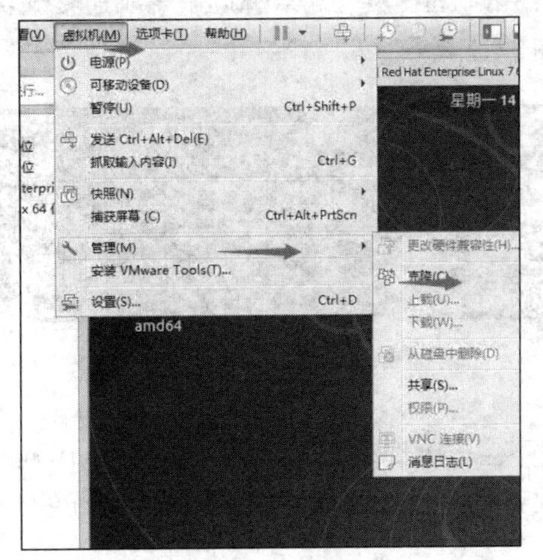

（a）选择“克隆”命令

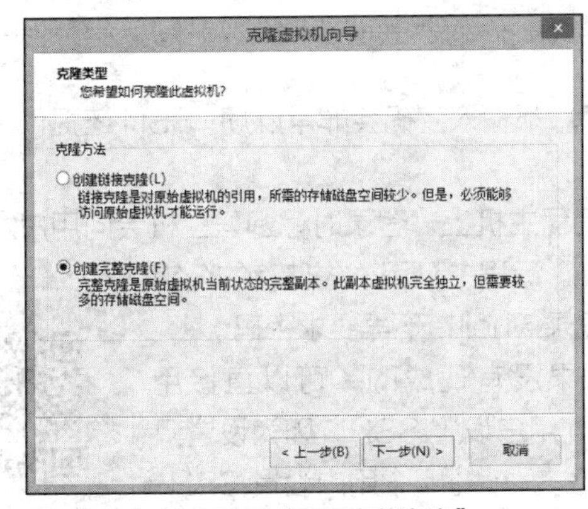

（b）选择“创建完整克隆”

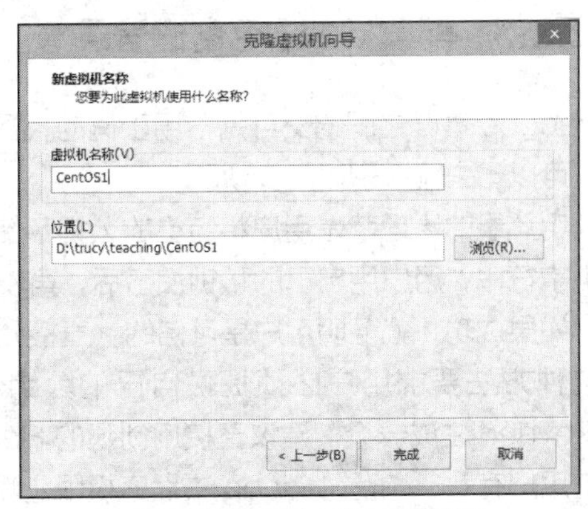

（c）设置虚拟机的名称和安装位置

图 2-30　克隆虚拟机

依次完成 CentOS1、CentOS2、CentOS3 的克隆工作，然后分别启动以上虚拟机，重复前面步骤修改网络，更改会话中的主机名（hostname X），然后用 PieTTY 登录测试连接。

如果发现各节点的 hosts 文件不一致，则可以登录 Node 节点，把 Node 节点上的 hosts 文件远程复制到其他节点，这样就不需要单独修改每个节点的 hosts 文件了。

使用文件传输命令 scp，将 fromAdd 文件复制到 toAdd 中，如图 2-31 所示。

```
[root@node ~]# scp /etc/hosts node1:/etc/hosts
The authenticity of host 'node1 (192.168.10.101)' can't be established.
RSA key fingerprint is d5:24:e9:43:00:c9:54:19:78:25:d8:c2:2c:ab:2a:1d.
Are you sure you want to continue connecting (yes/no)? yes
Warning: Permanently added 'node1,192.168.10.101' (RSA) to the list of known hosts.
root@node1's password:
hosts                                                          100%  242     0.2KB/s   00:00
```

图 2-31　远程复制 hosts 文件

注意　复制过程中会出现前面第一次连接时出现的提示："The authenticity of host 'node1 (192.168.10.101)' can't be established"，即无法确认 host 主机的真实性，只知道它的公钥指纹，问你还想继续连接吗？公钥指纹是指公钥长度较长（这里采用 RSA 算法，长达 1 024 位），很难比对，所以对其进行 MD5 计算，将它变成一个 128 位的指纹。首先确认连接方安全，输入"yes"，按 Enter 键，输入 node1 密码连接成功，打开 known_hosts 可以看到生成的公钥，如图 2-32 所示。

```
[root@node ~]# cd ./.ssh
[root@node .ssh]# ls
known_hosts
[root@node .ssh]# more known_hosts
node1,192.168.10.101 ssh-rsa AAAAB3NzaC1yc2EAAAABIwAAAQEAtCiHRKWOQGn1OAPBXB3160iEKKStxm
ZOYeAiXXKFdVCIe8x6Io0upTqAlNwJse4YBlJXsKPgr3kdbS5S+DAQ7IuK+XIFBm2ygMC3WjTrvLtowDCh4TDZh
HKHPJEmEu88JkTMPkQ0WBEtqVfIXEn/hfB6jg980/xgietyGGzc8DspzkAZ4RZSX1nfvKAaIrsaEHch6DG8GefY
cdA++XOunh695QT59BSdlIZcC9nmYNIQH6olMAP6NADzUVmgHBQg00YEY4muj/17bZmOqrzP4cKwd7v5va8knzv
kxZkll1CZN4hTwzqyntd68aQcXc2ej/+XYKP2YynR2+85ZVXyNQ==
```

图 2-32　know_hosts 文件

以后再与 Node1 连接时不会再出现以上提示，因为 known_hosts 中已经加入了 Node1，但仍然需要输入密码，后面依次完成其他节点（Node2、Node3）的 hosts 复制后，就可以解决免密码登录的问题了。

2.3.3　配置 SSH 免密码登录

Hadoop 集群之间的交互是不用密码的，否则每次都输入密码会非常麻烦。SSH 还提供了公钥登录，可以省去输入密码的步骤。

公钥登录的原理就是用户将自己的公钥存储在远程主机上。登录时，远程主机会向用户发送一段随机字符串，用户用自己的私钥加密后，再发回去。远程主机用事先储存的公钥解密，如果成功，就证明用户是可信的，直接允许登录 Shell，不再要求密码。

这种方法要求用户必须提供自己的公钥。如果没有现成的，可以直接用 ssh-keygen 生成一个。建议直接用创建的 Hadoop 用户设置 SSH，因为设置只对当前用户有效，一般 Hadoop 主程序权限是哪个用户，就对哪个用户设置 SSH。这里以 root 用户为例，登录 root 后设置 SSH，当然也可以登录创建的用户进行设置，如图 2-33 所示。

微课 2-3　免密登录配置

运行 ssh-keygen -t rsa -p '' -f ~/.ssh/id_rsa 命令以后，系统会出现一系列提示，在每一个提示页面按 Enter 键。运行结束以后，在$HOME/.ssh/目录下，会新生成两个文件：id_rsa.pub 和 id_rsa。前者是公钥，后者是私钥。

```
[root@node1 ~]# ssh-keygen -t rsa -P '' -f ~/.ssh/id_rsa
Generating public/private rsa key pair.
Your identification has been saved in /root/.ssh/id_rsa. 私钥文件位置
Your public key has been saved in /root/.ssh/id_rsa.pub. 公钥文件位置
The key fingerprint is:
5c:05:c3:53:cd:e4:66:b4:43:2d:e9:dc:24:3f:1b:c5 root@node1
The key's randomart image is:
+--[ RSA 2048]----+
|          .ooo+++ |
|           oo +*.E|
|           .. o**.|
|        . .   oo+o|
|         S       +|
|                . |
|                  |
|                  |
|                  |
+-----------------+
[root@node1 ~]#
```

图 2-33　生成公钥

远程主机将用户的公钥保存在登录后的用户主目录的$HOME/.ssh/authorized_keys 文件中，输入 cat id_rsa.pub >> authorized_keys 命令，如图 2-34 所示，在本机上生成 authorized_keys，并验证能否对本机进行 SSH 无密码登录。

```
[root@node1 ~]# cd .ssh/
[root@node1 .ssh]# ls
id_rsa  id_rsa.pub 密钥文件
[root@node1 .ssh]# cat id_rsa.pub >> authorized_keys 生成 authorised_keys
[root@node1 .ssh]# chmod 600 authorized_keys 设置权限（这一步很重要，否则 ssh 时可能仍然需要密码）
[root@node1 .ssh]# ssh localhost 用 ssh 登录本机
The authenticity of host 'localhost (::1)' can't be established.
RSA key fingerprint is 03:ed:f0:f7:43:c0:7d:1f:5e:31:05:85:e0:d6:fb:ac.
Are you sure you want to continue connecting (yes/no)? yes 正常的话，输入 yes 就可以登录本机了
Warning: Permanently added 'localhost' (RSA) to the list of known hosts.
Last login: Sat Sep 20 04:55:20 2014 from localhost ok，无密码登录成功
[root@node1 ~]# exit 退出 ssh 远程登录
logout
Connection to localhost closed.
[root@node1 .ssh]#
```

图 2-34　远程免密码登录

对其他所有节点重复上述操作后，都生成自己的 authorized_keys，通过 ssh-copy-id 命令复制各自的公钥到 Node2 节点（可以随机指定某个存在的节点），以 Node1 节点为例，使用 ssh-copy-id 命令把 Node1 节点的公钥复制到 Node2 节点的 authorized_keys 文件，并验证是否配置成功，如图 2-35 所示。

```
[root@node1 ~]# ssh-copy-id -i ~/.ssh/id_rsa.pub node2 拷贝 公钥 到 node2 生成
root@node2's password:        输入 node2 密码                        authorized_keys
Now try logging into the machine, with "ssh 'node2'", and check in:

  .ssh/authorized_keys

to make sure we haven't added extra keys that you weren't expecting.

[root@node1 ~]# ssh node2 尝试 ssh 无密码远程登录 node2，下面验证已经成功
Last login: Sat Sep 20 06:47:57 2014 from node1
[root@node2 ~]#
```

图 2-35　复制公钥到 Node2 节点

在 Node2 节点复制其他所有节点公钥后的 authorized_keys 文件如图 2-36 所示。

```
[root@node2 .ssh]# ls
authorized_keys id_rsa  id_rsa.pub  known_hosts
[root@node2 .ssh]# more authorized_keys
ssh-rsa AAAAB3NzaC1yc2EAAAABIwAAAQEAkzNML02gXSWyiVy069TxTqSJ1KjJ90Vg5FtuuWGQcUGPXM4uvkKh1kP
rq2UUw75dQfMwusbi911qPiGRTCgd6VSxd7bbd2vphvX6XFceWUWBWXzoiGtwjvQGjBJCKHI5uiLR5z29RnZW7y+1kf
VanfnmnjFI1tHoOc8YccegurR6HJ27+nWPhNNteNqLkFoWLudhTMyhGyr6aThrf+0aE5P/otL55N+K6aPw3gFoBopH0
+a/vAXfR1BE0wXWARqRJekwzBMjwIaHgKzoD+Uyb5QZ3IP6vthzVigYR8dw8eC6eftown6v0sCk8THXTnnUrUxj+cNm
1WM72BfDYgBhuQ== root@node2
ssh-rsa AAAAB3NzaC1yc2EAAAABIwAAAQEAsFBPxnLe5JX5Dy7fhmZ0jGDR63Zax3J9oWfjm5x5gtfUVIuB3Y/QfhS
5mOgK/aZ3HDe9tn25TzO1ArHZrwy1GyIdm3qZFQJfEWLoLie1irxm5DQjY9htEdWDX5kqtjbHiOdRZ6JRLMcjyUpdlg
AEKMJca/tBgZAhEq7mpkqNxwzkfuQ6YCV5YbWQFOtyWU1jmY6BA3H9LXTtDuYnevghMKdYKLOyNdQIOKWypi2+iUK6p
MSs0jmZH7f67rere5TH0cxxY/5jY14k7fHJVJLUHppsoua02YVXKxV4unzQjZuXfGpI/BjQP6pFs57gLiAvWmJVJ5dj
iWWeoYTDgrrtlQ== root@node3
ssh-rsa AAAAB3NzaC1yc2EAAAABIwAAAQEAw+WhoA+GrrOjsT3f4eUWZ5d8kV6WCXM40cBo/ZiX5LFc4c++x04P3SP
WXF77a3yUtcx7JLmB/MRSkzBTuOeFirVJupacBs3L0FJ65Snx/uubchmkzUR+cm2I22Aw5bHxBkha8K9uGTOhDxgaxU
xUpp0NudLoKPdV07I+h6/sncNxeUL3zWG9x70hBUQac6MnP7bHes2jZssAbZ2fFZhuIhQ3dxYwy7/pp9E/OJ1amALQp
ZKbawm5noJXPNHJUOcajmI1LdVzQVqPiKvuHi1d6dH+zjdUphOAIoybkQ9rbZEmJy3cYVRYzuTp6UEjqWP/L4rgIxMB
7UPwbvLbXzfbdw== root@node1
ssh-rsa AAAAB3NzaC1yc2EAAAABIwAAAQEAy+23RnlLC7dw11daG+G16Aiwmx+6WQ5agEOT8WuHPe/41WGAcgM0fX0
4kg8IX/OgvePaNnH4dFHoYyk9X9DiMEmqjUDhTCH/maoMz9Qiz07Jsx19m7iIIvTXdJng8UptOlJtMx5PxcaGnLLgPp
eEgeJB8xbyqjWAE+jDKjpvboL+nhNGxZVRHyqyb6FzdMxakajSwIWDSO3erPorpdh8ruzJVuUk4kRir513o0UwN8Sv0
g2VyAfIZihar/O3x1WeO5bG9pcoSP2duNIXpEUOptAtvGHP+w3asZxq4uGw5ejIIM67f9q7OijV0z0DbVB9JGHsyxF4
r0q83P7slqNg+w== root@node
```

图 2-36　Node2 节点的 authorized_keys 文件

由此可见，所有节点的公钥都已经加入了这个文件，也就是说，其他节点可以免密码登录到 Node2 节点，只要把这个文件远程复制到其他所有节点中，即在 Node2 节点上执行远程复制，如图 2-37 所示，节点之间就可以实现免密码登录了。

```
[root@node2 .ssh]# scp /root/.ssh/authorized_keys node:/root/.ssh/;scp /root/.ssh/authorize
d_keys node1:/root/.ssh/;scp /root/.ssh/authorized_keys node3:/root/.ssh/
The authenticity of host 'node (192.168.10.100)' can't be established.
RSA key fingerprint is d5:24:e9:43:00:c9:54:19:78:25:d8:c2:2c:ab:2a:1d.
Are you sure you want to continue connecting (yes/no)? yes
Warning: Permanently added 'node,192.168.10.100' (RSA) to the list of known hosts.
root@node's password:
Permission denied, please try again.
root@node's password:
authorized_keys                                   100% 1567     1.5KB/s   00:00
The authenticity of host 'node1 (192.168.10.101)' can't be established.
RSA key fingerprint is d5:24:e9:43:00:c9:54:19:78:25:d8:c2:2c:ab:2a:1d.
Are you sure you want to continue connecting (yes/no)? yes
Warning: Permanently added 'node1,192.168.10.101' (RSA) to the list of known hosts.
root@node1's password:
authorized_keys                                   100% 1567     1.5KB/s   00:00
The authenticity of host 'node3 (192.168.10.103)' can't be established.
RSA key fingerprint is d5:24:e9:43:00:c9:54:19:78:25:d8:c2:2c:ab:2a:1d.
Are you sure you want to continue connecting (yes/no)? yes
Warning: Permanently added 'node3,192.168.10.103' (RSA) to the list of known hosts.
root@node3's password:
authorized_keys                                   100% 1567     1.5KB/s   00:00
```

图 2-37　远程复制 authorized_keys 文件

这样，节点之间的免密码登录就完成了。

2.4　Hadoop 的启动和测试

本节主要讲解 Hadoop 的启动和测试过程，依次开启 HDFS、YARN、JobHistory Server 等过程，并对集群进行验证。

2.4.1　格式化文件系统

如同新买的硬盘需要使用 NTFS 文件系统或者 FAT32 文件系统格式化一样，Hadoop 文件系统也需要在 Node 节点上格式化。

首先格式化 NameNode，执行命令 hdfs namenode -format，提示信息的倒数第 2 行出现“Exiting with status 0”表示格式化成功，如图 2-38 所示。在 Linux 中，0 表示成功，1 表示失败。因此，如果返回“Exiting with status 1”，就应该好好分析前面的错误提示信息，一般来说是前面配置文件和 hosts 文件的问题，修改后同步到其他节点上以保持相同环境，再接着执行格式化操作。

```
14/10/25 04:19:03 INFO util.ExitUtil: Exiting with status 0
14/10/25 04:19:03 INFO namenode.NameNode: SHUTDOWN_MSG:
```

图 2-38　格式化成功信息

注意　如果使用的是 Hadoop 1.2 或者之前的版本，则习惯用 hadoop namenode -format 格式化，此时会弹出一条提示信息，警告脚本已过时，但不会影响结果，因为 Hadoop 2.7 版本对之前的 Hadoop 命令几乎都兼容。

格式化前也可以使用命令 hadoop namenode -format -clusterid clustername，先自定义集群名字。如果未定义集群名，则系统将自动生成。

2.4.2　启动 HDFS

执行 start-dfs.sh 脚本命令，开启 Hadoop HDFS 服务。

```
[root@node hadoop]# start-dfs.sh
Starting namenodes on [node]
node:starting namenode, logging to /home/hadoop/hadoop2.7/logs /hadoop-root-namenode-node.out
node1:starting datanode, logging to /home/hadoop/hadoop2.7/logs /hadoop-root-datanode-node1.out
node2:starting datanode, logging to /home/hadoop/hadoop2.7/logs /hadoop-root-datanode-node2.out
Node3:starting datanode, logging to /home/hadoop/hadoop2.7/logs /hadoop-root-datanode-node3.out
Starting secondary namenodes [node1]
node1:starting secondarynamenode, logging to /home/hadoop/hadoop2.7/logs/hadoop-root-secondarynamenode-node1.out
```

启动 HDFS 后，可以发现 Node 节点作为 NameNode，Node1、Node2、Node3 作为 DataNode，而 Node1 也作为辅助 NameNode（Secondary NameNode）。可以通过 jps 命令在各节点上验证 HDFS 是否启动。jps 也是 Windows 中的命令，表示开启的 Java 进程如果出现图 2-39 所示的结果，就表示验证成功。

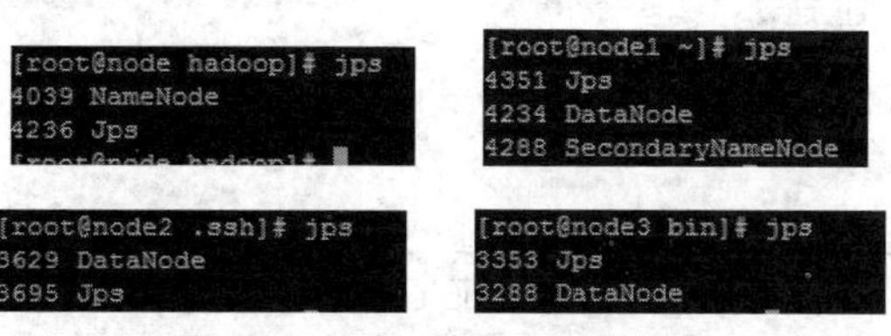

图 2-39　验证 HDFS 开启状况

同样，也可以通过网络验证 HDFS 的情况。例如，在 Linux 环境下，在 Web 浏览器中输入 http://node:50070，如图 2-40 所示。当然也可以在 Windows 环境中通过该 URL 访问，只需在文件 C:\Windows\System32\drivers\etc\hosts 中添加 192.168.10.100 node 即可。

node:50070/dfshealth.jsp

NameNode 'node:9000' (active)

Started:	Sat Oct 25 04:32:44 PDT 2014
Version:	2.2.0, Unknown
Compiled:	2014-09-21T22:41Z by root from Unknown
Cluster ID:	CID-216fd9a7-6396-4596-a3d6-1e49638ed798
Block Pool ID:	BP-1433300572-192.168.10.100-1414235943347

Browse the filesystem
NameNode Logs

图 2-40　Web 验证 HDFS

2.4.3　启动 YARN

在主节点 Node 上，执行命令 start-yarn.sh，如下所示。通过输出结果，可以看到 Node 节点已经作为了一个 ResourceManager，而其他 3 个节点分别作为 NodeManager。

```
[root@node hadoop]# start-yarn.sh
starting yarn daemons
starting resourcemanger, logging to /home/hadoop/hadoop2.7/logs/ yarm-root-resource
manager-node.out
node3:starting nodemanager,  logging to /home/hadoop/hadoop2.7/logs/ yarm-root-nodemanager-
node3.out
node2:starting nodemanager,  logging to /home/hadoop/hadoop2.7/logs/ yarm-root-nodemanager-
node2.out
node1:starting nodemanager,  logging to /home/hadoop/hadoop2.7/logs/ yarm-root-nodemanager-
node1.out
```

和验证 HDFS 一样，可以通过 jps 查看各个节点启动的进程来验证 YARN 是否开启，当然最方便的是在浏览器中输入地址 http://node:8088/，如图 2-41 所示。

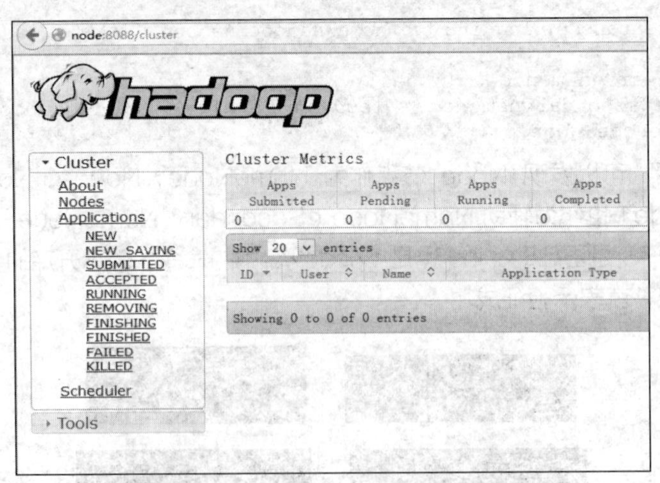

图 2-41　Web 验证 YARN 是否启动成功

2.4.4　启动 JobHistory Server

启动 JobHistory Server，通过 Web 控制台查看集群计算的任务信息，执行命令 mr-jobhistory-daemon.sh start historyserver，如图 2-42 所示。

```
[root@hadoop01 ~]# mr-jobhistory-daemon.sh start historyserver
starting historyserver, logging to /home/hadoop/hadoop2.7/logs/mapred-root-historyserve
r-hadoop01.out
```

图 2-42　启动历史任务管理器

启动成功后，访问 http://node:19888/，可以查看任务执行历史信息，如图 2-43 所示，因现在没有运行过任何任务，所以显示为空。

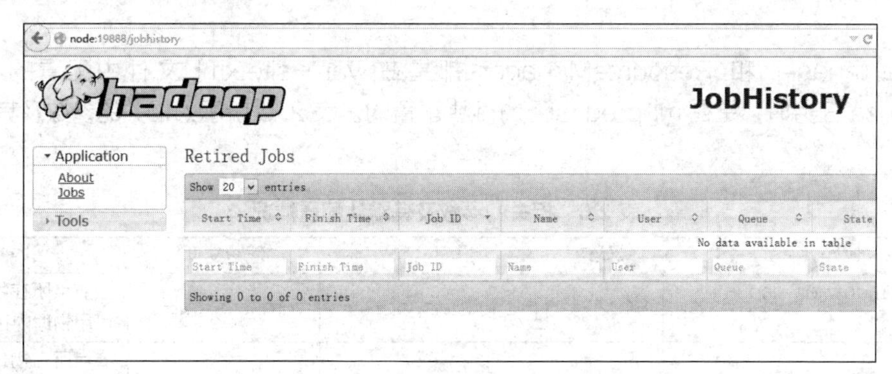

图 2-43　运行 JobHistory Server

JobHistory Server 是个后台进程，如果不使用，就可以将其关闭以节约资源，执行命令 mr-jobhistory-daemon.sh stop historyserver 终止 JobHistory Server。

2.4.5　集群验证

可以使用 Hadoop 自带的 WordCount 例子/share/Hadoop/mapreduce/hadoop-mapreduce-examples-2.7.0.jar 验证集群，下面的命令都会在本书后面章节讲到，可以先不用理会具体意思。

在 HDFS 上创建目录，执行如下命令。

```
hdfs dfs -mkdir -p /data/wordcount
hdfs dfs -mkdir -p /output/
```

目录/data/wordcount 用来存储 Hadoop 自带的 WordCount 例子的数据文件，运行这个 MapReduce 任务的结果输出到目录中的/output/wordcount 文件中。

将本地文件上传到 HDFS 中（这里上传一个配置文件），执行如下命令。

```
hdfs dfs -put /home/hadoop/hadoop2.7/etc/hadoop/core-site.xml /data/wordcount/
```

可以查看上传后的文件情况，执行如下命令。

```
hdfs dfs -ls /data/wordcount
```

下面运行 WordCount 案例，执行如下命令。

```
hadoop jar /home/hadoop/hadoop2.7/share/hadoop/mapreduce/hadoop-mapreduce- examples-2.7.7.jar wordcount /data/wordcount /output/wordcount
```

通过 http://node:8088/，可以监视节点的运行情况，如图 2-44 所示。

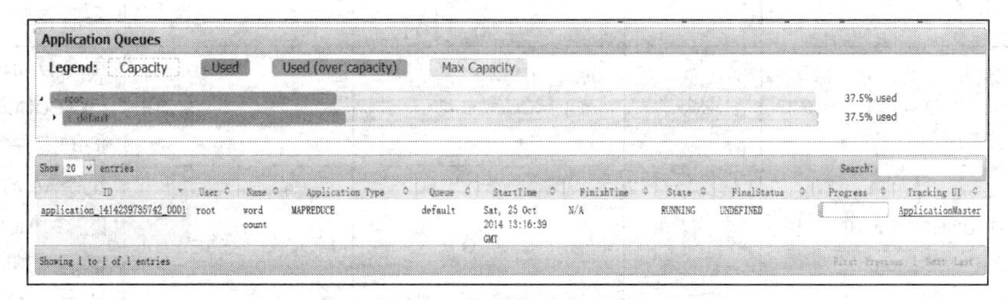

图 2-44　Web 界面的节点运行情况

运行结束后，可以执行命令 hdfs dfs -cat /output/wordcount/part-r-00000，查看运行结果。

2.4.6 需要了解的默认配置

在 Hadoop 2.7.7 中，YARN 框架有很多默认的参数值，但在机器资源不足的情况下，需要修改这些默认值来满足一些任务需要。例如，可以根据实际修改单节点所用物理内存、申请的 CPU 资源等。

NodeManager 和 ResourceManager 都是在 yarn-site.xml 文件中配置的，而运行 MapReduce 任务时，是在 mapred-site.xml 中配置的。表 2-6 所示为相关的参数及其默认配置情况。

表 2-6 相关的参数及其默认配置情况

参数名称	默认值	进程名称	配置文件	说明
yarn.nodemanager.resource.memory-mb	8192	NodeManager	yarn-site.xml	从节点所在物理主机的可用物理内存总量
yarn.nodemanager.resource.cpu-vcores	8	NodeManager	yarn-site.xml	节点所在物理主机的可用虚拟 CPU 资源总数（core）
yarn.nodemanager.vmem-pmem-ratio	2.1	NodeManager	yarn-site.xml	使用 1 MB 物理内存，最多可以使用的虚拟内存数量
yarn.scheduler.minimum-allocation-mb	1024	ResourceManager	yarn-site.xml	一次申请分配内存资源的最小数量
yarn.scheduler.maximum-allocation-mb	8192	ResourceManager	yarn-site.xml	一次申请分配内存资源的最大数量
yarn.scheduler.minimum-allocation-vcores	1	ResourceManager	yarn-site.xml	一次申请分配虚拟 CPU 资源最小数量
yarn.scheduler.maximum-allocation-vcores	8	ResourceManager	yarn-site.xml	一次申请分配虚拟 CPU 资源的最大数量
mapreduce.framework.name	local	MapReduce	mapred-site.xml	取值为 local、classic 或 Yarn 其中之一，如果不是 Yarn，则不会使用 YARN 集群来实现资源的分配
mapreduce.map.memory.mb	1024	MapReduce	mapred-site.xml	每个 MapReduce 作业的 map 任务可以申请的内存资源数量
mapreduce.map.cpu.vcores	1	MapReduce	mapred-site.xml	每个 MapReduce 作业的 map 任务可以申请的虚拟 CPU 资源的数量
mapreduce.reduce.memory.mb	1024	MapReduce	mapred-site.xml	每个 MapReduce 作业的 reduce 任务可以申请的内存资源数量
yarn.nodemanager.resource.cpu-vcores	8	MapReduce	mapred-site.xml	每个 MapReduce 作业的 reduce 任务可以申请的虚拟 CPU 资源的数量

2.5 动态管理节点

本节主要解决集群中的节点管理问题。下面介绍节点的动态管理方法。

2.5.1 动态增加和删除 DataNode

管理大型集群时，有些机器可能会出现异常，这时就需要把它从集群中清除，待修复好后再加入集群中。如果每次都是先修改 slaves 文件，再格式化集群，不但浪费大量时间，而且会影响正在执行的任务。

总的来说，正确的做法是优先在主节点上做好配置工作，然后在具体机器上启动/停止相应的进程。HDFS 默认的超时时间为 10 分 30 秒。这里暂且定义超时时间为 timeout，计算公式如下。

```
timeout=2*dfs.namenode.stale.datanode.interval+10*dfs.heartbeat.interval
```

Hadoop 上的心跳监控（Heartbeat Monitor）进程会定期检测已注册的数据节点的心跳包，每一次检测间隔 heartbeat.recheck.interval 默认的为 5min，心跳间隔（dfs.heartbeat.interval）默认为 3s，NameNode 节点是根据数据节点上一次发送的心跳包时间和现在的时间差是否超出 timeout 来判断它是否已处于 dead 状态。需要注意的是，hdfs-site.xml 配置文件中的 heartbeat.recheck.interval 的单位为 ms，dfs.heartbeat.interval 的单位为 s。

下面是动态增删 DataNode 的步骤。

1. 修改配置文件

在 NameNode 下修改配置文件，如果集群版本是 Hadoop 0.x，则配置存储在文件 conf/hadoop-site.xml 中；在 Hadoop 2.x 中变化很大，配置文件位置为 conf/hdfs-site.xml，需配置的参数名为 dfs.namenode.hosts 和 fs.namenode.hosts.exclude。

参数说明：

dfs.hosts，定义了允许与 NameNode 通信的 DataNode 列表文件，如果值为空，则 Slaves 节点中所有的都会被加入这个许可列表。

dfs.hosts.exclude，定义了不允许与 NameNode 通信的 DataNode 列表文件，如果值为空，则 Slaves 中的所有节点都允许通信。

例如，修改 hdfs-site.xml，添加以下语句到文件中。

```
<property>
     <name>dfs.hosts</name>
     <value>/home/hadoop/hadoop2.7/conf/datanode-allow.list</value>
 </property>
 <property>
     <name>dfs.hosts.exclude</name>
     <value>/home/hadoop/hadoop2.7/conf/datanode-deny.list</value>
 </property>
```

如果不需要允许列表，则不需要创建对应项，这表示所有 Slaves 节点都允许通信。datanode-allow.list 与 datanode-deny.list 分别为允许列表和阻止列表，需要用户自己创建，一行写一个主机名。后者优先级比前者大，也就是说，最重要的是 datanode-deny.list。

2. 添加一个节点

（1）对新的 DataNode 节点做好相关配置（SSH 配置、Hadoop 配置、IP 配置等）工作。

（2）将主节点上的 Slaves 文件列表加入该 DataNode 的主机名（非必须，方便以后重启 cluster 用）。

（3）若有 datanode-allow.list 文件，则在主节点的 datanode-allow.list 中加入该 DataNode 的主机名，若没有，则可以自己创建后加入。

（4）在该 DataNode 上启动 DataNode 进程，运行命令 hadoop-daemon.sh start datanode。

3. 删除一个节点

（1）在主节点上修改 datanode-deny.list（同上，没有的话可以自己创建），添加要删除的机器名。

（2）在主节点上刷新节点配置情况，运行命令 hadoop dfsadmin –refreshNodes。

（3）此时在 Web UI 上可以看到该节点变为 Decommissioning 状态，过一会就变为 Dead 了，也可以通过 hadoop dfsadmin -report 命令查看删除节点是否成功。

（4）在 Slave 上关闭 DataNode 进程（非必须），运行命令 hadoop-daemon.sh stop datanode。

4. 重新加入各个删除的节点

（1）在主节点的 datanode-deny.list 上删除相应机器。

（2）在主节点刷新节点配置情况，运行命令 hadoop dfsadmin –refreshNodes。

（3）在欲加入的节点上重启 DataNode 进程，运行命令 hadoop-daemon.sh start datanode。

注意

如果之前没有关闭该 Slave 上的 DataNode 进程，则需要先关闭该进程，再重新启动该进程。

2.5.2 动态修改 TaskTracker

下面执行动态修改 TaskTracker 的操作。

1. 修改配置文件

对于 Hadoop 2.0 以后的版本，需要在 NameNode 中修改配置文件 conf/mapred-site.xml 以及关键参数 mapred.hosts 和 mapred.hosts.exclude。下面对这两个参数进行说明。

mapred.hosts：即 mapreduce.jobtracker.hosts.filename，定义允许与 Jobtracker 节点通信的节点列表文件，如果值为空，则所有节点都可以与之通信。

mapred.hosts.exclude：即 mapreduce.jobtracker.hosts.exclude.filename，定义不允许与 Jobtracker 节点通信的节点列表文件，如果值为空，则所有节点都允许与之通信。

如修改 mapred-site.xml，添加如下参数。

```
<property>
    <name>mapreduce.jobtracker.hosts.filename</name>
    <value>/home/hadoop/hadoop2.7/conf/tasktracker-allow.list</value>
</property>
<property>
    <name>mapreduce.jobtracker.hosts.exclude.filename</name>
    <value>/home/hadoop/hadoop2.7/conf/tasktracker-deny.list</value>
</property>
```

同前面一样，创建 value 指定的文件，一行写一个主机名。

2. 添加

（1）在新的从节点上做好相关配置（SSH 配置、Hadoop 配置、IP 配置等）工作。

（2）将主节点上的 Slaves 列表文件加入该从节点（非必须，方便以后重启集群用）。

（3）在 tasktracker-allow.list 中加入该从节点的主机名，如果没有主机名，则可以自己建立。

（4）在这个从节点上启动 tasktracker 进程，运行命令./hadoop-daemon.sh start tasktracker。

3. 删除

不建议直接在 Slave 上通过./hadoop-daemon.sh stop tasktracker 命令关掉 tasktracker，这会导致 NameNode 认为这些机器暂时失联，因在超时时间内（默认 10min+30s）依然假设它们是正常的，还会将任务发送给它们。正常的删除步骤应如下。

（1）在主节点上修改 tasktracker-deny.list（同上，没有的话自建），添加相应机器。

（2）在主节点上刷新节点配置情况，执行命令 hadoop mradmin -refreshNodes。

（3）在 Slave 上关闭 tasktracker 进程（非必须），执行命令 hadoop-daemon. shstoptask-tracker。

4. 重新加入各个删除的节点

（1）在主节点的 tasktracker-deny.list 删除相应机器。

（2）在主节点上刷新节点配置情况，执行命令 hadoop mradmin –refreshNodes。

（3）在 Slave 上重启 tasktracker 进程，执行命令 hadoop-daemon.sh start tasktracker。

注意

如果之前没有关闭该 Slave 上的 tasktracker 进程，则需要先关闭该进程，再重新启动该进程。

习题

1. 请说出图 2-45 所示的全局网络拓扑图中用到了哪几种 VMware 网络连接模式，其中虚拟机 A82 处于哪种连接模式之中。

2. 小君在配置集群时将其中一个节点命名为 xiaojun2，使用命令 hostname xiaojun2，重启之后发现主机名没有变更，有什么办法可以让这个节点重启之后变成 xiaojun2?

3. 小君配置了 NAT 模式连接的节点后，可以连接外网，为什么在外网上无法 ping 通该节点?

（1）小超给小君和小涛提供了自己的公钥，小君向小超发送报文，使用小超的公钥加密，这个报文是否安全?

（2）接（1）题，小超收到报文后使用私钥解密，就看到了报文内容，给小君回信，用自己的私钥将回信加密再发送给小军，这个回信报文是否安全?

4. 在 core_site.xml 配置文档中配置临时文件目录，值为/home/hadoop/tmp/hadoop-${user.name}，一主机名为 Node1，当前 Hadoop 集群权限属于 trucy，那么实际生成的临时目录是什么?

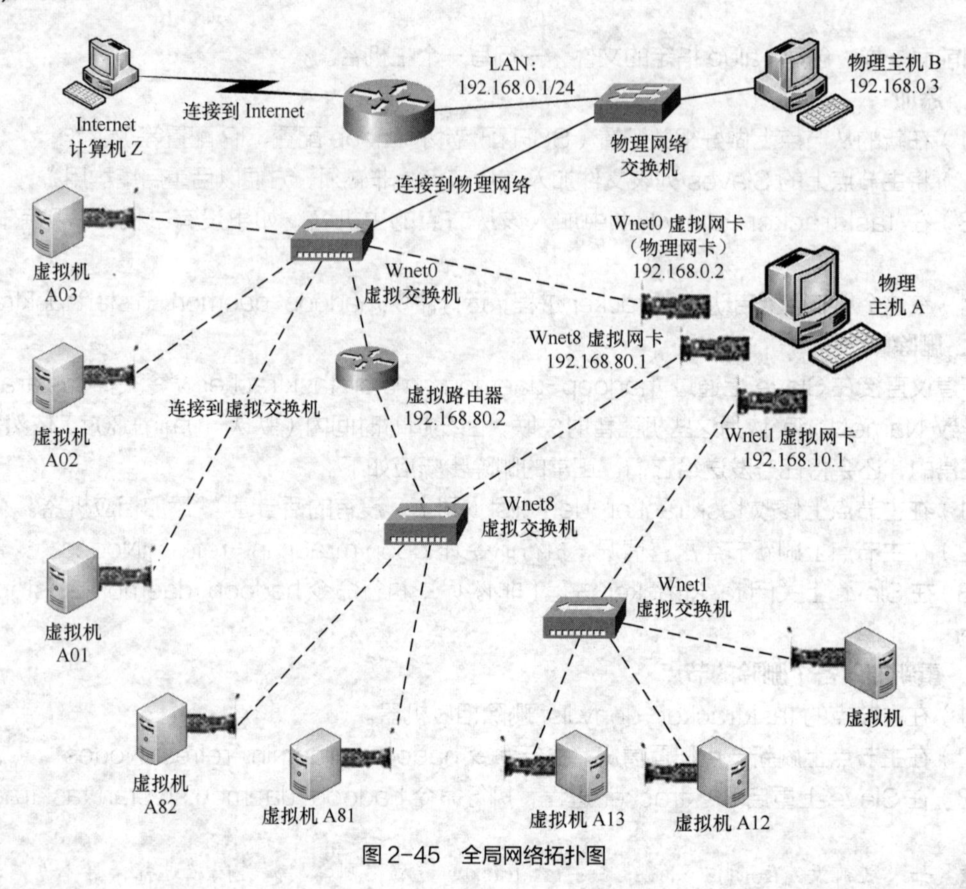

图 2-45　全局网络拓扑图

第3章 HDFS技术

HDFS是一个设计运行在普通硬件设备上的分布式文件系统，具有高容错性，提供高吞吐量，适用于具有大数据集的应用场合。当需要存储的数据文件大小超过一台计算机所能承受的最大存储容量时，就需要使用HDFS将一个大文件分解成为若干个小文件分别存储在不同的物理计算机上。本章先介绍HDFS的特点、架构，然后介绍Shell命令行和Java API，使读者在掌握HDFS命令的基础上可以更好地了解Linux命令。软件开发人员需要熟练运用HDFS的Java API进行数据操作，也应该理解Hadoop核心技术之一的远程调用协议（Remote Procedure Call Protocol，RPC）通信原理。

3.1 HDFS的特点

由于HDFS主要用于存储非结构化大数据，并且是分布式存储，所以HDFS的所有特点都与大数据及分布式有关，可概括如下。

微课3-1 分布式文件系统

（1）简单一致性

HDFS的大部分应用都是一次写入多次读，这意味着写入HDFS的文件不能修改。例如，搜索引擎程序，一个文件写入后就不能修改了。如果一定要修改，就只能在HDFS外修改好了再上传。

（2）故障检测和自动恢复

企业级的HDFS文件由数百甚至上千个节点组成，而这些节点往往是一些廉价的硬件，这样故障就成了常态。HDFS具有容错性（Fault-Tolerant），能够自动检测故障并迅速恢复，因此用户察觉不到明显的中断。

（3）流式数据访问

Hadoop的访问模式是一次写多次读，而因为读可以在不同节点的冗余副本读，所以读数据的时间可以非常短，非常适用于读取大数据。因为运行在HDFS上的程序必须首先流式访问数据集，接着长时间在大数据集上进行各类分析，所以HDFS的设计旨在提高数据吞吐量，而不是用于处理用户交互型的小数据。HDFS放宽了对可移植操作系统接口（Portable Operating System Interface of UNIX，POSIX）规范的强制性要求，去掉一些没必要的语义，这样可以获得更好的吞吐量。

（4）支持超大文件

由于更高的访问吞吐量，HDFS支持GB级甚至TB级的文件存储，但存储大量小文件会对主节点的内存影响很大。

（5）优化读取

由于HDFS集群往往是建立在跨多个机架（Rack）的集群机器上的，而同一个机架节点间的网络带宽要优于不同机架上的网络带宽，所以 HDFS 集群中的读操作要转换成离读节点最近的一个节点完成数据的读取。如果 HDFS 跨越多个数据中心，那么数据中心的数据复制优先级要高于其他远程数据中心的优先级。

（6）数据完整性

从某个 DataNode 上获取的数据块有可能是损坏的，损坏可能是由于存储设备错误、网络错误或者软件 Bug 造成的。HDFS 客户端软件实现了对 HDFS 文件内容的校验和（Checksum）检查，当客户端创建一个新的 HDFS 文件时，会计算这个文件每个数据块的校验和，并将校验和作为一个单独的隐藏文件保存在同一个 HDFS 命名空间下。当客户端获取到文件内容后，会对此节点获取的数据与相应文件中的校验和进行匹配。如果不匹配，则客户端可以选择从其余节点获取该数据块进行复制。

3.2 HDFS 架构

HDFS 是典型的主从架构，包括一个主节点（NameNode 或者 MetadataNode），负责系统命名管理空间（NameSpace）、控制客户端文件操作和管理分配存储任务；多个从节点或者说是多个数据节点（DataNode），提供真实文件数据的物理支持，系统架构如图 3-1 所示。

微课 3-2 HDFS 的设计目标与 NFS 的区别

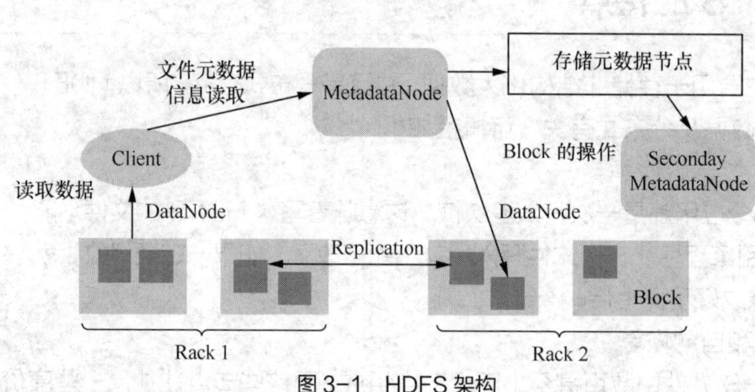

图 3-1 HDFS 架构

从图 3-1 可以看出，客户端可以通过 NameNode 从多个 DataNode 中读取数据块，而这些文件元数据信息的收集是各个 DataNode 自发提交给 NameNode 的，它存储了文件的基本信息。当 DataNode 的文件信息有变更时，就会把变更的文件信息传送给 NameNode，NameNode 对 DataNode 的读取操作都是通过这些元数据信息来查找的。这种重要的信息一般都会有备份，存储在辅助 NameNode（Secondary MetadataNode 或 Secondary NameNode）中写文件操作也需要知道各个节点的元数据信息。例如，哪些块有空闲、空闲块位置、离哪个 DataNode 最近、备份多少次等，然后写入。在有至少两个机架的情况下，一般除了写入本机架中的几个节点外，还会写入外部机架节点，这就是所谓的“机架感知”，如图 3-1 中的 Rack1 与 Rack2。

3.2.1 数据块

在计算机中，每个磁盘都有自己的物理磁盘块，块是读写文件数据的最小单位。单机文件系统的块一般由多个物理磁盘块组成，物理磁盘块的大小一般为 512B，文件系统块由几个磁盘块组成，达到几千字节，并且系统还有专门的磁盘管理工具（fs 和 fsck）来管理和维护文件系统，它们直接针对文件系统块进行操作。

同理，在 HDFS 中也有块的概念，不过要比单机文件系统大得多，默认为 64MB。HDFS 上的文件被划分成多个 64MB 的块（Chunk）作为独立储存单元。与单机分布式文件系统不同的是，不满一个块大小的数据不会占据整个块空间，也就是说，这个块空间还可以给其他数据共享。

HDFS 设置这么大的块大小是有依据的，目的是把寻址时间[1]占所有传输数据所用的时间最小化，即增大实际传输数据的时间。假如平均寻址时间为 10ms，磁盘传输速度为 100MB/s，那么为了使寻址时间所占比率达到 1%，块大小要设置为 100MB，很多企业集群设置成 128MB 甚至更多，这和磁盘驱动器的传输性能有关。但块大小也不应该设得太大，大了占用的数据块就少很多，而通常 MapReduce 会把一个块处理成一个 Map 任务，Map 任务数太小（少于集群节点数）体现不出并行的优势。

抽象分布式文件中的块是很好的一种设计，这种设计可以带来很多好处。例如，可以存储一个超过集群中任一磁盘容量的大文件，也就是说，集群中的节点对分布式文件系统来说是不可见的。此外，按块备份可以提高文件系统的容错能力和可靠性，将块冗余备份到其他几个节点上（系统默认共 3 个），当某个块损坏时，可以从其他节点读取副本，并且重新冗余备份到其他节点上，而这个过程是自动完成的，对用户来说是透明的。

Hadoop 的脚本命令和 UNIX 系统一样，都是命令体加命令参数。例如，HDFS 的 fsck 命令可以显示块信息，检查指定目录的数据块健康状况，具体用法可以参考 3.3.4 小节。

下面使用 fsck 命令检查 HDFS 系统上/input 目录下的块信息和文件名，运行结果如图 3-2 所示。

```
hdfs fsck /input -blocks -files
```

```
FSCK started by root (auth:SIMPLE) from /10.131.14.138 for path /test at Mon Mar 11 20:48:16 CST 2019
/test <dir>
/test/file 75 bytes, 1 block(s):  OK
0. BP-536124919-10.131.14.137-1547545513671:blk_1073741996_1177 len=75 repl=2

Status: HEALTHY
 Total size:    75 B
 Total dirs:    1
 Total files:   1
 Total symlinks:                0
 Total blocks (validated):      1 (avg. block size 75 B)
 Minimally replicated blocks:   1 (100.0 %)
 Over-replicated blocks:        0 (0.0 %)
 Under-replicated blocks:       0 (0.0 %)
 Mis-replicated blocks:         0 (0.0 %)
 Default replication factor:    2
 Average block replication:     2.0
 Corrupt blocks:                0
 Missing replicas:              0 (0.0 %)
 Number of data-nodes:          3
 Number of racks:               1
FSCK ended at Mon Mar 11 20:48:16 CST 2019 in 1 milliseconds


The filesystem under path '/test' is HEALTHY
```

图 3-2　使用 fsck 命令检查数据块

[1] 磁盘采取直接存取方式，寻址时间分为两部分，其一是磁头寻找目标磁道的找道时间 t(s)，其二是找到磁道后，磁头等待欲读写的磁道区段旋转到磁头正下方需要的等待时间 t(w)。由于从最外磁道找到最里圈磁道和寻找相邻磁道所需时间是不等的，而且磁头等待不同区段所花的时间也不等，因此取其平均值，称作平均寻址时间 T(a)，它是平均找道时间 t(sa)和平均等待时间 t(wa)之和。T(a)=t(sa)+t(wa)=[t(s max)+t(s min)]/2+[t(w max)+t(w min)]/2。

3.2.2　NameNode 与 DataNode

HDFS 集群有两种按照主/从（Master/Slave）模式划分的节点：NameNode 和 DataNode。

NameNode 负责管理整个集群的命名空间，并且为所有文件和目录维护了一个树状结构的元数据信息，而元数据信息被持久化到本地硬盘上分别对应了两种文件：文件系统镜像文件（FSImage）和编辑日志文件（EditsLog）。文件系统镜像文件存储所有关于命名空间的信息，编辑日志文件存储所有事务的记录。文件系统镜像文件和编辑日志文件是 HDFS 的核心数据结构，如果这些文件损坏了，则整个 HDFS 实例都将失效，所以需要复制副本，以防止损坏或者丢失。一般会配置两个目录来存储这两个文件，分别是本地磁盘和网络文件系统（Network File System，NFS），防止 NameNode 所在节点磁盘损坏后数据丢失。NameNode 在磁盘上的存储结构如下。

```
current
├──rentts_0000000000000000077-0000000000000000078
├──0000000000000000077-0000000000000000078
 …
├──0000000000000000077-00000000000000000000000092
├──0000000000000000077-00000000000000000000000092
├──0000000000000000077-00000000000000000000000092
├──0000000000000000077-00000000000000000
├──0000000000000000077-00000000
├──00000000000000000000000000096.md5
├──00000000000000000000000000096
├──00000000000000000000000000096.md5
├──0000000000
└──00000000
```

VERSION 是一个属性文件，可以通过如下命令查看它所保存的一些版本信息。该文件存放在 Hadoop 安装路径下的 tmp 文件夹中，进入/tmp/dfs/data/current 路径后，即可使用该命令查看版本信息。

```
[root@master current]# more VERSION
#Mon Mar 11 20:34:20 CST 2019
namespaceID=1689313380
clusterID=CID-9f975ba2-c5c8-448a-bff1-79ae412dca56
cTime=0
storageType=NAME_NODE
blockpoolID=BP-536124919-10.131.14.137-1547545513671
layoutVersion=-63
```

各参数的含义如下。

（1）namespaceID：文件系统唯一标识，是 HDFS 初次格式化时生成的。

（2）clusterID：集群 ID，在格式化文件系统之前，可以在配置文件或者格式化命令中添加。

（3）cTime：表示 FSImage 创建时间。

（4）storageType：保存数据的类型，这里是元数据结构类型，还有一种是 DATA_NODE，表示数据结构类型。

（5）blockpoolID：一个由 BlockPoolID 标识的 blockpool 属于一个单一的命名空间，违反这个规则将会发生错误，并且系统必须检测这个错误以及采取适当的措施。

（6）layoutVersion：是一个负整数，保存了 HDFS 的持久化在硬盘上的数据结构的格式版本号。因为目前 HDFS 集群中的 NameNode 与 DataNode 都是使用统一的 LayoutVersion，所以任何LayoutVersion的改变都会导致NameNode与DataNode的升级。

NameNode本质上是一个Jetty服务器[1]，提供有关命名空间的配置服务，它包含的元数据信息包括文件的所有者、文件权限、存储文件的块ID和这些块所在的DataNode（DataNode启动后会自动上报）。

当NameNode启动时，文件系统镜像文件会被加载到内存，然后对内存中的数据执行记录的操作，以确保内存保留的数据处于最新的状态。所有对文件系统元数据的访问都是从内存中获取的，而不是文件系统镜像文件。文件系统镜像文件和编辑日志文件只是实现了元数据的持久存储功能，事实上，所有基于内存的存储系统大多采用这种方式，这样做的优点是加快了元数据的读取和更新操作（直接在内存中进行）。

Hadoop集群包含大量DataNode，DataNode响应客户机的读写请求，还响应NameNode对文件块的创建、删除、移动、复制等命令。DataNode把存储的文件块信息报告给NameNode，而这种报文信息采用的心跳机制，每隔一定时间向NameNode报告块映射状态和元数据信息，如果报告在一定时间内没有送达NameNode，则NameNode会认为该节点失联（Uncommunicate），如果长时间没有得到心跳消息，就直接标识该节点死亡（Dead），也就不会再继续监听这个节点，除非该节点恢复后，手动联系NameNode。DataNode的文件结构如下。

```
-rw-rw-r--  1 root root   5508400 Dec  5 14:30 blk_1073741825
-rw-rw-r--  1 root root     43043 Dec  5 14:30 blk_1073741825_1001.meta
-rw-rw-r--  1 root root       114 Dec  8 21:49 blk_1073741857
-rw-rw-r--  1 root root        11 Dec  8 21:49 blk_1073741857_1033.meta
-rw-rw-r--  1 root root 134217728 Dec  8 21:53 blk_1073741859
-rw-rw-r--  1 root root   1048583 Dec  8 21:53 blk_1073741859_1035.meta
-rw-rw-r--  1 root root 134217728 Dec  5 15:23 blk_1073741860
-rw-rw-r--  1 root root   1048583 Dec  5 15:23 blk_1073741860_1036.meta
……
drwxrwxr-x  2 root root      4096 Dec  6 16:25 subdir0
drwxrwxr-x  2 root root      4096 Dec  6 16:25 subdir1
drwxrwxr-x  2 root root      4096 Dec  6 16:26 subdir10
drwxrwxr-x  2 root root      4096 Dec  6 16:26 subdir11
drwxrwxr-x  2 root root      4096 Dec  6 16:27 subdir12
drwxrwxr-x 66 root root     12288 Dec  6 16:49 subdir13
……
```

Blk_refix：HDFS中的文件数据块，存储的是原始文件内容，最大占134 217 728B，即128MB（本系统设置块大小为128MB）。

Blk_refix.meta：块的元数据文件，由版本和类型信息的头文件，以及一系列块的区域校验和组成，最大占1 048 583B，即1MB。

Subdir：存储的还是原始文件内容和块的元数据。

3.2.3 辅助NameNode

前面提到文件系统镜像文件会加载到内存中，然后对内存中的数据执行记录操作。因为编辑日志文件会随着事务操作的增加而增大，所以需要把编辑日志文件合并到文件系统镜像文件中，这个操作由辅助NameNode（Secondary NameNode）完成。

[1] Jetty是一个开源的servlet容器，可以将Jetty容器实例化成一个对象，可以迅速为一些独立运行（Stand-Alone）的Java应用提供网络和Web连接。

辅助 NameNode 不是真正意义上的 NameNode，它的主要工作是周期性地把文件系统镜像文件与编辑日志文件合并，然后清空旧的编辑日志文件。由于这种合并操作需要消耗大量 CPU 和占用比较多的内存，所以往往把其配置在一台独立的节点上。如果没有辅助 NameNode 周期性的合并过程，每次重启 NameNode 就会耗费很多时间做合并操作，这种周期性合并过程一方面减少了重启时间，另一方面保证了 HDFS 系统的完整性。但因为辅助 NameNode 保存的状态要滞后于 NameNode，所以 NameNode 失效后，难免会丢失一部分最新操作数据。辅助 NameNode 合并编辑日志文件的过程如图 3-3 所示，处理流程如下。

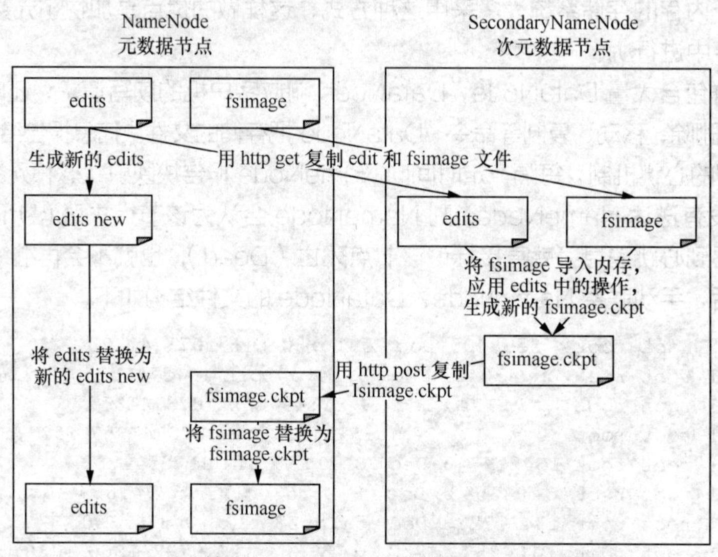

图 3-3　辅助 NameNode 合并编辑日志文件的过程

（1）辅助 NameNode 发送请求，NameNode 停止把操作信息写进 edits 文件中，转而新建一个 edits.new 文件写入。

（2）通过 HTTP GE 实现从 NameNode 获取旧的编辑日志文件和文件系统镜像文件。

（3）辅助 NameNode 加载硬盘上的文件系统镜像文件和编辑日志文件，在内存中合并后成为新的文件系统镜像文件，然后写到磁盘上，这个过程叫作保存检查点（CheckPoint），合并生成的文件为 fsimage.ckpt。

（4）通过 HTTP POST 将 fsimage.ckpt 发送回 NameNode。

（5）NameNode 更新文件系统镜像文件，把 edits.new 改名为 edits，并更新 fstime 文件来记录保存点执行的时间。

辅助 NameNode 的文件组织结构如下。

```
${fs.checkpoint.dir}/
├——s.checkpo
|——s.checkpoi
|——s.checkp
|——s.checkpoi
|——s.checkpo
└——s.checkpoicheckpoint/
├——ckpoint/
├——ckpoin
```

```
├──ckpoint/
└──ckpoint
```

辅助 NameNode 的目录设计与 NameNode 的目录布局相同，这种设计是为了防止 NameNode 发生故障，当没有备份或者没有 NFS 时，可以通过辅助 NameNode 恢复数据。通常采用的方法是用-importCheckpoint 选项来重启元数据守护进程（MetadataNode Daemon），当 dfs.name.dir 没有元数据时，辅助 NameNode 可以直接通过定义的 fs.checkpoint.dir 目录载入最新检查点数据。因此在配置 Hadoop 时，NameNode 目录和辅助 NameNode 目录一般分开存储。

3.2.4 安全模式

NameNode 启动时，会将文件系统镜像载入内存，并执行编辑日志文件中的各项操作，然后开始监听 RPC 和 HTTP 请求，此时会进入一种特殊状态，即安全模式状态（Safe Mode）。在此状态下，各个 DataNode 将心跳报告和块列表信息发送到 NameNode，而块列表信息保存的是数据块的位置信息，NameNode 的内存中会保留所有节点的块列表信息，当块列表信息足够时，即退出安全模式，一般需 30s，所以人们往往会发现，刚启动 Hadoop 集群时，不能马上进行文件读写操作，但是可以知道文件目录信息（可以访问元数据信息）。但如果 NameNode 没有检查到足够多的块列表信息，即不满足配置文件定义的"最小复制条件"（最小副本数为 1），那么会把需要的块复制到其他 DataNode 中。实际上，这种复制过程会极大地浪费资源，因为必须耐心等待所有 DataNode 都递交完成块列表信息。

查看系统是否处于安全模式，可以使用如下命令。

```
[root@slave1 ~]$ hdfs dfsadmin -safemode get
Safe mode is OFF
```

要进入安全模式，往往在需要维护或者升级系统时，让文件系统处于只读状态，可以使用如下命令。

```
[root@slave1 ~]$ hdfs dfsadmin -safemode enter
Safe mode is ON
```

同样，离开安全模式可以使用如下命令。

```
[root@slave1 ~]$ hdfs dfsadmin -safemode leave
Safe mode is OFF
```

要让用户在执行某个脚本前先退出安全模式，可以执行如下命令。

```
hadoop dfsadmin -safemode wait
# command to read or write a file
```

3.2.5 负载均衡

负载均衡是分布式系统中一个永恒的话题，要让各节点的任务均衡，发挥各节点的最大效能，不能让有的节点任务太多忙不过来，而有的节点任务很少甚至没有任务，这样不但影响完成作业的时间，也极大地浪费了资源。负载均衡也是一个复杂的问题，均衡并不就等于平均。例如，分布式文件系统共一百个数据块，平均分配到集群中的 10 个节点，就是每个节点负责 10 个数据块，这样就均衡了吗？其实还应该考虑 HDFS 的机架感知问题。一般来说，同一个机架上节点的通信带宽要比不同机架的节点快，而把数据块复制到其他机架上能增强数据的安全性。另外，考虑到属于同一个文件的数据块应该尽量在一个机架上，这样可以减少跨机架的网络带宽。所以具体怎么分配是比较复杂的问题。

在 HDFS 中，ReplicationTargetChooser 类负责为新分配的数据块寻找最优存储位置。总体来说，数据块的分配工作与备份的数量、申请的客户端地址、已注册的数据服务器位置密切相关。其算法基本思路是只考量静态位置信息，优先照顾写入者的速度，让多份备份分配到不同的机架上。此外，HDFS 中的 Balancer 类是为了实现动态调整负载而存在的。Balancer 类派生于 Tool 类，这说明它是以一个独立的进程存在的，可以独立地运行和配置。它运行有 NameNodeProtocol 和 ClientProtocol 两个协议，与主节点进行通信，获取各个数据服务器的负载状况，从而进行调整。主要的调整其实就是一个操作，将一个数据块从一个服务器搬迁到另一个服务器上。Balancer 会向相关的目标数据服务器发出一个 DataTransferProtocol.OP_REPLACE_BLOCK 消息，接收到这个消息的数据服务器，会将数据块写入本地，成功后，通知主节点，删除早先的那个数据服务器上的同一块数据块。

HDFS 自带一个均衡器脚本，该脚本启动 Hadoop 的一个守护进程，并执行上述操作。任何时刻，集群只能有一个均衡器存在，开启一次后会一直运行，直到集群变得均衡，而调整数据块时，带宽默认为 1Mbit/s，可以修改 hdfs-site.xml 文件中的 dfs.balance. bandwidthPerSec 默认该属性指定值为 1048 576 字节。

负载均衡命令格式如下。

```
hadoop balance [-threshold<threshold>]
```

其中，“[ ]”中的参数是可选项，默认阈值为 10%，代表磁盘容量的百分比。

3.2.6 垃圾回收

对分布式文件系统而言，没有利用价值的数据块备份就是垃圾。在现实生活中，提倡垃圾分类，为了更好地理解分布式文件系统的垃圾收集，实现分类也是很有必要的。基本上，所有的垃圾都可以视为两类，一类是由系统正常逻辑产生的，如某个文件被删除了，所有相关的数据块都沦为了垃圾，或某个数据块被负载均衡器移动了，原始数据块也不幸成了垃圾。此类垃圾的最大特点是主节点是生成垃圾的原因，也就是说，主节点完全了解有哪些垃圾需要处理。另外还有一类垃圾是由于系统的一些异常状况产生的，如某个数据服务器停机了一段，重启之后发现已经在其他服务器上重新增加了该服务器上的某个数据块的备份，它上面的备份因过期而失去了价值，就需要当作垃圾来处理。此类垃圾与前一类垃圾的特点恰恰相反，即主节点无法直接了解到垃圾状况，这就需要换种方式处理。

在 HDFS 中，第一类垃圾的判定很容易，在一些正常的逻辑中产生的垃圾，全部被塞进 HDFS 的最近无效集（Recent Invalidate Sets）这个 Map 中，在实际工程中对应于/user/${user}/.Trash/Current 目录中，如果用户想恢复这个文件，就可以检索浏览这个目录并检索该文件。而第二类垃圾的判定，则放在数据服务器发送其数据块信息的过程中，经过与本地信息的比较，可以断定，此数据服务器上有哪些数据块已经不幸沦为垃圾。同样，这些垃圾也被塞到最近无效集中。在与数据服务器进行心跳交流的过程中，主节点会判断哪些数据块需要删除，数据服务器对这些数据块的态度是直接物理删除。在 GFS 的论文中，对如何删除一个数据块有着不同的理解，它认为应该先缓存起来，过几天没人想恢复它了再删除。在 HDFS 的文档中，则明确表示，在现行的应用场景中，不再需要这个需求，因此，直接删除就完了。

3.3 HDFS Shell 命令

Shell 是系统的用户界面，提供了用户与内核进行交互操作的一种接口。它接收用户输入的命令并把它送入内核去执行。下面介绍HDFS操作分布式文件系统常用的命令。

hdfs URI格式如下。

```
scheme://authority:path
```

其中，scheme表示协议名，可以是File或HDFS，前者是本地文件，后者是分布式文件。authority表示集群所在的命名空间。path表示文件或者目录的路径。例如，hdfs://localhost:9000/user/root/test.txt表示本机的HDFS系统上的text文本文件目录。如果已经在core-site.xml中配置了fs.default.name =hdfs://master:9000，则仅使用/user/root/test.txt即可。

HDFS默认工作目录为/user/${USER}，其中，${USER}是当前的登录用户名。

如果是按照第2章Hadoop单节点的安装与配置所说的fs.defaultFS，那么应该是hdfs://localhost:9000，所以此处需要读者按照自己配置方案来解读。

注意 本章所用的Hadoop集群环境是独立的、高可靠配置的4个节点集群，而不是在虚拟机环境下的集群，所用的命名空间的实际配置如下。

```
<name>fs.defaultFS</name>
<value>hdfs://master:9000</value>
```

3.3.1 文件处理命令

开启Hadoop分布式文件系统，执行命令hdfs dfs，输出支持的命令列表，如图3-4所示。

```
[root@slave1 ~]# hdfs dfs
Usage: hadoop fs [generic options]
        [-appendToFile <localsrc> ... <dst>]
        [-cat [-ignoreCrc] <src> ...]
        [-checksum <src> ...]
        [-chgrp [-R] GROUP PATH...]
        [-chmod [-R] <MODE[,MODE]... | OCTALMODE> PATH...]
        [-chown [-R] [OWNER][:[GROUP]] PATH...]
        [-copyFromLocal [-f] [-p] [-l] <localsrc> ... <dst>]
        [-copyToLocal [-p] [-ignoreCrc] [-crc] <src> ... <localdst>]
        [-count [-q] [-h] <path> ...]
        [-cp [-f] [-p | -p[topax]] <src> ... <dst>]
        [-createSnapshot <snapshotDir> [<snapshotName>]]
        [-deleteSnapshot <snapshotDir> <snapshotName>]
        [-df [-h] [<path> ...]]
        [-du [-s] [-h] <path> ...]
        [-expunge]
        [-find <path> ... <expression> ...]
        [-get [-p] [-ignoreCrc] [-crc] <src> ... <localdst>]
        [-getfacl [-R] <path>]
        [-getfattr [-R] {-n name | -d} [-e en] <path>]
        [-getmerge [-nl] <src> <localdst>]
        [-help [cmd ...]]
        [-ls [-d] [-h] [-R] [<path> ...]]
        [-mkdir [-p] <path> ...]
        [-moveFromLocal <localsrc> ... <dst>]
        [-moveToLocal <src> <localdst>]
        [-mv <src> ... <dst>]
        [-put [-f] [-p] [-l] <localsrc> ... <dst>]
        [-renameSnapshot <snapshotDir> <oldName> <newName>]
        [-rm [-f] [-r|-R] [-skipTrash] <src> ...]
        [-rmdir [--ignore-fail-on-non-empty] <dir> ...]
        [-setfacl [-R] [{-b|-k} {-m|-x <acl_spec>} <path>]|[--set <acl_spec> <path>]]
        [-setfattr {-n name [-v value] | -x name} <path>]
        [-setrep [-R] [-w] <rep> <path> ...]
        [-stat [format] <path> ...]
        [-tail [-f] <file>]
        [-test -[defsz] <path>]
        [-text [-ignoreCrc] <src> ...]
        [-touchz <path> ...]
        [-truncate [-w] <length> <path> ...]
        [-usage [cmd ...]]
```

图3-4 HDFS支持的命令

上面很多命令与 Linux 的命令相似，例如以下几条。

（1）hdfs dfs –ls：列出指定目录文件和目录。

（2）hdfs dfs –mkdir：创建文件夹。

（3）hdfs dfs –cat/text/tail：查看文件内容。

（4）hdfs dfs –touchz：新建文件。

（5）hdfs dfs –appendToFile <src><tar>：将 src 的内容写入 tar 中。

（6）hdfs dfs –put/get<src><tar>：将文件上传/下载到文件夹里面。

（7）hdfs dfs –rm <src>：删除文件或目录。

（8）hdfs dfs -du <path>：显示占用的磁盘空间大小。

下面做具体介绍。

1. ls：列出根目录文件和目录

使用方法如下。

```
hdfs dfs -ls [-d][-h][-R] <paths>
```

其中，“[ ]”中的参数为可选项，-d 表示返回 paths；-h 表示按照 KMG 数据大小单位显示文件大小，如果没有单位，则默认为 B；-R 表示级联显示 paths 下的文件，这里 paths 是个多级目录。

如果参数是文件，则按照如下格式返回文件信息。

文件名 <副本数> 文件大小 修改日期 修改时间 权限 用户 ID 组 ID。

如果参数是目录，则返回它直接子文件的一个列表，就像在 UNIX 中一样。目录返回列表的信息是：目录名 <dir> 修改日期 修改时间 权限 用户 ID 组 ID。

例如，列出根目录下的文件或目录，执行如下命令。

```
hdfs dfs -ls /
```

运行结果如图 3-5 所示。

```
[root@slave1 ~]# hdfs dfs -ls /
Found 7 items
drwxr-xr-x   - root supergroup          0 2019-03-12 20:21 /Hbase
drwxr-xr-x   - root supergroup          0 2019-03-12 20:52 /Hive
drwxrwxrwx   - root supergroup          0 2019-03-12 20:41 /Ricky
drwxr-xr-x   - root supergroup          0 2019-03-12 20:52 /data
drwxr-xr-x   - root supergroup          0 2019-03-11 21:58 /input
drwxr-xr-x   - root supergroup          0 2019-03-11 21:52 /output
drwx------   - root supergroup          0 2019-03-11 23:17 /user
```

图 3-5 运行结果

上述命令也可以写为：

```
hdfs dfs -ls hdfs://master/
```

运行结果如图 3-6 所示。

```
[root@slave1 ~]# hdfs dfs -ls hdfs://master:9000/
Found 7 items
drwxr-xr-x   - root supergroup          0 2019-03-12 20:21 hdfs://master:9000/Hbase
drwxr-xr-x   - root supergroup          0 2019-03-12 20:52 hdfs://master:9000/Hive
drwxrwxrwx   - root supergroup          0 2019-03-12 20:41 hdfs://master:9000/Ricky
drwxr-xr-x   - root supergroup          0 2019-03-12 20:52 hdfs://master:9000/data
drwxr-xr-x   - root supergroup          0 2019-03-11 21:58 hdfs://master:9000/input
drwxr-xr-x   - root supergroup          0 2019-03-11 21:52 hdfs://master:9000/output
drwx------   - root supergroup          0 2019-03-11 23:17 hdfs://master:9000/user
```

图 3-6 运行结果

列出分布式目录/usr/${USER}下的文件或目录，执行如下命令。

```
hdfs dfs -ls  /user/${USER}
```

运行结果如下。

```
Found 1 items
drwx------  -  root  supergroup  0  2019-03-12 20:31  /user/root/.Trash
```

当然也可以写为 hdfs dfs –ls .，或者直接省略“.”，写为 hdfs dfs –ls。

运行结果如下。

```
Found 1 items
drwx------  -  root  supergroup  0  2019-03-12 20:33   .Trash
```

2. mkdir：创建文件夹

使用方法如下。

hdfs dfs -mkdir [-p]<paths>

接受路径指定的 URI 作为参数，创建这些目录。其操作结果类似于 Linux 中的 mkdir 命令，加 -p 标签表示创建多级目录。

例如，在分布式主目录下（/user/${USER}）新建文件夹 dir，执行如下命令。

```
hdfs dfs -mkdir dir
hdfs dfs -ls
```

运行结果如下。

```
drwxr-xr-x   - root supergroup          0 2019-03-12 18:49 dir
```

在分布式主目录下（/user/${USER}）新建文件夹 dir0/dir1/dir2/，执行如下命令。

```
hdfs dfs -mkdir -p dir0/dir1/dir2
hdfs dfs -ls /user/${USER}/dir0/dir1
```

运行结果如下。

```
Found 1 items
drwxr-xr-x - root supergroup 0 2019-03-12 18:51 /user/root/dir0/dir1/dir2
```

3. cat、text、tail：查看文件内容

使用方法如下。

```
hdfs dfs -cat/text [-ignoreCrc] <src>
hdfs dfs -tail [-f] <file>
```

其中，“[ ]”中的参数是可选项，-ignoreCrc 表示忽略循环检验失败的文件；-f 表示动态更新显示数据，如查看某个不断增长的日志文件。

3 个命令都是在命令行窗口查看指定文件内容，区别是，text 不仅可以查看文本文件，还可以查看压缩文件和 Avro 序列化的文件，其他两个不可以；tail 查看的是最后 1KB 的文件（Linux 中的 tail 命令默认查看最后 10 行记录）。

例如，在作者的分布式目录/input 下有文件 file，用 3 种方法查看，执行如下命令。

```
hdfs dfs -cat /input/file
hdfs dfs -text /input/file
hdfs dfs -tail /input/file
```

运行结果如下。

```
Today is Friday!
I have two classes in the afternoon.
The weather is sunny!
```

4. touchz：新建文件

使用方法如下。

```
hdfs dfs -touchz <path>
```

当前时间下创建大小为 0 的空文件，若大小不为 0，则返回错误信息。

例如，在/user/${USER}/dir 下新建文件 file，执行如下命令。

```
hdfs dfs -touchz /user/${USER}/dir/file
hdfs dfs -ls  /user/${USER}/dir/
```

运行结果如下。

```
Found 1 items
-rw-r--r--   2 root supergroup          0 2019-03-12 19:22 /user/root/dir/file
```

5. appendToFile：追写文件

使用方法如下。

hdfs dfs -appendToFile <localsrc> … <dst>

把 localsrc 指向的本地文件内容写到目标文件 dst 中，如果目标文件 dst 不存在，则系统自动创建。如果 localsrc 是“-”，则表示数据由键盘输入，按 Ctrl+C 组合键结束输入。

例如，在/user/${USER}/dir/file 文件中写入文字“hello,HDFS!”，执行如下命令。

```
hdfs dfs -appendToFile - dir/file
hdfs dfs -text dir/file
```

运行结果如下。

```
hello,HDFS!
```

第二种方法，在本地文件系统中，新建文件 localfile，并写入文字，执行如下命令。

第一种方法，把 localfile 指向的本地文件内容写入目标文件；

```
[root@slave1 ~]$ echo "hello,HDFS ! ">>localfile
[root@slave1 ~]$ hdfs dfs -appendToFile localfile dir/file
[root@slave1 ~]$ hdfs dfs -text dir/file
hello,HDFS!
hello,HDFS !
```

6. put/get：上传/下载文件

使用方法如下。

```
hdfs dfs - put [-f] [-p] <localsrc> … <dst>
hdfs dfs - get [-p] [-ignoreCrc] [-crc] <src> … <localdst>
```

其中，put 把文件从当前文件系统上传到分布式文件系统，dst 为保存的文件名，如果 dst 是目录，则把文件放在该目录下，文件名不变。

get 把文件从分布式文件系统复制到本地，如果有多个文件要复制，那么 localdst（local destination）即为目录，否则 localdst 就是要保存在本地的文件。

“[ ]”中的参数为可选项，-f 表示如果文件在分布式系统上已经存在，则覆盖存储；若文件存在而不加-f，则会报错。-p 表示保持原始文件的属性（组、拥有者、创建时间、权限等）；-ignoreCrc 表示忽略循环检验失败的文件。

例如，把上例新建的文件 localfile 放到分布式文件系统主目录上，保存文件名为 hfile；把 hfile 下载到本地目录，文件名不变，如图 3-7 所示。

除了 get 方法，还可以用 copyToLocal，用法一致。

```
[root@slave1 ~]# hdfs dfs -put localfile hfile
[root@slave1 ~]# hdfs dfs -ls .
Found 4 items
drwx------   - root supergroup          0 2019-03-12 20:23 .Trash
drwxr-xr-x   - root supergroup          0 2019-03-12 21:25 dir
drwxr-xr-x   - root supergroup          0 2019-03-12 21:06 dir0
-rw-r--r--   2 root supergroup         14 2019-03-12 21:30 hfile
[root@slave1 ~]# hdfs dfs -get hfile
[root@slave1 ~]# ls -l
total 36
-rw-------. 1 root root  1624 Dec  9 11:57 anaconda-ks.cfg
drwxr-xr-x. 2 root root    28 Feb 28 13:54 Desktop
drwxr-xr-x. 2 root root     6 Dec  9 12:12 Documents
drwxr-xr-x. 2 root root    52 Mar  7 19:41 Downloads
-rw-r--r--. 1 root root    14 Mar 12 21:31 hfile
-rw-r--r--. 1 root root   393 Dec 29 20:11 id_rsa.pub
-rw-------. 1 root root  1672 Dec  9 12:12 initial-setup-ks.cfg
-rw-r--r--. 1 root root    14 Mar 12 21:26 localfile
drwxr-xr-x. 2 root root     6 Dec  9 12:12 Music
drwxr-xr-x. 2 root root  4096 Mar 12 21:31 Pictures
drwxr-xr-x. 2 root root     6 Dec  9 12:12 Public
drwxr-xr-x. 2 root root     6 Dec  9 12:12 Templates
drwxr-xr-x. 2 root root     6 Dec  9 12:12 Videos
-rw-r--r--. 1 root root 10825 Mar  8 17:38 zookeeper.out
```

图 3-7　执行 put/get 操作后的结果

7. rm：删除文件或目录

使用方法如下。

```
hdfs dfs -rm [-f] [-r|-R] [-skipTrash] <src> ...
```

使用 rm 命令删除指定文件与 Linux 中的 rm 命令类似。此外和 Linux 系统中的回收站一样，HDFS 也为每个用户创建了一个回收站：/usr/${USER}/.Trash/，通过 Shell 删除的文件都会在这个目录下存储一个周期，这个周期可以通过配置文件指定。配置好垃圾回收机制后，NameNode 会开启一个后台线程 Emptier，这个线程专门管理和监控系统回收站中的所有文件/目录，它会自动删除已经超过周期的文件/目录。当然，用户想恢复删除的文件，可以直接对垃圾回收站目录下的 Current 目录执行 hadoop fs –mv 命令来恢复。

配置垃圾回收需要修改配置文件 core-site.xml。

```
<property>
    <name>fs.trash.interval</name>
    <value>1440</value>
</property>
```

在 rm 命令中，“[ ]”中的参数为可选项，-f 表示如果要删除的文件不存在，则不显示提示和错误信息。-r/R 表示级联删除目录下的所有文件和子目录文件。-skipTrash 表示直接删除，不进入回收站。

例如，在分布式主目录下（/user/${USER}）删除 dir 目录以及 dir0 目录，执行如下命令。

```
[root@slave1 ~]$ hdfs dfs -rm -r dir dir0
19/03/12 13:43:29 INFO fs.TrashPolicyDefault: Namenode trash configuration: Deletion interval = 1440 minutes, Emptier interval = 1440 minutes.
Moved:'hdfs://master:9000/user/root/dir' to trash at: hdfs://master:9000/user/root/.Trash/Current
19/03/12 13:43:29 INFO fs.TrashPolicyDefault: Namenode trash configuration: Deletion interval = 1440 minutes, Emptier interval = 1440 minutes.
Moved:'hdfs://master:9000/user/root/dir0' to trash at: hdfs://master:9000/user/root/.Trash/Current
```

如果没有配置 fs.trash.interval，则系统默认为 0，即直接删除。这里由于配置了 fs.trash.interval，所以会在 24 小时后删除，在这期间可以恢复文件。

8. du：显示占用磁盘空间大小

使用方法如下。

```
-du [-s] [-h] <path> …
```

默认按字节显示指定目录所占空间大小。其中，“[ ]”中的参数为可选项，-s 表示显示指定目录下文件的总大小；-h 表示按照 KMG 数据大小单位显示文件的大小，如果没有单位，则默认为 B。

例如，在分布式主目录（/user/${USER}）下显示占用磁盘空间的字节数，执行如下命令。

```
[root@slave1 ~]$ hdfs dfs -du
756936   .Trash
14       hfile
[root@slave1 ~]$ hdfs dfs -du -s
756950  .
[root@slave1 ~]$ hdfs dfs -du -h
739.2K    .Trash
14       hfile
```

3.3.2 dfsadmin 命令

dfsadmin 是一个多任务客户端工具，用来显示 HDFS 运行状态和管理 HDFS，支持的命令如图 3-8 所示。

```
[root@slave1 ~]# hdfs dfsadmin -help
hdfs dfsadmin performs DFS administrative commands.
Note: Administrative commands can only be run with superuser permission.
The full syntax is:

hdfs dfsadmin
        [-report [-live] [-dead] [-decommissioning]]
        [-safemode <enter | leave | get | wait>]
        [-saveNamespace]
        [-rollEdits]
        [-restoreFailedStorage true|false|check]
        [-refreshNodes]
        [-setQuota <quota> <dirname>...<dirname>]
        [-clrQuota <dirname>...<dirname>]
        [-setSpaceQuota <quota> [-storageType <storagetype>] <dirname>...<dirname>]
        [-clrSpaceQuota [-storageType <storagetype>] <dirname>...<dirname>]
        [-finalizeUpgrade]
        [-rollingUpgrade [<query|prepare|finalize>]]
        [-refreshServiceAcl]
        [-refreshUserToGroupsMappings]
        [-refreshSuperUserGroupsConfiguration]
        [-refreshCallQueue]
        [-refresh <host:ipc_port> <key> [arg1..argn]
        [-reconfig <datanode|...> <host:ipc_port> <start|status>]
        [-printTopology]
        [-refreshNamenodes datanode_host:ipc_port]
        [-deleteBlockPool datanode_host:ipc_port blockpoolId [force]]
        [-setBalancerBandwidth <bandwidth in bytes per second>]
        [-fetchImage <local directory>]
        [-allowSnapshot <snapshotDir>]
        [-disallowSnapshot <snapshotDir>]
        [-shutdownDatanode <datanode_host:ipc_port> [upgrade]]
        [-getDatanodeInfo <datanode_host:ipc_port>]
        [-metasave filename]
        [-triggerBlockReport [-incremental] <datanode_host:ipc_port>]
        [-help [cmd]]
```

图 3-8　dfsadmin 支持的命令

常用的 dfsadmin 命令说明如表 3-1 所示。

表 3-1　dfsadmin 命令说明

命令选项	说明
-report	显示文件系统的基本信息和统计信息，与 HDFS 的 Web 界面一致
-safeadmin enter | leave | get | wait	安全模式命令。用法和功能前面已介绍

续表

命令选项	说明
-saveNameSpace	可以强制创建检查点，仅在安全模式下运行
-refreshNodes	重新读取主机并排除文件，以更新允许连接到 NameNode 的数据节点集，以及应解除或重新启用的数据节点集
-finalizeUpgrade	完成 HDFS 的升级。DataNode 删除其以前版本的工作目录，紧接着 NameNode 也删除其此前的版本工作目录，至此完成升级过程
-upgradeProgress status details force	请求当前系统的升级状态的细节，或者强制进行升级操作
-metasave filename	将 NameNode 的主要数据结构保存到由 hadoop.log.dir 属性指定的目录中的文件名。如果文件名存在，则将覆盖文件名。<fielname>中将包含下列各项对应的内容：①DataNode 发送给 NameNode 的心跳检测信号；②等待被复制的块；③正在被复制的块；④等待删除的块
-setQuota <quota><dirname> … <dirname>	设置每个目录<dirname>的配额<quota>。目录配额是长整型数，强制限制目录树下的目录名数。以下情况会报错：①*N*不是个正整数；②用户不是管理员；③这个目录不存或者是一个文件；④目录超出新设定的配额
-clrQuota <dirname> … <dirname>	清除每个目录 dirname 的配额。以下情况会报错：①这个目录不存在或者是一个文件；②用户不是管理员
-restoreFailedStorage true | false|check	此选项将关闭自动尝试恢复故障的存储副本。如果故障的存储可用，则再次尝试还原检查点期间的日志编辑文件或文件系统镜像文件。"check"选项将返回当前设置
-setBalancerBandwidth <bandwidth>	在 HDFS 执行均衡期间改变 DataNode 网络带宽。bandwidth 是 DataNode 每秒传输的最大字节数，设置的值将会覆盖配置文件参数 dfs.balance.bandwidthPerSec
-fetchImage <local directory>	把最新的文件系统镜像文件从 NameNode 下载到本地指定目录
-help [cmd]	显示指定命令的帮助，如果没有指定，则显示命令的帮助

3.3.3 NameNode 命令

运行 NameNode 命令进行格式化、升级回滚等操作，NameNode 命令如图 3-9 所示。

```
[root@slave1 ~]# hdfs namenode -help
Usage: java NameNode [-backup] |
        [-checkpoint] |
        [-format [-clusterid cid ] [-force] [-nonInteractive] ] |
        [-upgrade [-clusterid cid] [-renameReserved<k-v pairs>] ] |
        [-upgradeOnly [-clusterid cid] [-renameReserved<k-v pairs>] ] |
        [-rollback] |
        [-rollingUpgrade <rollback|downgrade|started> ] |
        [-finalize] |
        [-importCheckpoint] |
        [-initializeSharedEdits] |
        [-bootstrapStandby] |
        [-recover [ -force] ] |
        [-metadataVersion ]  ]
```

图 3-9　NameNode 命令

常用的 NameNode 命令的说明如表 3-2 所示。

表 3-2　NameNode 命令的说明

命令选项	说明
-format	格式化 NameNode。先启动 NameNode，再格式化，最后关闭
-upgrade	NameNode 版本更新后，应该以 upgrade 方式启动

续表

命令选项	说明
-rollback	回滚到前一个版本。必须先停止集群，并且分发旧版本才可用
-importCheckpoint	从检查点目录加载镜像，目录由 fs.checkpoint.dir 指定
-finalize	持久化最近的升级，并把前一系统状态删除，此时再使用 rollback 是不成功的

3.3.4 fsck 命令

fsck 命令用于运行 HDFS 文件系统检查实用程序，与 MapReduce 作业交互。下面为其命令列表。

```
Usage: DFSck <path> [-list-corruptfileblocks | [-move | -delete | -openforwrite]
[-files [-blocks [-locations | -racks]]]]
```

常用的 fsck 命令的说明如表 3-3 所示。

表 3-3 fsck 命令的说明

命令选项	说明
-path	检查这个目录中的文件是否完整
-move	将找到的已损坏的文件移动到/lost+found
-delete	删除已损坏的文件
-openforwrite	打印正在打开写操作的文件
-files	打印正在检查的文件名
-blocks	打印 block 报告（需要和-files 参数一起使用）
-locations	打印每个 block 的位置信息（需要和-files 参数一起使用）
-racks	打印位置信息的网络拓扑图（需要和-files 参数一起使用）

3.3.5 pipes 命令

pipes 命令用于运行管道作业，所有 pipes 命令如图 3-10 所示。

```
[root@slave1 ~]# mapred pipes
bin/hadoop pipes
  [-input <path>] // Input directory
  [-output <path>] // Output directory
  [-jar <jar file> // jar filename
  [-inputformat <class>] // InputFormat class
  [-map <class>] // Java Map class
  [-partitioner <class>] // Java Partitioner
  [-reduce <class>] // Java Reduce class
  [-writer <class>] // Java RecordWriter
  [-program <executable>] // executable URI
  [-reduces <num>] // number of reduces
  [-lazyOutput <true/false>] // createOutputLazily
```

图 3-10 pipes 命令

常用的 pipes 命令的说明如表 3-4 所示。

表 3-4 pipes 命令的说明

命令选项	说明
-conf <path>	配置作业
-jobconf <key=value>, <key=value>, …	添加覆盖配置项
-input <path>	输入目录

续表

命令选项	说明
-output <path>	输出目录
-jar jar <file>	Jar 文件名
-inputformat <class>	InputFormat 类
-map <class>	Java Map 类
-partitioner <class>	Java 的分区程序
-reduce <class>	Java Reduce 类
-writer <class>	Java RecordWriter
-program <executable>	可执行文件的 URI
-reduces <num>	分配 Reduce 任务的数量

3.3.6 job 命令

job 命令用于与 MapReduce 作业命令进行交互，所有 job 命令如图 3-11 所示。

```
[root@slave1 ~]# mapred job
Usage: CLI <command> <args>
        [-submit <job-file>]
        [-status <job-id>]
        [-counter <job-id> <group-name> <counter-name>]
        [-kill <job-id>]
        [-set-priority <job-id> <priority>]. Valid values for priorities are: VERY_HIGH HIGH NORMAL
LOW VERY_LOW
        [-events <job-id> <from-event-#> <#-of-events>]
        [-history <jobHistoryFile>]
        [-list [all]]
        [-list-active-trackers]
        [-list-blacklisted-trackers]
        [-list-attempt-ids <job-id> <task-type> <task-state>]. Valid values for <task-type> are MAP
REDUCE. Valid values for <task-state> are running, completed
        [-kill-task <task-attempt-id>]
        [-fail-task <task-attempt-id>]
        [-logs <job-id> <task-attempt-id>]
```

图 3-11 job 命令

常用的 job 命令的说明如表 3-5 所示。

表 3-5 job 命令的说明

命令选项	说明
-submit <job-file>	提交作业
-status <job-id>	打印 Map 和 Reduce 完成百分比和作业的所有计数器
-counter <job-id><group-name><counter-name>	打印计数器的值
-kill <job-id>	结束指定 ID 的作业进程
-events <job-id><from-event-# ><#-of-events>	打印 job-id 给定范围的接收事件细节
-history [all] <jobOutputDir>	打印作业细节，包括失败和结束的原因和细节提示。指定[all]选项，可以查看成功的任务和未完成的任务等工作的更多细节
-list [all]	显示仍未完成的作业
-kill-task <task-id>	结束任务。结束的任务不计失败的次数
-fail-task <task-id>	使任务失败。失败的任务不计失败的次数
-set-priority <job-id><priority>	更改作业的优先级。允许的优先级值是 VERY_HIGH、HIGH、NORMAL、LOW 和 VERY_LOW

3.4 HDFS 中 Java API 的使用

Hadoop 整合了众多文件系统，其中有一个综合性的文件系统抽象，它提供了文件系统实现的各类接口，HDFS 只是这个抽象文件系统的一个实例，提供了一个高层的文件系统抽象类 org.apache.hadoop.fs.FileSystem，这个抽象类展示了一个分布式文件系统，并有几个具体实现，如表 3-6 所示。

微课 3-3 Java API 的使用方法

表 3-6 Hadoop 的文件系统及其 Java 接口

文件系统	URI 方案	Java 实现	定义
Local	file	fs.LocalFileSystem	支持有客户端校验和的本地文件系统。带有校验和的本地系统文件在 fs.RawLocalFileSystem 中实现
HDFS	hdfs	hdfs.DistributionFileSystem	Hadoop 的分布式文件系统
HFTP	hftp	hdfs.HftpFileSystem	支持通过 HTTP 以只读的方式访问 HDFS，distcp 经常用在不同的 HDFS 集群间复制数据
HSFTP	hsftp	hdfs.HsftpFileSystem	支持通过 HTTPS 以只读的方式访问 HDFS
HAR	har	fs.HarFileSystem	构建在 Hadoop 文件系统之上，对文件进行归档。Hadoop 归档文件主要用来减少 NameNode 的内存使用
KFS	kfs	fs.kfs.KosmosFileSystem	Cloudstore（其前身是 Kosmos 文件系统）文件系统是类似于 HDFS 和 Google 的 GFS 文件系统，使用 C++编写
FTP	ftp	fs.ftp.FtpFileSystem	由 FTP 服务器支持的文件系统
S3（本地）	s3n	fs.s3native.NativeS3FileSystem	基于 Amazon S3 的文件系统
S3（基于块）	s3	fs.s3.NativeS3FileSystem	基于 Amazon S3 的文件系统，以块格式存储解决了 S3 的 5GB 文件大小的限制

文件在 Hadoop 中表示一个 path 对象，通常封装成一个 URI。例如，HDFS 上有个 test 文件，URI 表示成 HDFS://master:9000/test。

Hadoop 中的文件操作类基本是在 org.apache.hadoop.fs 包中，这些操作类支持的操作包含打开文件、读写文件、删除文件等。

Hadoop 类库中最终面向用户提供的接口类是 FileSystem，该类是个抽象类，只能通过类的 get 方法来得到具体类。get 方法存在几个重载版本，常用的是 static FileSystem get（Configuration conf）；FileSystem 类封装了几乎所有的文件操作，如 mkdir、delete 等。综上基本上可以得出操作文件的程序框架如下。

```
operator()
{
得到 Configuration 对象
得到 FileSystem 对象
进行文件操作
}
```

3.4.1 上传文件

通过 FileSystem.copyFromLocalFile(Path src，Patch dst)，可以将本地文件上传到 HDFS 指定的位置上，其中，src 和 dst 均为文件的完整路径，示例如下。

```
package org.apache.hadoop.examples;
import java.io.IOException;
```

```
import java.net.URI;
import java.net.URISyntaxException;
import org.apache.hadoop.conf.Configuration;
import org.apache.hadoop.fs.FileStatus;
import org.apache.hadoop.fs.FileSystem;
import org.apache.hadoop.fs.Path;
/**
 * @author: root
 * @Decription: 文件上传至 HDFS
 * @time: 2019 年 3 月 12 日下午 1:19:54
 */
public class UpLocadFile {
    public static void main(String[] args) throws IOException, URISyntaxException {
            //加载集群配置文件
            Configuration conf=new Configuration();
            URI uri = new URI("hdfs://master:9000");
            FileSystem fs=FileSystem.get(uri,conf);
             //本地文件，usr 文件夹下的 file 文件
            Path src =new Path("/usr/file");
             //HDFS 存放路径，此处直接放在根目录下
            Path dst =new Path("/");
            fs.copyFromLocalFile(src, dst);
            System.out.println("Upload to "+conf.get("fs.defaultFS"));
             //以下相当于执行 hdfs dfs -ls /
            FileStatus files[]=fs.listStatus(dst);
            for(FileStatus file:files){
                System.out.println(file.getPath());
        }
    }
}
```

运行结果如图 3-12～图 3-14 所示。

```
Problems  Tasks  Javadoc  Map/Reduce Locations  Console
<terminated> UpLoadFile [Java Application] /usr/local/java/jdk1.8.0_191/bin/java (Mar 12, 2019, 10:03:29 PM)
Upload to hdfs://master:9000
hdfs://master:9000/Hbase
hdfs://master:9000/Hive
hdfs://master:9000/Ricky
hdfs://master:9000/data
hdfs://master:9000/dir
hdfs://master:9000/dir0
hdfs://master:9000/file
hdfs://master:9000/input
hdfs://master:9000/output
hdfs://master:9000/user
```

图 3-12　控制台打印结果

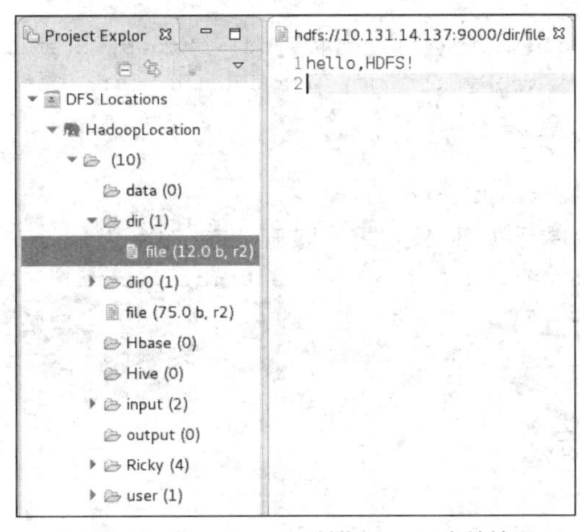

图 3-13　在 eclipse 上浏览 HDFS 文件结果

此处是使用 eclipse 直接连接集群的 HDFS 来查看结果，如果读者需要，请自行搜索连接方法和下载连接插件，这里不再赘述。

Permission	Owner	Group	Size	Last Modified	Replication	Block Size	Name
drwxr-xr-x	root	supergroup	0 B	3/12/2019, 8:21:30 PM	0	0 B	Hbase
drwxr-xr-x	root	supergroup	0 B	3/12/2019, 8:52:07 PM	0	0 B	Hive
drwxrwxrwx	root	supergroup	0 B	3/12/2019, 10:05:54 PM	0	0 B	Ricky
drwxr-xr-x	root	supergroup	0 B	3/12/2019, 8:52:19 PM	0	0 B	data
drwxr-xr-x	root	supergroup	0 B	3/12/2019, 9:21:14 PM	0	0 B	dir
drwxr-xr-x	root	supergroup	0 B	3/12/2019, 9:05:17 PM	0	0 B	dir0
-rw-r--r--	root	supergroup	75 B	3/12/2019, 10:03:30 PM	2	128 MB	file
drwxr-xr-x	root	supergroup	0 B	3/12/2019, 9:18:47 PM	0	0 B	input
drwxr-xr-x	root	supergroup	0 B	3/11/2019, 9:52:17 PM	0	0 B	output
drwx------	root	supergroup	0 B	3/11/2019, 11:17:41 PM	0	0 B	user

图 3-14　在浏览器上查看 HDFS 结果

3.4.2　新建文件

通过 FileSystem.create（Path f，Boolean b），可以在 HDFS 上创建文件，其中，f 为文件的完整路径，b 为判断是否覆盖，具体实现如下。

```
package org.apache.hadoop.examples;
import java.net.URI;
import org.apache.hadoop.conf.Configuration;
import org.apache.hadoop.fs.FSDataOutputStream;
import org.apache.hadoop.fs.FileSystem;
import org.apache.hadoop.fs.Path;
/**
 * @author: root
 * @Decription: 创建文件 hdfs_file
 * @time: 2019年3月12日下午1:52:12
 */
public  class CreateFile {
    public  static  void main(String[] args) throws Exception {
        FileSystem fs=FileSystem.get(new URI("hdfs://master:9000"),new
Configuration());
         //定义新文件
        Path dfs =new Path("/hdfs_file");
         //创建新文件，如果已存在同名文件，则覆盖,故参数设置为 true
        FSDataOutputStream create = fs.create(dfs, true);
        create.writeBytes("Hello,Hadoop!");
    }
}
```

运行结果如图 3-15 所示。

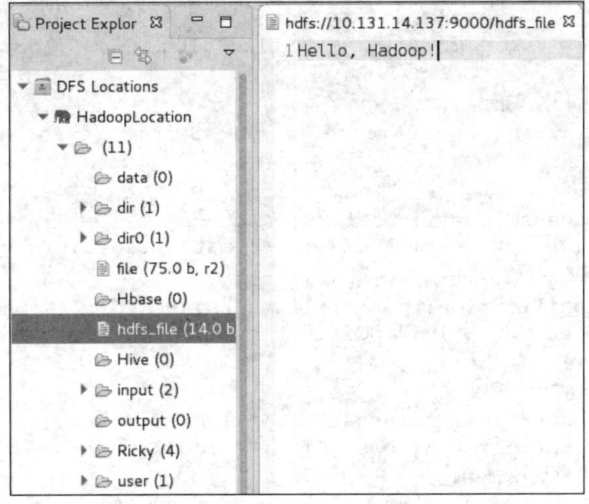

图 3-15　新建 HDFS 文件

3.4.3　查看文件详细信息

通过 Class FileStatus，可以查找指定文件在 HDFS 集群上的具体信息，包括访问时间、修改时间、文件长度、所占块大小、文件拥有者、文件用户组和文件复制数等信息，具体实现如下。

```
package org.apache.hadoop.examples;

import java.net.URI;
import java.text.SimpleDateFormat;
import java.util.Date;

import org.apache.hadoop.conf.Configuration;
import org.apache.hadoop.fs.BlockLocation;
import org.apache.hadoop.fs.FileStatus;
import org.apache.hadoop.fs.FileSystem;
import org.apache.hadoop.fs.Path;

/**
 * @author: root
 * @Decription:查看文件详细信息
 * @time: 2019年3月12日下午2:44:34
 */
public class HDFS_FileInfo {

      public static void main(String[] args) throws Exception{
            FileSystem fs=FileSystem.get(new URI("hdfs://master:9000"),new
Configuration());
            Path fpath=new Path("/file");
            FileStatus filestatus = fs.getFileStatus(fpath);
            /* 获取文件在 HDFS 集群上的位置:
             * FileSystem.getFileBlockLocation(FileStatus file, long start, long len)"
             * 可查找指定文件在 HDFS 集群上的位置，其中 file 为文件的完整路径，start 和 len 用于
标识查找文件的路径
             */
             BlockLocation[] blkLocations = fs.getFileBlockLocations(filestatus, 0,
filestatus.getLen());
             filestatus.getAccessTime();
                  for(int i=0;i<blkLocations.length;i++){
```

```
                        String[] hosts = blkLocations[i].getHosts();
                        System.out.println("block_"+i+"_location:"+hosts[0]);
                    }
            //格式化日期输出
            SimpleDateFormat formatter = new SimpleDateFormat("yyyy-MM-dd HH:mm:
ss");
            //获取文件访问时间，返回 long
            long accessTime=filestatus.getAccessTime();
            System.out.println("access:"+formatter.format(new Date(accessTime)));
            ////获取文件修改时间，返回 long
            long modificationTime = filestatus.getModificationTime();
            System.out.println("modification:"+formatter.format(new
Date(modificationTime)));
            //获取块大小，单位为 B
            long blockSize = filestatus.getBlockSize();
            System.out.println("blockSize:"+blockSize);
            //获取文件大小，单位为 B
            long len = filestatus.getLen();
            System.out.println("length:"+len);
            //获取文件所在用户组
            String group = filestatus.getGroup();
            System.out.println("group:"+group);
            //获取文件拥有者
            String owner = filestatus.getOwner();
            System.out.println("owner:"+owner);
            //获取文件拷贝数
            short replication = filestatus.getReplication();
            System.out.println("replication:"+replication);
        }
    }
```

运行结果如图 3-16 所示。

```
<terminated> HDFS_FileInfo [Java Application] /usr/local/java/jdk1.8.0_191/bin/java (Mar 12, 2019, 10:18:29 PM)
block_0_location:slave1
access:2019-03-12 22:03:30
modification:2019-03-12 22:03:30
blockSize:134217728
length:75
group:supergroup
owner:root
replication:2
```

图 3-16　FileStatus 详细文件信息

3.4.4　下载文件

从 HDFS 将文件下载到本地非常简单，直接调用 FileSystem. copyToLocalFile (Path src, Path dst) 即可。其中，src 为 HDFS 上的文件，dst 为要下载到本地的文件，示例如下。

```
package org.apache.hadoop.examples;

import java.net.URI;

import org.apache.hadoop.conf.Configuration;
import org.apache.hadoop.fs.FileSystem;
import org.apache.hadoop.fs.Path;

/**
 * @author: root
```

```
  * @Decription: 把 HDFS 文件下载到本地
  * @time: 2019年3月12日下午3:01:52
  */
public class DownLoadFile {

 public static void main(String[] args) throws Exception{
     FileSystem fs=FileSystem.get(new URI("hdfs://master:9000"),
     new Configuration());
     // HDFS 上的文件
     Path src=new Path("/file");
     //下载到本地的文件
     Path dst=new Path("/usr/newfile");
     fs.copyToLocalFile(src, dst);
 }
}
```

结果在/usr 路径下会产生一个名为 newfile 的新文件，读者可自行前往查看。

3.5 RPC 通信

RPC 是一台计算机通过跨越底层网络协议（TCP、UDP 等）调用另一台计算机的子程序或者服务所遵守的协议标准。RPC 使得分布式网络编程变得简单，程序员不必关心底层协议。如果采用面向对象的编程，那么远程过程调用亦可称作远程调用或远程方法调用，如 Hadoop 采用的 Java 远程方法调用（Java Remote Method Invocation，Java RMI）。RPC 的主要特点如下。

（1）透明性：远程调用其他机器上的程序，对用户来说就像是调用本地方法一样。

（2）高性能：RPC Server 能够并发处理多个来自 Client 的请求。

（3）可控性：JDK 中已经提供了一个 RPC 框架——RMI，但是该 RPC 框架过于重量级并且可控之处比较少，所以 Hadoop RPC 实现了自定义的 RPC 框架。

Hadoop 中的 NameNode 与 DataNode 之间的通信、客户端与 NameNode 或 DataNode 之间的通信都是基于 RPC 机制。总的来说，这种机制的实现需要以下 4 种技术。

（1）代理模式：RPC 机制在 Java 中的实现其实是遵守软件开发的一个重要设计模式。

（2）反射机制：Java 的一个重要特性。

（3）Sequence：Hadoop 的序列化技术，Hadoop 改写了 Java 基本数据类型，用于在客户端与服务端数据之间传输简单的二进制流。

（4）NI/O：非阻塞 I/O 技术。

Sequence 技术将在第 6 章介绍，另外简单介绍 NI/O 技术。它基于反应堆模式（Reactor），或者说是观察者模式（Observer）。以前对端口的访问操作往往在打开一个 I/O 通道后，read 进程将一直等待直到内容全部进来，这会影响程序做其他的事情，改进进程即是让服务端线程监听事件，如果事件发生，则通知服务端，从外界看实现了流畅的 I/O 读写，也就不阻塞了。下面主要讲解 Java 的反射机制和代理模式。

3.5.1 反射机制

根据 JDK 文档说明，Java 中的反射机制可以定义为：Java 反射机制是指在运行状态中，对于任意一个类，都能够知道这个类的所有属性和方法；对于任意一个对象，都能够调用它的任意一个方法；这种动态获取信息以及动态调用对象的方法的功能称为 Java 语言的反射机制。

Java 程序在运行时，Java 运行时系统（Java Runtime System）一直对所有的对象进行所谓的运行时类型标识。这项类型标识记录了每个对象所属的类。虚拟机通常使用运行时类型信息来选择正确的方法执行，用来保存这些类型信息的类是 java.lang.Class 类。也就是说，类加载器（ClassLoader）找到了需要调用的类时，就会加载它，然后根据.class 文件内记载的类信息来产生一个与该类相联系的独一无二的 Class 对象。该 Class 对象记载了该类的字段、方法等信息。以后 Java 虚拟机要产生该类的实例，就是根据堆内存中存在的该 Class 类记载的信息来进行的。

Class 类有以下几个重要方法。

（1）getName()

该方法对返回 String 形式的类进行简要描述。一个 Class 对象描述了一个特定类的特定属性，这个方法就是对返回 String 形式的该类进行简要描述。

（2）newInstance()

该方法可以根据某个 Class 对象产生其对应类的实例。需要强调的是，newinstance()方法调用的是此类的默认构造方法，示例如下。

```
MyObject x = new MyObject();
MyObject y = x.getClass().newInstance();
```

（3）getClassLoader()

该方法返回该 Class 对象对应的类的类加载器。

（4）getComponentType()

该方法针对数组对象的 Class 对象，可以得到该数组的组成元素对应对象的 Class 对象，示例如下。

```
int[] ints = new int[]{1,2,3};
Class class1 = ints.getClass();
Class class2 = class1.getComponentType();
```

而实例中得到的 class2 对象对应的就是 int 这个基本类型的 Class 对象。

（5）getSuperClass()

该方法返回某子类对应的直接父类对应的 Class 对象。

（6）isArray()

该方法判定此 Class 对象对应的是否是一个数组对象。

代码示例如下。

```
interface people{
     public void study();
}
public class Student implements people{
    private String name;  //学生姓名
    private int age;
    //构造方法 1
    public Student(){}
    //构造方法 2
    public Student(String name,int age){
        this.name=name;
        this.age=age;
    }
    //set 和 get 方法
    public String getName() {
        returnname;
    }
```

```
    public void setName(String name) {
        this.name = name;
    }
    public int getAge() {
        returnage;
    }
    public void setAge(int age) {
        this.age = age;
    }
    public void study(){
        System.out.println("正在学习");
    }
    //程序的主方法
    public static void main(String[] args) {
    //
    Class<? extends Student> tmp=Student.class;
    String cName=tmp.getName();
    System.out.println("类的名字是"+cName);
    try {
    //动态加载指定类名
        Class c=Class.forName(cName);
        //得到类中的方法
        java.lang.reflect.Method[] ms=c.getMethods();
        for(java.lang.reflect.Method m:ms){
              System.out.println("方法的名字是"+m.getName());
              System.out.println("方法的返回值类型是"+
                        m.getReturnType().toString());
              System.out.println("方法的参数类型是 "
                        +m.getParameterTypes());
        }
        //得到属性
        java.lang.reflect.Field[] fields=c.getFields();
        for(java.lang.reflect.Field f:fields){
             System.out.println("参数类型是"+f.getType());
        }
        //得到父接口
        Class[] is=c.getInterfaces();
        for(Class s:is){
             System.out.println("父接口的名字是"+s.getName());
        }
        //判断是否是数组
        System.out.println("数组:"+c.isArray());
        String CLName=c.getClassLoader().getClass().getName();
        System.out.println("类加载器:"+CLName);
        //实例化构造器
        java.lang.reflect.Constructor cons=c.getConstructor(String.class,int.class);
        Student stu=(Student) cons.newInstance("hadoop",23);
        System.out.println(stu.getName()+":"+stu.getAge());
    } catch (Exception e) {
        e.printStackTrace();
    }
  }
}
```

运行结果如图 3-17 所示。

```
类的名字是:org.apache.hadoop.examples.Student
方法的名字是:getAge
方法的返回值类型是：int
方法的参数类型是：[Ljava.lang.Class;@7852e922
方法的名字是:setAge
方法的返回值类型是：void
方法的参数类型是：[Ljava.lang.Class;@4e25154f
方法的名字是:study
方法的返回值类型是：void
方法的参数类型是：[Ljava.lang.Class;@70dea4e
方法的名字是:main
方法的返回值类型是：void
方法的参数类型是：[Ljava.lang.Class;@5c647e05
方法的名字是:getName
方法的返回值类型是：class java.lang.String
方法的参数类型是：[Ljava.lang.Class;@33909752
方法的名字是:setName
方法的返回值类型是：void
方法的参数类型是：[Ljava.lang.Class;@55f96302
方法的名字是:wait
方法的返回值类型是：void
方法的参数类型是：[Ljava.lang.Class;@3d4eac69
方法的名字是:wait
方法的返回值类型是：void
方法的参数类型是：[Ljava.lang.Class;@42a57993
方法的名字是:wait
方法的返回值类型是：void
方法的参数类型是：[Ljava.lang.Class;@75b84c92
方法的名字是:equals
方法的返回值类型是：boolean
方法的参数类型是：[Ljava.lang.Class;@6bc7c054
方法的名字是:toString
方法的返回值类型是：class java.lang.String
方法的参数类型是：[Ljava.lang.Class;@232204a1
方法的名字是:hashCode
方法的返回值类型是：int
方法的参数类型是：[Ljava.lang.Class;@4aa298b7
方法的名字是:getClass
方法的返回值类型是：class java.lang.Class
方法的参数类型是：[Ljava.lang.Class;@7d4991ad
方法的名字是:notify
方法的返回值类型是：void
方法的参数类型是：[Ljava.lang.Class;@28d93b30
方法的名字是:notifyAll
方法的返回值类型是：void
方法的参数类型是：[Ljava.lang.Class;@1b6d3586
父接口的名字是:org.apache.hadoop.examples.people
数组:false
类加载器:sun.misc.Launcher$AppClassLoader
hadoop:23
```

图 3-17　Java 反射机制实例运行结果

3.5.2　代理模式与动态代理

代理模式的作用是为其他对象提供代理，让这个代理来控制对这个对象的访问。有时，客户不想或者不能够直接引用一个对象，而代理对象可以在客户端和目标对象之间起到中介的作用。代理模式类图如图 3-18 所示。

代理模式中的角色如下。

（1）抽象对象角色（AbstractObject）：声明真实对象和代理对象的共同接口，这样在任何可以使用目标对象的地方都可以使用代理对象。

（2）真实对象角色（RealObject）：定义代理对象代表的目标对象。

（3）代理对象角色（ProxyObject）：代理对象内部含有目标对象的引用，从而可以在任何时候操作目标对象；代理对象提供一个与目标对象相同的接口，以便可以在任何时候替代目标对象。代理对象通常在客户端调用传递给目标对象之前或之后，附加其他操作，相当于对真实对象进行封装，而不是单纯地将调用传递给目标对象。

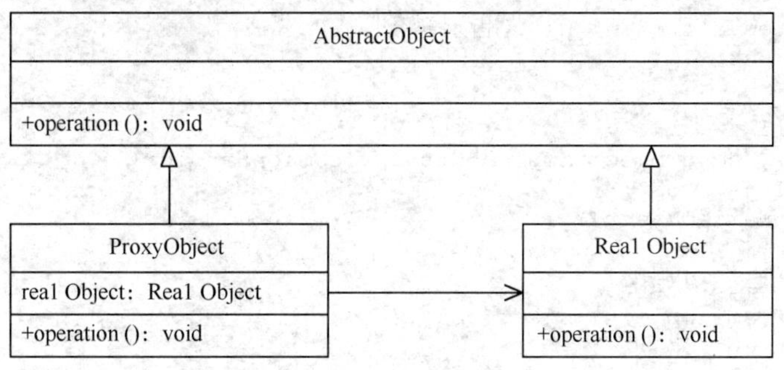

图 3-18　代理模式类图

在实际使用时，一个真实对象角色必须对应一个代理对象角色，如果大量使用真实对象角色会导致类急剧膨胀。此外，如果事先不知道真实角色，该如何使用代理呢？这个问题可以通过 Java 的动态代理类来解决。所谓动态，就像 C 语言中的动态分配内存函数 malloc 一样，使用时，JVM 才分配资源，即用到前面介绍的反射技术。

Java 动态代理类位于 Java.lang.reflect 包中，一般主要涉及以下两个类。

（1）Interface InvocationHandler：该接口仅定义了一个方法 Object，invoke(Object obj，Method method，Object[] args)。在实际使用时，第一个参数 obj 一般是指代理类，method 是被代理的方法。这个抽象方法在代理类中动态实现。

（2）Proxy：该类即为动态代理类，作用类似于 ProxyObject，其中主要包含以下内容。

① Protected Proxy(InvocationHandler h)：构造函数，用于给内部的 h 赋值。

② Static Class getProxyClass(ClassLoader loader, Class[] interfaces)：获得一个代理类，其中 loader 是类装载器，interfaces 是真实类拥有的全部接口的数组。

③ Static Object newProxyInstance(ClassLoader loader, Class[] interfaces, InvocationHandler h)：返回代理类的一个实例，返回后的代理类可以当作被代理类使用（可使用被代理类的在 Subject 接口中声明过的方法）。动态代理模式类图如图 3-19 所示。

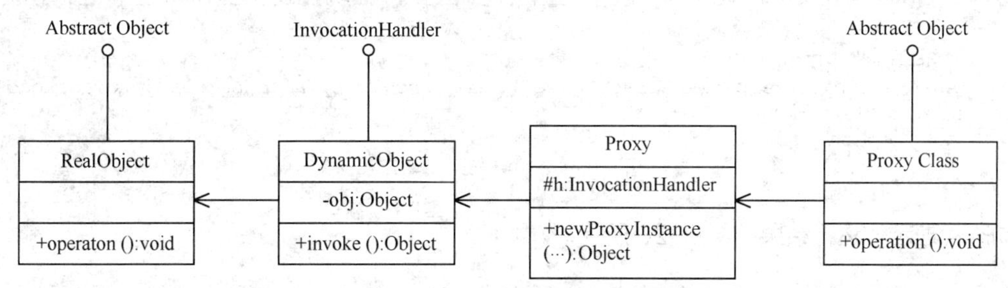

图 3-19　动态代理模式类图

代码示例如下。

```
//抽象角色
public interface AbstractObject {
public void operation();
}
//真实对象
public class RealObject  implements AbstractObject{
```

```
        public RealObject(){
        }
        @Override
        Public void operation() {
             System.out.println("这是个真实对象。");
        }
   }
   //动态代理对象角色
   public class DynamicObject implements InvocationHandler{
        private Object obj;
        public DynamicObject() {
        }
        //用真实代理对象初始化
        public DynamicObject(Object obj) {
             this.obj=obj;
        }
        @Override
        /*  InvocationHandler接口中的唯一方法，这个方法在代理类中动态实现
         * @param proxy 代理类
         * @param mehhod 被代理的方法
         * @param args 调用的方法参数
         */
        public Object invoke(Object proxy, Method method, Object[] args)
                  throws Throwable {
            System.out.println("before calling " + method);
            method.invoke(obj,args);
            System.out.println("after calling " + method);
              returnnull;
        }
   }
   //客户端调用
   public class Client {
        public staticvoid main(String[] args) throws Exception {
              InvocationHandler dobj=new DynamicObject(new RealObject());
              Class<RealObject> cls=RealObject.class;
        /*  以下是分解步骤
         * Class proxyClass=Proxy.getProxyClass(cls.getClassLoader(), cls.getInterfaces());
              Constructor ct=proxyClass.getConstructor(new Class[]{InvocationHandler.
class});
              AbstractObject aobj=(AbstractObject) ct.newInstance(new Object[]{dobj});
        */
        //相当于如下一行
        AbstractObject aobj=(AbstractObject) Proxy.newProxyInstance(cls.getClassLoader(),
cls.getInterfaces(),dobj);
        aobj.operation();
        }
   }
```

动态代理示例运行结果如图 3-20 所示。

```
before calling public abstract void org.apache.hadoop.examples.AbstractObject.operation()
这是个真实对象。
after calling public abstract void org.apache.hadoop.examples.AbstractObject.operation()
```

图 3-20 动态代理示例运行结果

3.5.3 Hadoop RPC 机制与源码分析

RPC 源代码放在 org.apache.hadoop.ipc 中，主要有以下几个类。

（1）Client：客户端，连接服务器端、传递函数名和相应的参数、等待结果。

（2）Server：服务器端，主要接受 Client 的请求、执行相应的函数、返回运行结果。

（3）VersionedProtocol：通信双方遵循契约的父接口。

（4）RPC：RPC 通信机制，主要是为通信的服务方提供代理。

所有涉及 RPC 架构层次的协议如图 3-21 所示。

图 3-21　所有涉及 RPC 架构层次的协议

VersionedProtocol 是所有 RPC 协议接口的父接口，其中只有一个方法，即 getProtocolVersion()。下面介绍几个重要的协议。

1. HDFS 相关

ClientDatanodeProtocol：一个客户端和 DataNode 之间的协议接口，用于数据块恢复。

ClientProtocol：Client 与 NameNode 交互的接口，所有控制流的请求均在这里，如创建文件、删除文件等。

DatanodeProtocol：DataNode 与 NameNode 交互的接口，如心跳、blockreport 等。

NamenodeProtocol：SecondaryNode 与 NameNode 交互的接口。

2. Mapreduce 相关

InterDatanodeProtocol：DataNode 内部交互的接口，用来更新 block 的元数据。

InnerTrackerProtocol：TaskTracker 与 JobTracker 交互的接口，功能与 DatanodeProtocol 相似。

JobSubmissionProtocol：JobClient 与 JobTracker 交互的接口，用来提交 Job、获得 Job 等与 Job 相关的操作。

TaskUmbilicalProtocol：Task 中子进程与母进程交互的接口，子进程即 map、reduce 等操作，母进程即 TaskTracker，该接口可以回报子进程的运行状态（词汇扫盲：umbilical 脐带的，关系亲密的）。

通过对 TaskTracker 与 JobTracker 的通信来剖析其通信过程，JobTracker 的代理是通过下面的方法得到的。

```
this.jobClient = (InterTrackerProtocol)
   UserGroupInformation.getLoginUser().doAs(
new PrivilegedExceptionAction<Object>() {
public Object run() throws IOException {
return RPC.waitForProxy(InterTrackerProtocol.class,
          InterTrackerProtocol.versionID,
          jobTrackAddr, fConf);
      }
    });
```

它通过调用 RPC 类中的静态方法（waitForProxy()）得到了 InterTrackerProtocol 的一个代理，借助于这个代理对象，TaskTracker 就可以与 JobTracker 通信了。

```
VersionedProtocol proxy =
        (VersionedProtocol) Proxy.newProxyInstance(
           protocol.getClassLoader(), new Class[] { protocol },
new Invoker(protocol, addr, ticket, conf, factory, rpcTimeout));
```

跟踪 Hadoop 的源代码，可以发现 RPC.waitForProxy()最终是调用 Proxy.NewProxyInstance()来创建一个代理对象，第一个参数是类加载器（代理类在运行的过程中动态生成），第二个参数是要实现的代理类的接口，第三个参数是 InvokercationHandler 接口的子类，最终调用的也就是 InvokercationHandler 实现类的 invoker()方法。

```
private static class Invoker implements InvocationHandler {
    private Client.ConnectionId remoteId;
    private Client client;
    ……
    public Object invoke(Object proxy, Method method, Object[] args)
      throws Throwable {
      finalboolean logDebug = LOG.isDebugEnabled();
      long startTime = 0;
      if (logDebug) {
        startTime = System.currentTimeMillis();
      }
      ObjectWritable value = (ObjectWritable)
        client.call(new Invocation(method, args), remoteId);
      if (logDebug) {
        long callTime = System.currentTimeMillis() - startTime;
        LOG.debug("Call: " + method.getName() + " " + callTime);
      }
      return value.get();
    }

  ……
  }
```

从代码中可以看到，InvocationHandler 的实现类 Invoker 中主要包含两个成员变量，即 remoteId（唯一标识 RPC 的服务器端）、Client（通过工厂模式得到的客户端）。invoke()方法中最重要的就是下面的语句。

```
ObjectWritable value = (ObjectWritable)client.call(new Invocation(method, args), 
remoteId);
```

从上面代码可以看到，call 方法的第一个参数封装调用方法和参数并实现 Writable 接口的对象，以便于在分布式环境中传输，第二个参数用于唯一标识 RPC Server，也就是与指定的 Server 进行通信。call 方法的核心代码如下。

```
public Writable call(Writable param, ConnectionId remoteId) throws 
InterruptedException, IOException {
    Call call = new Call(param);
    Connection connection = getConnection(remoteId, call); connection.sendParam
(call); // 将参数封装成一个 call 对象发送给 Server
    boolean interrupted = false;
    synchronized (call) {
      while (!call.done) {
        try {
          call.wait();// 等待 Server 发送的内容
        } catch (InterruptedException ie) {
          // save the fact that we were interrupted
          interrupted = true;
        }
      }
  ……
        return call.value;
    }
```

在上述代码运行后，会出现一个类型为 Call 的对象，可看到此方法返回的结果是 call 对象的一个成员变量，也就是说，Call 封装了 Client 的请求以及 Server 的响应，synchronized 的使用会同步 Client 的请求以及 Server 的响应。通过 Connection 对象的 sendParam 方法可以将请求发送给 Server，那么 Connection 又是什么呢？

```
    private   Connection   getConnection(ConnectionId   remoteId,Call   call)   throws
IOException,
    InterruptedException {
    do {
    synchronized (connections) {
           connection = connections.get(remoteId);
    if (connection == null) {
             connection = new Connection(remoteId);
             connec
    tions.put(remoteId, connection);
           }
         }
       } while (!connection.addCall(call));

    ......
       connection.setupIOstreams();
    return connection;
      }
```

从上面代码可知，Connection 是扩展 Thread 得到的一个线程，最终把所有的 Connection 对象都放入一个 Hashtable 中，同一个 ConnectionId 的 Connection 可以复用，降低了创建线程的开销。connection.setupIOstreams()用于真正的建立连接，并将 RPC 的 header 写入输出流中，通过 start 方法启动线程，其核心代码如下。

```
    public void run() {
        while (waitForWork()) {//等到可以读响应时返回 true
          receiveResponse();
    }
```

receiveResponse 方法主要是从输入流反序列化出 value，并将其封装在 Call 对象中，这样 Client 端就得到了 Server 的响应。该方法的核心代码如下。

```
    private void receiveResponse() {
    try {
    int id = in.readInt();// 读取连接 id，以便从 calls 中取出相应的 call 对象
    Call call = calls.get(id);
    int state = in.readInt();  // 读取输入流的状态
    if (state == Status.SUCCESS.state) {
            Writable value = ReflectionUtils.newInstance(valueClass, conf);
            value.readFields(in);  // read value
            call.setValue(value);
            calls.remove(id);
          }
    ......
        }
```

到此，Hadoop RPC 通信机制分析完毕，整个 RPC 架构如图 3-22 所示。远程的对象拥有固定的接口，对 Caller 也是可见的，真正的实现（Object）只在服务器端。用户如果想使用某个接口实现的话，调用接口实现过程如下：先根据某个接口动态代理生成一个代理对象，调用这个代理对象时，用户的调用请求被 RPC 捕捉到，然后包装成调用请求，将调用请求序列化成数据流发送到服务器端；服务器端从数据流中解析出调用请求，然后根据用户希望调用的接口，调用接口真正实现对象，再把调用结果返回给客户端。

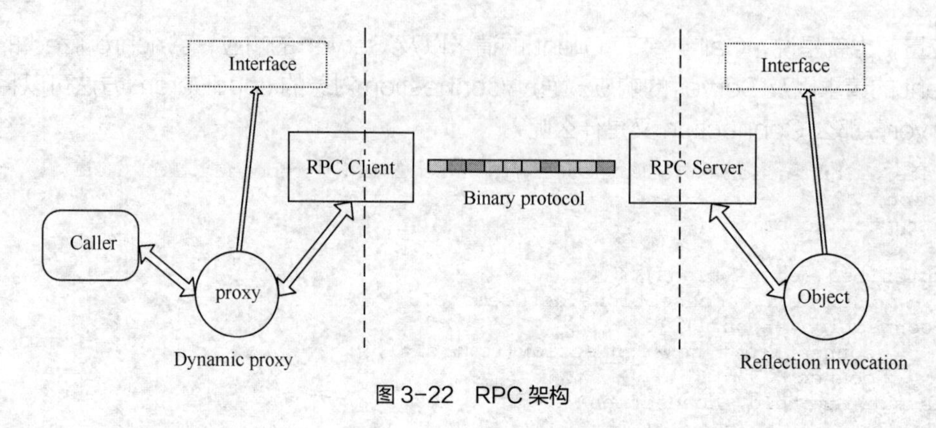

图 3-22　RPC 架构

习题

1. HDFS 上默认的数据块（Block）为多大?

2. 在 Windows 中检测磁盘使用命令 chkdsk，那么在 HDFS 集群上检测块信息应用什么命令?

3. 在 HDFS 中删除的文件会先放入“回收站”，并在删除的文件状态没有变更的情况下，在一定时效内彻底删除该文件。假如用户 trucy 删除了 HDFS 上的 test.dat 文件，但马上后悔了，应该检索什么路径找到这个文件，并取回到本地当前目录? 请用 Shell 命令表示。

4. 启动集群后马上通过 Web 端口登录到 Hadoop 界面，但是单击 FileSystem 无法进入浏览分布式文件，这是为什么?

5. 画出 HDFS 的基础架构图。

第4章 YARN技术

YARN 是一种通用的 Hadoop 资源管理器调度平台。本章主要介绍 YARN 体系架构，了解什么是 YARN。YARN 的基本框架也采用 Master/Slave 结构，主要由 ResourceManager（RM）、NodeManager（NM）、ApplicationMaster(AM)和 Container 等几个组件构成。并介绍了 YARN 的 3 种资源调度器，分别是先进先出调度器(First In First Out Scheduler，FIFO 调度器)、容量调度器（Capacity Scheduler，Capacity 调度器）和公平调度器（Fair Scheduler，Fair 调度器），还介绍了 YARN 的工作流程以及 YARN 的实战案例。

4.1 YARN 概述

Apache Hadoop 另一种资源协调者（Yet Another Resource Negotiator，YARN）是一种通用的 Hadoop 资源管理器调度平台。YARN 的基本思想是将 JobTracker 的两个主要功能（资源管理和作业调度/监控）分离，主要方法是创建一个全局的 RM 和若干个针对应用程序的 AM。这里的应用程序是指传统的 MapReduce 作业或作业的有向无环图（Directed Acyclic Graph，DAG）。

4.1.1 YARN 产生背景——MRv1 的局限性

微课 4-1
Hadoop 1.0 与 Hadoop 2.0 资源调度的区别

YARN 是在 MRv1 的基础上演化而来的，它克服了 MRv1 的各种局限性。在正式介绍 YARN 之前，先要了解 MRv1 的局限性，它的局限性可以概括为以下几个方面。

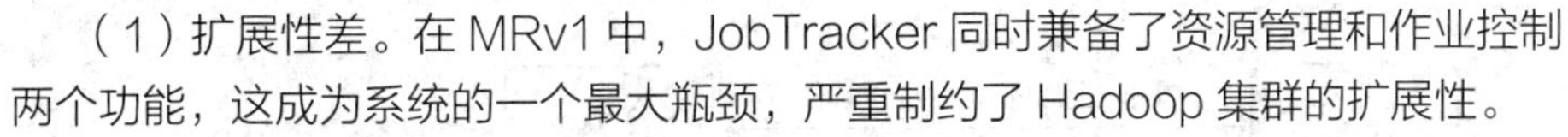

（1）扩展性差。在 MRv1 中，JobTracker 同时兼备了资源管理和作业控制两个功能，这成为系统的一个最大瓶颈，严重制约了 Hadoop 集群的扩展性。

（2）可靠性差。MRv1 采用了 Master/Slave 结构，其中，Master 存在单点故障问题，一旦它出现故障，将导致整个集群不可用。

（3）资源利用率低。MRv1 采用了基于槽位的资源分配模型，槽位是一种粗粒度的资源划分单位，通常一个任务不会用完槽位对应的资源，且其他任务也无法使用这些空闲资源。此外，Hadoop 将槽位分为 Map Slot 和 Reduce Slot 两种，且不允许它们之间共享，这常常会导致一种槽位资源紧张而另外一种闲置（如一个作业刚提交时，只会运行 MapTask，此时 Reduce Slot 闲置）。

（4）无法支持多种计算框架。随着互联网的高速发展，MapReduce 这种基于磁盘的离线计算框架已经不能满足应用要求，从而出现了一些新的计算框架，包括内存计算框架、流式计算框架和迭代式计算框架等，而 MRv1 不支持多种计算框架并存。

为了克服以上几个缺点，Apache 开始尝试对 Hadoop 进行升级改造，进而诞生了更加先进的下一代 MapReduce 计算框架 MRv2。正是由于 MRv2 将资源管理功能抽象成了一个独立的通用系统 YARN，所以直接导致下一代 MapReduce 的核心从单一的计算框架 MapReduce 转移为通用的资源管理系统 YARN。为了让读者更进一步理解以 YARN 为核心的软件栈，下面将其与以 MapReduce 为核心的软件栈进行对比。如图 4-1 所示，在以 MapReduce 为核心的软件栈中，资源管理系统 YARN 是可插拔替换的，如选择 Mesos 替换 YARN，一旦 MapReduce 接口改变，所有的资源管理系统的实现均需要跟着改变；但以 YARN 为核心的软件栈则不同，所有框架都需要实现 YARN 定义的对外接口以运行在 YARN 之上，这意味着 Hadoop 2.0 可以打造一个以 YARN 为核心的生态系统。

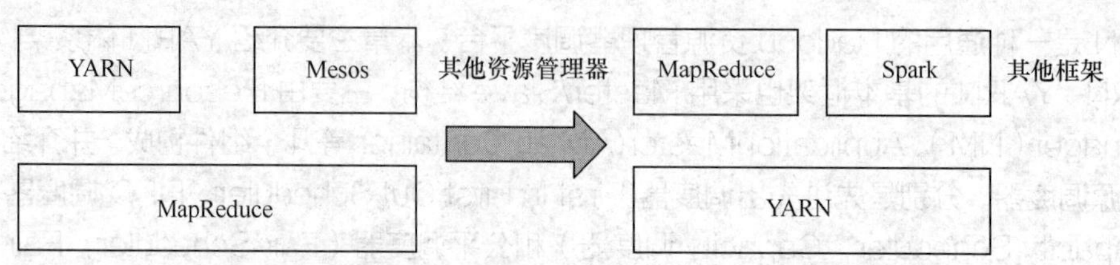

图 4-1 以 MapReduce 为核心和以 YARN 为核心的软件栈对比

4.1.2 YARN 的通信协议

RPC 是连接各个组件的“大动脉”，在 YARN 中，任何两个相互通信的组件之间都需要有一个 RPC，而对于任何一个 RPC，通信双方有一端是 Client，另一端为 Server，且 Client 总是主动连接 Server，因此，YARN 实际上采用的是拉式（Pull-Based）通信模型。YARN 的通信协议组成如图 4-2 所示。图 4-2 中箭头指向的组件是 RPC Server，箭头尾部的组件是 RPC Client。

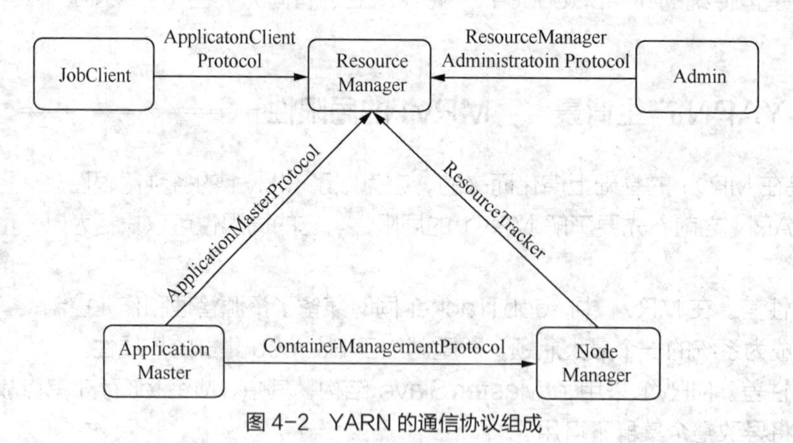

图 4-2 YARN 的通信协议组成

（1）作业提交客户端（JobClient）与 RM 之间的通信协议是 ApplicationClientProtocol，JobClient 通过该 RPC 协议提交应用程序、查询应用程序状态等。

（2）管理员（Admin）与 RM 之间的通信协议是 ResourceManagerAdministrationProtocol，Admin 通过该 RPC 协议更新系统配置文件，如节点黑白名单、用户队列权限等。

（3）AM 与 RM 之间的通信协议是 ApplicationMasterProtocol，AM 通过该 RPC 协议向 RM 注册和撤销自己，并为各个任务申请资源。

（4）AM 与 NM 之间的通信协议是 ContainerManagementProtocol，AM 通过该 RPC 协议

要求NM启动或者停止Container，获取各个Container的使用状态等信息。

（5）NM与RM之间的通信协议是ResourceTracker，NM通过该RPC协议向RM注册，并定时发送心跳信息汇报当前节点的资源使用情况和Container运行情况。

4.2 YARN基本框架

YARN采用Master/Slave结构，在整个资源管理框架中，RM为Master，NM是Slave。RM负责对各个NM上的资源进行统一管理和调度。当用户提交一个应用程序时，需要提供一个用于跟踪和管理这个程序的AM，它负责向RM申请资源，并要求NM启动可以占用一定资源的任务。由于不同的AM被分布到不同的节点上，所以它们之间不会相互影响。YARN基本框架如图4-3所示。

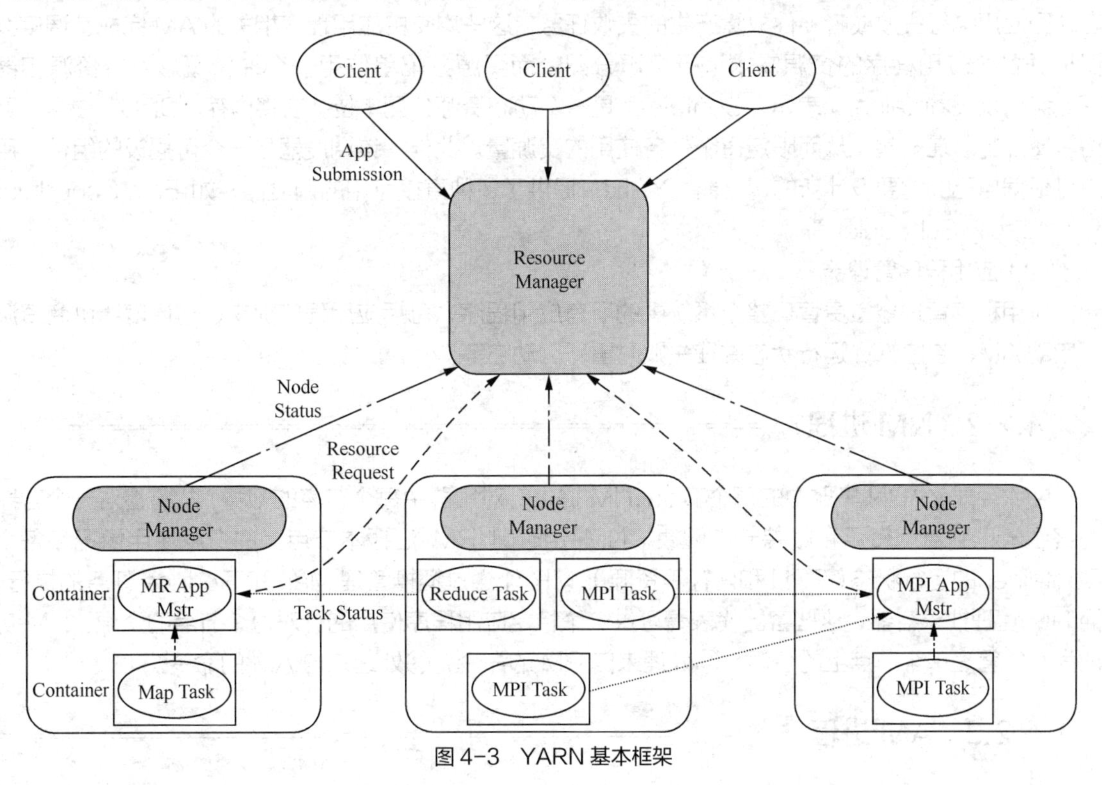

图4-3 YARN基本框架

RM是Master上一个独立运行的进程，负责集群统一的资源管理、调度、分配等；NM是Slave上一个独立运行的进程，负责上报节点的状态；AM和Container是运行在Slave上的组件，Container是YARN中分配资源的一个单位，包含内存、CPU等资源，YARN以Container为单位分配资源。

客户向RM提交的每一个应用程序都必须有一个AM，它经过RM分配资源后，运行于某一个Slave节点的Container中，完成具体任务（Task），同样也运行于某一个Slave节点的Container中。RM、NM、AM乃至普通的Container之间的通信都是采用RPC机制。

YARN的架构设计使其越来越像是一个云操作系统及数据处理操作系统。

4.2.1 RM进程

RM全局管理计算程序的资源分配调度，即这个实体控制整个集群并管理应用程序向基础计算资源的分配，处理客户端请求，启动并监控 AM、NM 资源的分配与调度。它主要由两个组件构成：调度器（Scheduler）和应用程序管理器（Applications Manager，ASM）。RM 将各个资源部分（计算、内存、带宽等）精心安排给基础 NM（YARN 的节点代理）。RM 还与 AM 一起分配资源，与 NM 一起启动和监视它们的基础应用程序。在此上下文中，AM 承担了以前的 TaskTracker 的一些角色，RM 承担了 JobTracker 的角色。总的来说，RM 有以下作用：①处理客户端请求；②启动或监控 AM；③监控 NM；④资源的分配与调度。

（1）调度器

调度器根据容量、队列等限制条件（如每个队列分配一定的资源、最多执行一定数量的作业等），将系统中的资源分配给正在运行的各个应用程序。需要注意的是，该调度器是一个“纯调度器”，它不再从事任何与具体应用程序相关的工作，如不负责监控或者跟踪应用的执行状态，也不负责重新启动因应用执行失败或者硬件故障产生的失败任务，这些均交由应用程序相关的 AM 完成。调度器仅根据各个应用程序的资源需求进行资源分配，而资源分配单位用一个抽象概念——资源容器（Resource Container）表示。Container 是一个动态资源分配单位，它将内存、CPU、磁盘、网络等资源封装在一起，从而限定每个任务使用的资源量。此外，该调度器是一个可插拔的组件，用户可根据自己的需要设计新的调度器，YARN 提供了多种直接可用的调度器，如 Fair Scheduler 和 Capacity Scheduler 等。

（2）应用程序管理器

应用程序管理器负责管理整个系统中的所有应用程序，包括应用程序提交、与调度器协商资源以启动 AM、监控 AM 运行状态并在失败时重新启动它等。

4.2.2 NM 进程

NM 管理 YARN 集群中的每个节点。NM 提供针对集群中每个节点的服务，从监督对一个容器的终生管理到监视资源和跟踪节点健康。NM 定时向 RM 汇报本节点上的资源使用情况和各个 Container 的运行状态（CPU 和内存等资源）。MRv1 通过插槽管理 Map 和 Reduce 任务的执行，而 NM 管理抽象容器，这些容器代表着可供一个特定应用程序使用的针对每个节点的资源。NM 功能为：①管理单个节点上的资源；②处理来自 RM 的命令；③处理来自 AM 的命令。

4.2.3 AM 进程

AM 管理 YARN 内运行的应用程序的每个实例。AM 负责协调来自 RM 的资源，通过 NM 监视容器的执行和资源使用（CPU、内存等的资源分配），并在任务运行失败时，重新为任务申请资源来重启任务。请注意，尽管目前的资源更加传统（CPU 核心、内存），但未来会带来基于手头任务的新资源类型（如图形处理单元或专用处理设备）。从 YARN 的角度来看，AM 是用户代码，因此存在潜在的安全问题。YARN 假设 AM 存在错误或者甚至是恶意的，因此将它们当作无特权的代码对待。总的来说，AM 有以下作用：①切分数据；②为应用程序申请资源并分配给内部的任务；③任务的监控与容错。

4.2.4 YARN 的资源表示模型 Container

Container 是 YARN 中的资源抽象，它封装了某个节点上的多维度资源，如内存、CPU、磁盘、网络等，当 AM 向 RM 申请资源时，RM 向 AM 返回的资源是用 Container 表示的。YARN 会为每个任务分配一个 Container，且该任务只能使用该 Container 中描述的资源。需要注意的是，Container 不同于 MRv1 中的 slot，它是一个动态资源划分单位，是根据应用程序的需求动态生成的。目前为止，YARN 仅支持 CPU 和内存两种资源，且使用了轻量级资源隔离机制 Cgroups 进行资源隔离。Container 的功能为：①对 task 环境的抽象；②描述一系列信息；③集合任务运行资源（CPU、内存、I/O 等）；④优化任务的运行环境。

要使用一个 YARN 集群，首先需要来自包含一个应用程序的客户请求。RM 协商一个容器的必要资源，启动一个 AM 来表示已提交的应用程序。通过使用一个资源请求协议，AM 协商每个节点上供应用程序使用的资源容器。执行应用程序时，AM 监视容器直到完成。应用程序完成时，AM 从 RM 注销其容器，执行周期就完成了。

4.3 YARN 资源调度器

资源调度器是 Hadoop YARN 中最核心的组件之一，它是 RM 中的一个插拔式服务组件，负责整个集群资源的管理和分配。主要有两种多用户资源调度器的设计思路。第一种是在一个物理集群上虚拟多个 Hadoop 集群，这些集群各自拥有全套独立的 Hadoop 服务，典型的代表是 HOD（Hadoop On Demand）调度器（Hadoop 2.0 不再使用）。另一种是扩展 YARN 调度器，使之支持多个队列多用户。YARN 有 3 种资源调度器，分别是 FIFO 调度器、Capacity 调度器和 Fair 调度器。

4.3.1 FIFO 调度器

微课 4-2 三种调度器的对比

Hadoop 1.x 使用的默认调度器是 FIFO 调度器。FIFO 调度器采用队列方式将一个一个任务（job）按照时间先后顺序进行服务，如图 4-4 所示。如排在最前面的任务需要若干 MapTask 和若干 ReduceTask，当发现有空闲的服务器节点就分配给这个任务，直到该任务执行完毕。

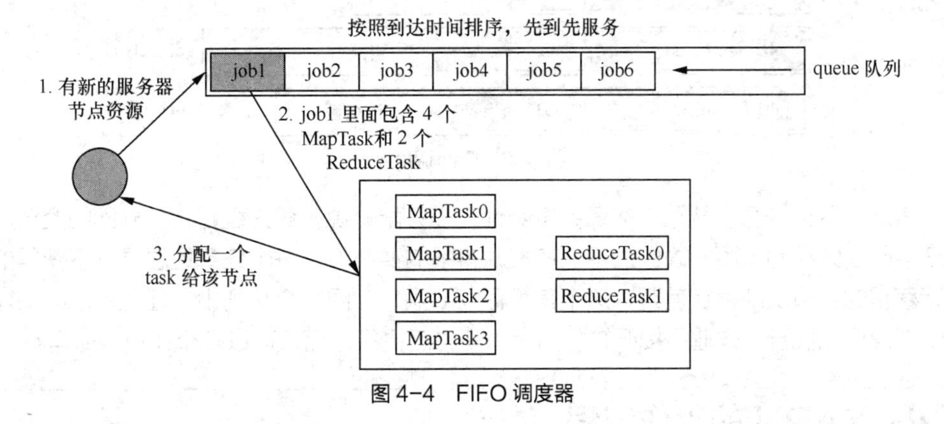

图 4-4 FIFO 调度器

4.3.2 Capacity 调度器

Hadoop 2.x 使用的默认调度器是 Capacity 调度器。该调度器有以下优点。

（1）支持多个队列，每个队列可配置一定量的资源，每个队列采用 FIFO 的方式调度。

（2）为了防止同一个用户的任务独占队列中的资源，调度器会对同一用户提交的任务所占资源进行限制。

（3）分配新的任务时，调度器首先计算每个队列中正在运行的 task 数与其队列应该分配的资源量的比值，然后选择比值最小的队列。图 4-5 所示的队列 A 有 15 个 task，20%的资源量，那么 15%0.2=70，队列 B 是 25%0.5=50，队列 C 是 25%0.3=80.33。所以选择比值最小的队列 B。

（4）按照任务的优先级和时间顺序，并考虑到用户的资源量和内存的限制，排序执行队列中的任务。

（5）如果有多个队列，就按照任务队列内的先后顺序同时执行一次。图 4-5 所示的 job11、job21、job31 在各自队列中顺序比较靠前，3 个任务就同时执行。

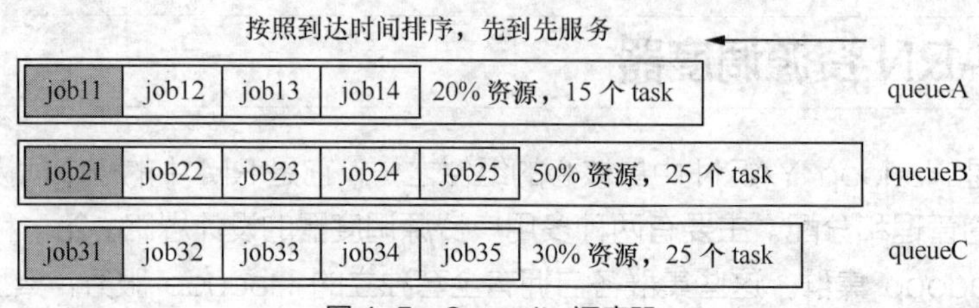

图 4-5 Capacity 调度器

4.3.3 Fair 调度器

Fair 调度器支持多个队列，每个队列可以配置一定的资源，每个队列中的任务公平共享其所在队列的所有资源，如图 4-6 所示。队列中的任务都是按照优先级分配资源，优先级越高，分配的资源越多，但是为了确保公平，每个任务都会分配到资源。优先级是根据每个任务的理想获取资源量减去实际获取资源量的差值决定的，差值越大，优先级越高。

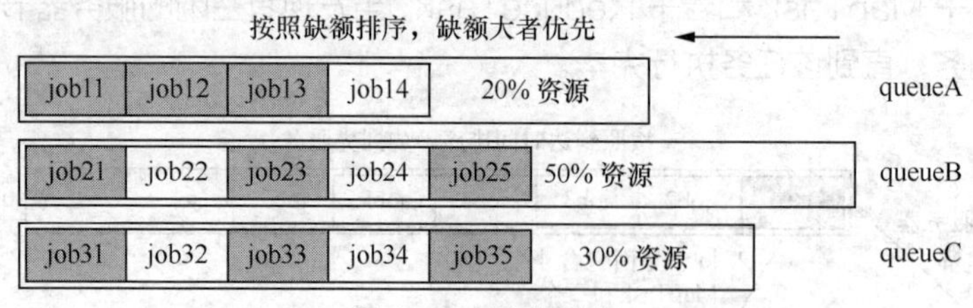

图 4-6 Fair 调度器

假设有 3 个队列，每个队列中的任务按照优先级分配资源，优先级越高，分配的资源越多，但是每个任务都会分配到资源以确保公平。在资源有限的情况下，每个任务理想情况下获得的计算资源与实际获得的计算资源存在差距，这个差距称为缺额。在同一个队列中，任务资源的缺额越大，越先获得资源优先执行，作业是按照缺额的大小来先后执行，而且可以多个作业同时运行。

4.4 YARN 的工作流程

运行在 YARN 上的应用程序主要分为两类：短应用程序和长应用程序。短应用程序是指一定时间内可运行完成并正常退出的应用程序，如 MapReduce 作业、Spark DAG 作业等。长应用程序是指不出意外，永不终止运行的应用程序，通常是一些服务，如 Storm Service（包括 Nimbus 和 Supervisor 两类服务）、HBase Service（包括 HMaster 和 RegionServer 两类服务）等，而它们本身作为一种框架提供编程接口供用户使用。尽管这两类应用程序作业不同，一类直接运行数据处理程序，一类用于部署服务（服务之上再运行数据处理程序），但运行在 YARN 上的流程是相同的。

当用户向 YARN 提交一个应用程序后，YARN 将分两个阶段运行该应用程序。第一阶段是启动 AM。第二阶段是由 AM 创建应用程序，为它申请资源，并监控它的整个运行过程，直到运行完成。YARN 的工作流程如图 4-7 所示，具体执行过程如下。

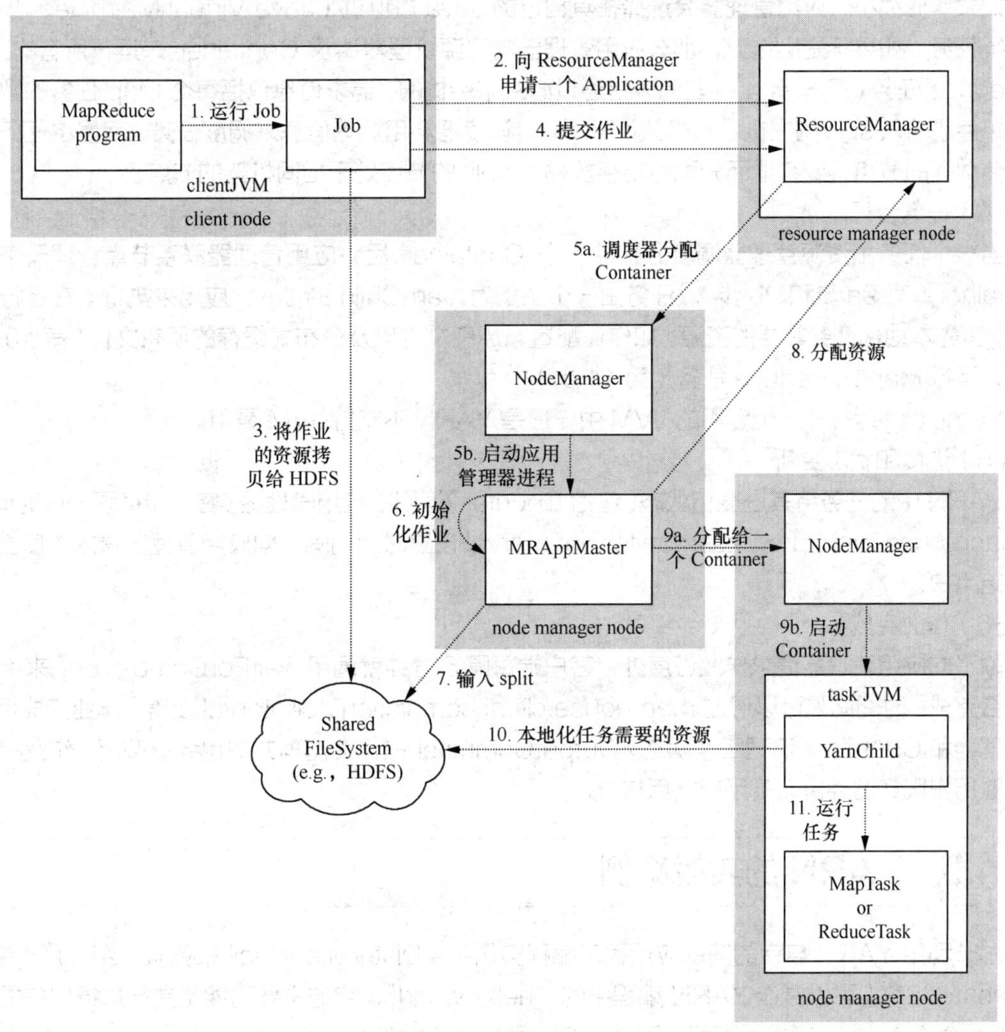

图 4-7　YARN 的工作流程

（1）作业提交

Client 调用 job.waitForCompletion 方法，向整个集群提交 MapReduce 作业（第 1 步）。新的作业 ID（应用 ID）由资源管理器分配（第 2 步）。作业的 client 核实作业的输出，计算输入的 split，将作业的资源（包括 Jar 包、配置文件、split 信息）复制给 HDFS（第 3 步）。最后调用资源管理器的 submitApplication()来提交作业（第 4 步）。

（2）作业初始化

当资源管理器收到 submitApplication()的请求时，将该请求发给调度器，调度器再分配 Container，然后资源管理器在该 Container 内启动应用管理器进程，由节点管理器监控该进程（第 5a 和 5b 步）。MapReduce 作业的应用管理器是一个主类为 MRAppMaster 的 Java 应用。其通过创造一些 bookkeeping 对象来监控作业的进度，得到任务的进度和完成报告（第 6 步）。然后其通过分布式文件系统得到由客户端计算好的输入 split（第 7 步）。然后为每个输入 split 创建一个 Map 任务，根据 mapreduce.job.reduces 创建 Reduce 任务对象。

（3）任务分配

如果作业很小，应用管理器会选择在其自己的 Java 虚拟机（Java Virtual Machine，JVM）中运行任务。如果不是小作业，那么应用管理器向资源管理器请求 Container 来运行所有的 Map 和 Reduce 任务（第 8 步）。这些请求是通过心跳来传输的，请求信息包括每个 Map 任务的数据位置，如存放输入 split 的主机名和机架（Rack）。调度器利用这些信息来调度任务，尽量将任务分配给存储数据的节点，或者退而分配给与存放输入 split 的节点处于相同机架的节点。

（4）任务运行

当一个任务由资源管理器调度分配给一个 Container 后，应用管理器联系节点管理器来启动 Container（第 9a 步和 9b 步）。任务由一个主类为 YarnChild 的 Java 应用来执行。在运行任务之前，首先本地化任务需要的资源，如作业配置、JAR 文件以及分布式缓存的所有文件（第 10 步）。最后，运行 Map 或 Reduce 任务（第 11 步）。

YarnChild 运行在一个专用的 JVM 中，但是 YARN 不支持 JVM 重用。

（5）进度和状态更新

YARN 中的任务将其进度和状态（包括 Counter）返回给应用管理器，客户端每隔一段时间（通过 mapreduce.client.progressmonitor.pollinterval 设置时间间隔）向应用管理器请求进度更新，展示给用户。

（6）作业完成

除了向应用管理器请求作业进度外，客户端每隔 5 分钟就调用 waitForCompletion()来检查作业是否完成。时间间隔可以通过 mapreduce.client.completion.pollinterval 设置。作业完成后，应用管理器和 Container 清理工作状态，OutputCommiter 的作业清理方法也会被调用。作业的信息被作业历史服务器存储以备用户之后核查。

4.5 YARN 的实战案例

本节利用 YARN 自带的简单应用程序编程实例——DistributedShell 来体验 YARN 的使用。DistributedShell 可以看作 YARN 编程中的“hello world”，它的主要功能是并行执行用户提供的 Shell 命令或者 Shell 脚本。下面主要介绍 DistributedShell 的实现方法。

DistributedShell 的源代码在路径 src\hadoop-yarn-project\hadoop-yarn\hadoop-yarn-applications\hadoop-yarn-applications-distributedshell 中。

1. DistributedShell 客户端源码分析

DistributedShell Client 的入口 main()函数如下。

```
public static void main(String[] args) {
......
```

```
Client client = new Client();
booleandoRun = client.init(args);
if (!doRun) {
System.exit(0);
}
result = client.run();
……
}
```

DistributedShell Client 中最重要的函数为 run()，该函数的实现过程如下。

（1）构造 RPC 句柄

利用 Hadoop RPC 接口创建一个可以直接与 RM 交互的 RPC Client 句柄 applicationsManager，代码如下。

```
private void connectToASM() throws IOException {
YarnConfigurationyarnConf = new YarnConfiguration(conf);
InetSocketAddressrmAddress = yarnConf.getSocketAddr(
YarnConfiguration.RM_ADDRESS,
YarnConfiguration.DEFAULT_RM_ADDRESS,
YarnConfiguration.DEFAULT_RM_PORT);
LOG.info("Connecting to ResourceManager at " + rmAddress);
applicationsManager = ((ClientRMProtocol) rpc.getProxy(
ClientRMProtocol.class, rmAddress, conf));
}
```

（2）获取 application id

与 RM 通信，请求 application id，代码如下。

```
GetNewApplicationRequest
request= Records.newRecord(GetNewApplicationRequest.class);
GetNewApplicationResponse
response= applicationsManager.getNewApplication(request);
```

（3）构造 ContainerLaunchContext

构造一个用于运行 AM 的 Container，Container 相关信息被封装到 ContainerLaunchContext 对象中，代码如下。

```
ContainerLaunchContext
amContainer= Records.newRecord(ContainerLaunchContext.class);
//添加本地资源
//填充 localResources
amContainer.setLocalResources(localResources);
//添加运行 ApplicationMaster 所需的环境变量
Map&lt;String, String&gt; env = new HashMap&lt;String, String&gt;();
//填充 env
amContainer.setEnvironment(env);
//添加启动 ApplicationMaster 的命令
//填充 commands;
amContainer.setCommands(commands);
//设置 ApplicationMaster 所需的资源
amContainer.setResource(capability);
```

（4）构造 ApplicationSubmissionContext

构造一个用于提交 AM 的 ApplicationSubmissionContext，代码如下。

```
ApplicationSubmissionContext
appContext =Records.newRecord(ApplicationSubmissionContext.class);
//设置 application id，调用 GetNewApplicationResponse#getApplicationId()
appContext.setApplicationId(appId);
```

```
//设置 Application 名称为 DistributedShell
appContext.setApplicationName(appName);
//设置前面创建的 Container
appContext.setAMContainerSpec(amContainer);
//设置 application 的优先级，默认是 0
pri.setPriority(amPriority);
//设置 application 的所在队列，默认是""
appContext.setQueue(amQueue);
//设置 application 的所属用户，默认是""
appContext.setUser(amUser);
```

（5）提交 ApplicationMaster

将 AM 上的信息提交到 RM 上，从而完成作业提交功能，代码如下。

```
applicationsManager.submitApplication(appRequest);
```

（6）显示应用程序运行状态

为了让用户知道应用程序的进度，Client 每隔几秒就在 Shell 终端上打印一次应用程序运行状态，代码如下。

```
while (true) {
Thread.sleep(1000);
GetApplicationReportRequest
reportRequest =Records.newRecord(GetApplicationReportRequest.class);
reportRequest.setApplicationId(appId);
GetApplicationReportResponse
reportResponse =applicationsManager.getApplicationReport(reportRequest);
ApplicationReport report = reportResponse.getApplicationReport();
//打印 report 内容
……
YarnApplicationState state = report.getYarnApplicationState();
FinalApplicationStatusdsStatus = report.getFinalApplicationStatus();
if (YarnApplicationState.FINISHED == state) {
if (FinalApplicationStatus.SUCCEEDED == dsStatus) {
return true;
} else {
return false;
}
} else if (YarnApplicationState.KILLED == state
|| YarnApplicationState.FAILED == state) {
return false;
}
}
```

2. DistributedShellApplicationMaster 源码分析

DistributedShellApplicationMaster 的实现过程如下。

步骤 1，ApplicationMaster 由 ResourceManager 分配的一个 Container 启用，之后，它与 ResourceManager 通信，并告知自己所在的节点（host：port）、trackingurl（客户端可通过该 URL 直接查询 AM 运行状态）等。

```
RegisterApplicationMasterRequest
appMasterRequest =Records.newRecord(RegisterApplicationMasterRequest.class);
appMasterRequest.setApplicationAttemptId(appAttemptID);
appMasterRequest.setHost(appMasterHostname);
appMasterRequest.setRpcPort(appMasterRpcPort);
appMasterRequest.setTrackingUrl(appMasterTrackingUrl);
return resourceManager.registerApplicationMaster(appMasterRequest);
```

步骤 2，ApplicationMaster 周期性地向 ResourceManager 发送心跳信息，以告知 ResourceManager 自己仍然活着，这是通过周期性调用 AMRMProtocol#allocate 实现的。

步骤 3，为了完成计算任务，ApplicationMaster 需要向 ResourceManager 发送一个 ResourceRequest 描述对资源的需求，包括 Container 数、期望资源所在的节点、需要的 CPU 和内存等，而 ResourceManager 则为 ApplicationMaster 返回一个 AllocateResponse 结构，以告知新分配到的 Container 列表、运行完成的 Container 列表和当前可用的资源量等信息。

```
while (numCompletedContainers.get() <numTotalContainers
      && !appDone) {
Thread.sleep(1000);
List<ResourceRequest>resourceReq = new ArrayList&lt;ResourceRequest&gt;();
if (askCount> 0) {
ResourceRequestcontainerAsk = setupContainerAskForRM(askCount);
resourceReq.add(containerAsk);
}
//如果 resourceReq 为 null，则可看做心跳信息，否则就是申请资源
AMResponseamResp =sendContainerAskToRM(resourceReq);
}
```

步骤 4，对于每个新分配到的 Container，ApplicationMaster 将创建一个 ContainerLaunchContext 对象，该对象包含 Container id、启动 Container 所需环境、启动 Container 的命令，然后与对应的节点通信，以启动 Container。

```
LaunchContainerRunnable
runnableLaunchContainer =new LaunchContainerRunnable(allocatedContainer);
//每个 Container 由一个线程启动
Thread launchThread = new Thread(runnableLaunchContainer);
launchThreads.add(launchThread);
launchThread.start();
```

步骤 5，ApplicationMaster 通过 AMRMProtocol#allocate 获取各个 Container 的运行状况，一旦发现某个 Container 失败了，就重新向 ResourceManager 发送资源请求，以重新运行失败的 Container。

步骤 6，作业运行失败后，ApplicationMaster 向 ResourceManager 发送 FinishApplicationMasterRequest 请求，以告知自己运行结束。

```
FinishApplicationMasterRequest
finishReq =Records.newRecord(FinishApplicationMasterRequest.class);
finishReq.setAppAttemptId(appAttemptID);
booleanisSuccess = true;
if (numFailedContainers.get() == 0) {
finishReq.setFinishApplicationStatus(FinalApplicationStatus.SUCCEEDED);
}
```

习题

1. YARN 体系结构主要由哪几个组件组成？
2. ResourceManager 组件的作用是什么？
3. MRv1 的局限性有哪些？
4. YARN 主要由哪几个 RPC 协议组成？
5. YARN 资源调度器包括哪 3 种？
6. 分别概括 3 种资源调度器的工作流程。
7. 概括 YARN 的工作流程。
8. 练习 YARN 的应用程序编程实例——DistributedShell。

第5章 MapReduce技术

MapReduce 的编程模型可简单分为简单编程模型和复杂编程模型，它们最大的区别在于是否使用 Reducer 进行归约处理。本章首先介绍 MapReduce 的编程思想，然后介绍 MapReduce 的编程模型和数据流；MapReduce 的数据流详细说明了 MapReduce 处理数据的细节，其中 Shuffle 过程为核心流程；再通过介绍 Streaming 和 Pipe，让不熟悉 Java 语言的用户使用其他语言编写 MapReduce 程序；最后是 MapReduce 实战，讲解基本的 MapReduce 程序开发流程。通过本章的学习，读者可以掌握 MapReduce 的基础理论知识、MapReduce 的任务流程和数据处理过程，并能够开发简单的 MapReduce 应用。

5.1 什么是 MapReduce

简单来说，MapReduce 是一种思想，或是一种编程模型。对于 Hadoop 来说，MapReduce 是一个分布式计算框架，是它的一个基础组件。当配置好 Hadoop 集群时，MapReduce 已包含在内。下面先举个简单的例子来帮助读者理解什么是 MapReduce。

如果某班级要组织一次春游活动，班主任向大家收取春游的费用，那么班主任会告诉班长，让他收取春游费用，班长会把任务分给各组组长，让他们把各自组员的费用收上来交给他，最后把收上来的钱交给老师。这就是一个典型的 MapReduce 过程，这个例子中，班长把任务分给各组组长称为 Map 过程；各组组长把费用收齐后再交给班长进行汇总就是 Reduce 过程。

简而言之，MapReduce 是一种“分而治之”的思想，即把一个大而重的任务拆解开来，分成一系列小而轻的任务并行处理，这样就使任务可以快速解决。从业界使用分布式系统的变化趋势和 Hadoop 框架的长远发展来看，MapReduce 的 JobTracker/TaskTracker 机制需要大规模的调整来修复它在可扩展性、内存消耗、线程模型、可靠性和性能上的缺陷。在过去的几年中，Hadoop 开发团队修复了一些 bug，但是最近 bug 修复的成本越来越高，这表明对原框架做出改变的难度越来越大。

为了从根本上解决旧 MapReduce 框架的性能瓶颈，促进 Hadoop 框架更长远的发展，从 0.23.0 版本开始，Hadoop 的 MapReduce 框架完全重构，发生了根本的变化。新的 Hadoop MapReduce 框架出现了，从初期的 MapReduce v1（MRv1）到 MapReduce v2（MRv2），MRv2 增加了 YARN，YARN 是资源管理和任务调度的框架，很好地减轻了 MRv1 的 JobTracker 的压力，关于 YARN 的具体内容详见第 4 章。

微课 5-1 工程 WordCount 的执行

5.2 MapReduce 编程模型

本节简单介绍 MapReduce，并将其分为简单模型和复杂模型，最后用编程实例 WordCount 来展示 MapReduce 过程。

5.2.1 MapReduce 简介

Hadoop MapReduce 编程模型主要由两个抽象类构成，即 Mapper 和 Reducer。Mapper 用于处理切分过的原始数据，Reducer 对 Mapper 的结果进行汇总，得到最后的输出。MapReduce 编程模型如图 5-1 所示。

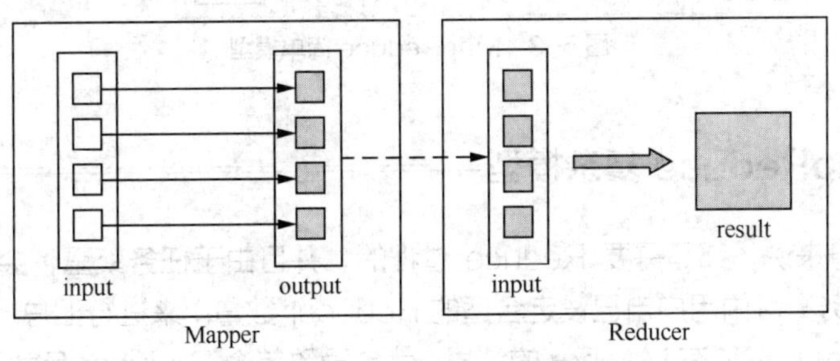

图 5-1 MapReduce 编程模型

在数据格式上，Mapper 接收<key, value>格式的输入数据流，并产生一系列同样是<key, value>形式的输出数据流，这些输出数据流经过相应处理，形成<key, {value list}>形式的中间结果；然后将这些中间结果传给 Reducer 作为输入数据流，对相同 key 值的{value list}做相应处理，最终生成<key, value>形式的输出数据流，再写入 HDFS 中，如图 5-2 所示。

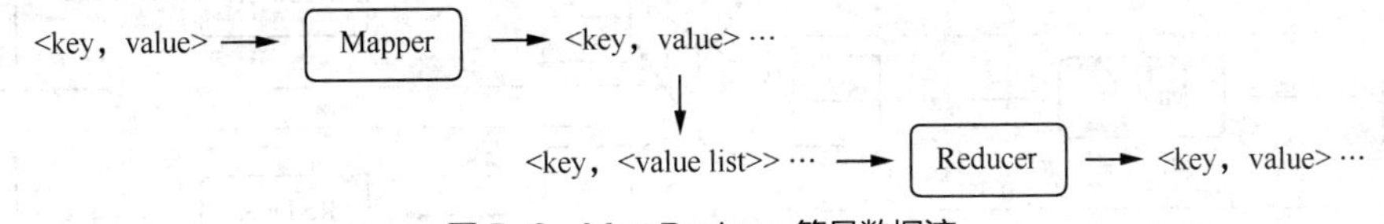

图 5-2 MapReduce 简易数据流

当然，上面说的只是 Mapper 和 Reducer 的处理过程，还有一些其他的处理流程并没有提到。例如，如何把原始数据解析成 Mapper 可以处理的数据，Mapper 的中间结果如何分配给相应的 Reducer，Reducer 产生的结果数据以何种形式存储到 HDFS 中，这些过程都需要相应的实例进行处理，所以 Hadoop 还提供了其他基本 API：InputFormat（分片并格式化原始数据）、Partitioner（处理分配 Mapper 产生的结果数据）、OutputFormat（按指定格式写入文件），并且提供了很多可行的默认处理方式，可以满足大部分使用需求。所以很多时候，用户只需要实现相应的 Mapper() 函数和 Reducer()函数，即可实现基于 MapReduce 的分布式程序的编写，涉及 InputFormat、Partitioner、OutputFormat 的处理，直接调用即可，如后面所讲到的 WordCount 程序就是这样。

5.2.2 MapReduce 简单模型

对于某些任务来说，可能并不一定需要 Reduce 过程。例如，只需要对文本的每一行数据做简单的格式转换，那么只需要由 Mapper 处理就可以了。所以 MapReduce 也有简单的编程模型，该模型只有 Mapper 过程，由 Mapper 产生的数据直接写入 HDFS，如图 5-3 所示。

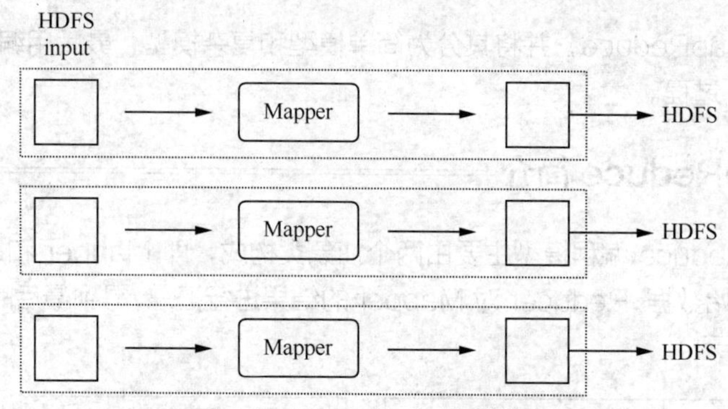

图 5-3　MapReduce 简单模型

5.2.3　MapReduce 复杂模型

对于大部分任务来说，都是需要 Reduce 过程的，并且由于任务繁重，会启动多个 Reducer（默认为 1，根据任务量可由用户自己设定合适的 Reducer 数量）来进行汇总，如图 5-4 所示。如果只用一个 Reducer 计算所有 Mapper 的结果，就会导致单个 Reducer 负载过于繁重，形成性能瓶颈，大大增加任务的运行周期。

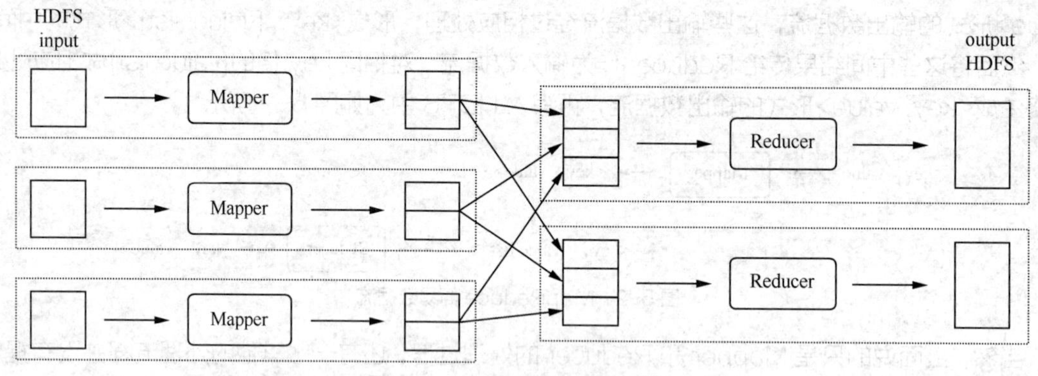

图 5-4　MapReduce 复杂模型

如果一个任务有多个 Mapper，由于输入文件的不确定性，由不同 Mapper 产生的输出会有 key 相同的情况；而 Reducer 是最后的处理过程，其结果不会进行第二次汇总，为了使 Reducer 输出结果的 key 值具有唯一性（同一个 key 只出现一次），由 Mapper 产生的所有具有相同 key 的输出都会集中到一个 Reducer 中进行处理。图 5-5 所示的 MapReduce 过程包含两个 Mapper 和两个 Reducer，其中两个 Mapper 产生的结果均含有 k1 和 k2，这里把所有含有<k1, v1 list>的结果分配给上面的 Reducer 接收，所有含有<k2, v2 list>的结果分配给下面的 Reducer 接收，这样由两个 Reducer 产生的结果就不会有相同的 key 出现。值得一提的是，上面所说的只是一种分配情况，根据实际情况，所有的<k1, v1 list>和<k2, v2 list>也可能都会分配给同一个 Reducer，但是无论如何，一个 key 值只会对应一个 Reducer。

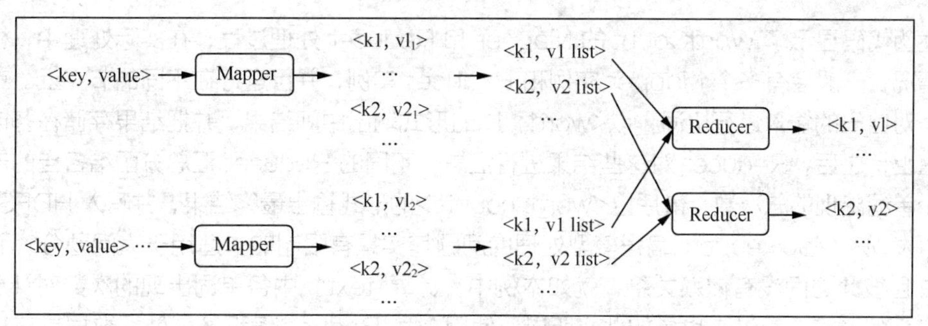

图 5-5 key 值归并模型

5.2.4 MapReduce 编程实例——WordCount

WordCount 意为“词频统计”，这个程序的作用是统计文本文件中各单词出现的次数，其特点是以“空字符”为分隔符将文本内容切分成一个个的单词，但并不检测这些单词是不是真的单词，其输入文件可以是多个，但输出只有一个。

可以先简单地写两个小文件，内容如下。

```
File: text1.txt                   File: text2.txt
hadoop is very good               hadoop is easy to learn
mapreduce is very good            mapreduce is easy to learn
```

然后可以把这两个文件存入 HDFS 并用 WordCount 进行处理（操作过程请参考 5.7 节），最终结果会存储在指定的输出目录中，打开结果文件可以看到如下内容。

```
easy    2
good    2
hadoop  2
is      4
learn   2
mapreduce       2
to      2
very    2
```

从上述结果可以看出，每一行有两个值，它们之间以一个缩进相隔，第一个值是 key，即 WordCount 找到的单词；第二个值为 value，为各个单词出现的次数。细心的读者可能会发现，整体结果是按 key 进行升序排列的，这其实也是 MapReduce 过程进行了排序的一种体现。

实现 WordCount 的伪代码如下。

```
mapper(String key, String value)  //key: 偏移量    value:字符串内容
{
    words = SplitInTokens(value); //切分字符串
    for each word w in words      //对字符串中的每一个 word
        Emit(w, 1);               //输出 word, 1
}
reducer(string key, value_list)   //key: 单词: value_list: 值列表
{
    int sum = 0;
    for each value in value_list  //对列表中的每一个值
        sum += value;             //加到变量 sum 中
    Emit(key, sum);               //输出 key, sum
}
```

上述伪代码显示了 WordCount 的 Mapper 和 Reducer 处理过程，在实际处理中，根据输入的具体情况，一般会有多个 Mapper 实例和 Reducer 实例，并且运行在不同的节点上。首先，各 Mapper 对自己的输入进行切词，以<word，1>的形式输出中间结果，并把结果存储在各自节点的本地磁盘上；之后，Reducer 对这些结果进行汇总，不同的 Reducer 汇总分配给各自的部分，计算每一个单词出现的总次数，最后以<word, counts>的形式输出最终结果，并写入 HDFS 中。

可以发现，MapReduce 编程模型处理的问题其实是有限制的，适用于大问题分解而成的小问题，并且彼此之间没有依赖关系，就如本例中，计算 text1 中各单词出现的次数对计算 text2 而言没有任何影响，反过来也是如此。所以，使用 MapReduce 编程模型处理数据是有其适用场景的。

5.3 MapReduce 数据流

Mapper 处理的是<key, value>形式的数据，并不能直接处理文件流，那么它的数据源是怎么来的呢？由多个 Mapper 产生的数据是如何分配给多个 Reducer 的呢？这些操作都是由 Hadoop 提供的基本 API（InputFormat、Partitioner、OutputFormat）实现的，这些 API 类似于 Mapper 和 Reducer，它们属于同一层次，不过完成的是不同的任务，并且它们本身已实现了很多默认的操作，这些默认的实现已经可以完成用户的大部分需求。当然，如果默认实现并不能完成用户的要求，用户也可以继承覆盖这些基本类实现特殊的处理。本节将以 5.2.4 中的 WordCount 为例，详细讲解 MapReduce 的数据处理流程。

5.3.1 分片并格式化原始数据（InputFormat）

InputFormat 主要有两个任务，一个任务是对源文件进行分片，并确定 Mapper 的数量；另一个任务是对各分片进行格式化，将其处理成<key, value>形式的数据流并传给 Mapper。

1. 分片操作（Split）

分片操作是根据源文件的情况，按特定的规则划分一系列的 InputSplit，每个 InputSplit 都将由一个 Mapper 进行处理。

注意，因为对文件进行的分片操作，不是把文件切分开来形成新的文件分片副本，而是形成一系列 InputSplit，InputSplit 中含有各分片的数据信息，如文件块信息、起始位置、数据长度、所在节点列表等，所以，只需要根据 InputSplit 就可以找到分片的所有数据。

分片过程中最主要的任务就是确定参数 splitSize，splitSize 即分片数据大小，该值一旦确定，就依次将源文件按该值进行划分，如果文件小于该值，那么这个文件会成为一个单独的 InputSplit；如果文件大于该值，则按 splitSize 进行划分后，剩下不足 splitSize 的部分成为一个单独的 InputSplit。

在 YARN 中，splitSize 由 3 个值确定，即 minSize、maxSize 和 blockSize。

（1）minSize：splitSize 的最小值，由参数 mapred.min.split.size 确定，可在 mapred-site.xml 中配置，默认为 1MB。

（2）maxSize：splitSize 的最大值，由参数 mapreduce.jobtracker.split.metainfo. maxsize 确定，可在 mapred-site.xml 中配置，默认值为 10MB。

（3）blockSize：HDFS 中文件存储的块大小，由参数 dfs.block.size 确定，可在 hdfs-site.xml 中修改，默认为 64MB。

确定 splitSize 值的规则如下。

```
splitSize= max{minSize, min{maxSize, blockSize}}
```

可见 splitSize 的大小一般在 minSize 和 blockSize 之间，用户也可以设定 minSize 的值使得 splitSize 的大小在 blockSize 之上，不过，splitSize 的值不大于 blockSize 是有其道理的。大家都知道，文件在 HDFS 中是按块存储的，如果一个文件大于设定的 blockSize，它就会被分成多个块，这些块一般不会存储在一个节点上，一个足够大的文件，其分块甚至会遍布整个集群。如果 splitSize 大于 blockSize，那么在切分大文件时，一个 InputSplit 会包含多个文件块，执行 Mapper 任务时，需要从其他节点上 Download 不存在于当前节点的数据块，这不仅会增加网络负载，还使得 Mapper 任务不能实现完全数据源本地性。

但在有些场景中，必须使 splitSize 比 blockSize 大才会更好，如果一个文件过大，则其分块不仅遍布于集群，而且在每个 DataNode 上都有几十个甚至上百个分块，在大数据时代的今天，这是完全有可能的。如果 splitSize 的值仍然只有 blockSize 那么大，那么最终切分的 InputSplit 将会非常多，相应的将会产生成千上万的 Mapper，给整个集群的调度、网络负载、内存等都会造成极大的压力。

2. 数据格式化（Format）

这一步是将划分好的 InputSplit 格式化成<key, value>形式的数据，其中 key 为偏移量，value 为每一行的内容。在执行 Map 任务的过程中，会不停地执行上述操作，每生成一个<key, value>数据，便会调用一次 Map()函数，同时把值传递过去，所以，这部分的操作不是先把 InputSplit 全部解析成<key, value>形式的数据之后，再整体调用 Map()函数，而是每解析出一个数据元，便交给 Mapper 处理一次，如图 5-6 所示。

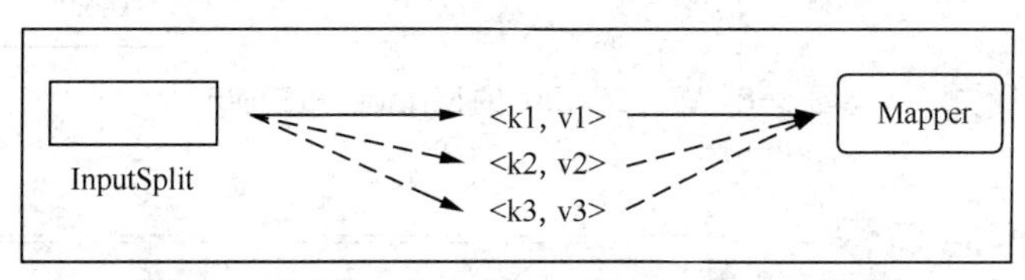

图 5-6　每产生一个<k, v>，便调用一次 Map()函数

3. 实例分析

在 5.2.4 的实例 WordCount 中，因为输入文件只是很小的两个文本文件，远远没有达到要将单个文件划分为多个 InputSplit 的程度，所以，每个文件自己本身会被划分成一个单独的 InputSplit。划分好后，InputFormat 会对 InputSplit 执行格式化操作，形成<key, value>形式的数据流，其中 key 为偏移量，从 0 开始，每读取一个字符（包括空格）增加 1；value 则为一行字符串，如图 5-7 所示。

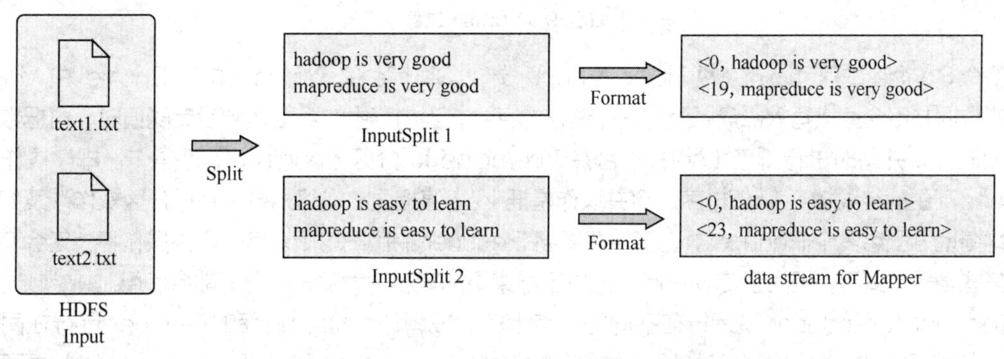

图 5-7　InputFormat 处理演示

5.3.2 Map 过程

Mapper 接受<key, value>形式的数据，并处理成<key, value>形式的数据，具体的处理过程可由用户定义。在 WordCount 中，Mapper 会解析传过来的 key 值，以“空字符”为标识符，如果碰到“空字符”，就会把之前累计的字符串作为输出的 key 值，并以 1 作为当前 key 的 value 值，形成<word, 1>的形式，如图 5-8 所示。

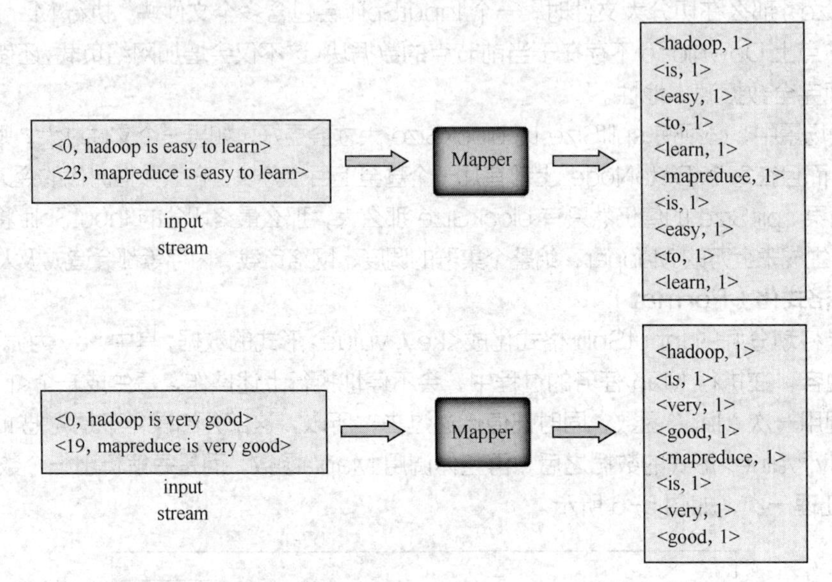

图 5-8　WordCount 的 Mapper 处理演示

5.3.3 Shuffle 过程

Shuffle 过程是指从 Mapper 产生的直接输出结果，经过一系列的处理，成为最终的 Reducer 直接输入数据的整个过程，如图 5-9 所示，这一过程也是 MapReduce 的核心过程。

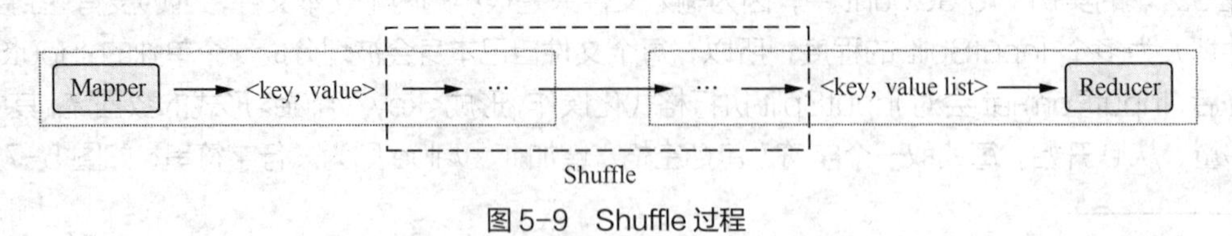

图 5-9　Shuffle 过程

整个 Shuffle 过程可以分为两个阶段，Mapper 端的 Shuffle 和 Reducer 端的 Shuffle。由 Mapper 产生的数据并不会直接写入磁盘，而是先存储在内存中，当内存中的数据达到设定阈值时，再把数据写到本地磁盘，并同时进行排序（sort）、合并（combine）、分区（partition）等操作。排序操作是把 Mapper 产生的结果按 key 值排序；合并操作是把 key 值相同的相邻记录合并；分区操作涉及如何把数据均衡地分配给多个 Reducer，它直接关系到 Reducer 的负载均衡。其中合并操作不一定会有，因为在某些场景不适用，但为了使 Mapper 的输出结果更加紧凑，大部分情况下都会使用。

Mapper 和 Reducer 是运行在不同的节点上的，或者说，Mapper 和 Reducer 运行在同一个节点上的情况很少，并且因为 Reducer 数量总是比 Mapper 数量少，所以 Reducer 端总是要从其他多个节点上下载 Mapper 的结果数据，这些数据也要进行相应的处理才能更好地被 Reducer 处理，这些处理过程就是 Reducer 端的 Shuffle。

1. Mapper 端的 Shuffle

Mapper 产生的数据不直接写入磁盘，因为这样会产生大量的磁盘 I/O 操作，直接制约 Mapper 任务的运行，所以设计将 Mapper 的数据先写入内存中，达到一定数量后，再按轮询方式写入磁盘中（位置由 mapreduce.cluster.local.dir 属性指定），这样不仅可以减少磁盘 I/O，内存中的数据在写入磁盘时还能进行适当的操作。

那么，Mapper 后的数据从内存到磁盘是经何种机制处理的呢？每一个 Mapper 任务在内存中都有一个输出缓存（默认为 100MB，可由参数 mapreduce.task.io.sort.mb 设定），并且有一个写入阈值（默认为 0.8，即 80%，可由参数 mapreduce.map. sort.spill.percent 设定），当写入缓存的数据占比达到这一阈值时，Mapper 会继续向剩下的缓存写入数据，但会在后台启动一个新线程，对前面 80%的缓存数据进行排序，然后写入本地磁盘中，这一操作称为 spill 操作，写入磁盘的文件称为 spill 文件，或者溢写文件，如图 5-10 所示。如果剩下的 20%缓存已被写满，而前面的 spill 操作还没完成，Map 任务就会阻塞，直到 spill 操作完成再继续向缓存写数据。Mapper 向缓存写入数据是循环写入的，循环写入是指已写到缓存的尾位置时，继续写入会从缓存头开始，这里必须等待 spill 操作完成，以使前面占用的缓存空闲出来，这也是 Map 任务阻塞的原因。在 spill 操作时，如果定义了 combine()函数，那么在排序操作之后，先进行合并操作，再写入磁盘。

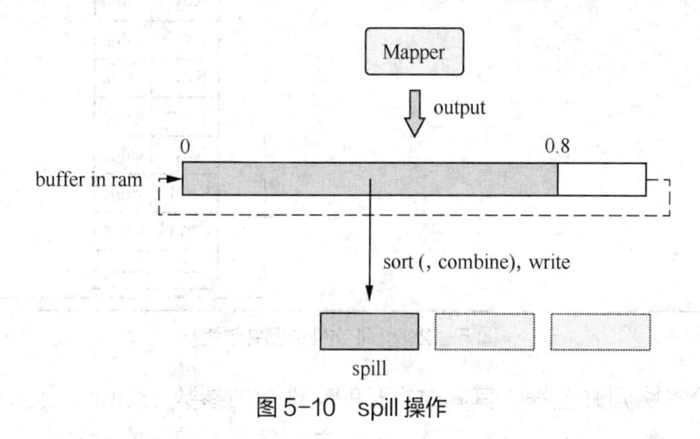

图 5-10　spill 操作

排序（sort）过程是根据数据源按 key 进行二次快速排序的，排序之后，含有相同 key 的数据被有序地集中到一起，这样，不管是对于后面的合并（combine）操作，还是归并排序操作，都具有非常大的意义。合并操作是将具有相同 key 的数据合并成一行数据，它必须在排序操作完成之后进行，如图 5-11 所示。combine 其实是 Reducer 的一个实现，不过它在 Mapper 端运行，对要交给 Reducer 处理的数据进行一次预处理，使 Map 之后的数据更加紧凑，更少的数据被写入磁盘和传送到 Reducer 端，这不仅降低了 Reducer 的任务量，还减少了网络负载。

当某个 Map 任务完成后，一般会有多个 spill 文件，并且每个 spill 本身的数据是有序的，但它们并不是整体全局有序，那么如何把这些数据尽量均衡地分配给多个 Reducer 呢？这里会采用归并排序（merge sort）的方式将所有 spill 文件合并成一个文件，并在合并的过程中提供一种基于区间的分区（Partition）方法，该方法将合并后的文件按大小进行分区，保证后一分区的数据在 key 值上均大于前一分区，每一个分区会分配给一个 Reducer，所以最后除了得到一个很大的数据文件外，还会得到一个 index 索引文件，里面存储了各分区数据位置偏移量。spill 文件的归并过程如

图 5-12 所示。注意，这里数据均存储在本地磁盘中。

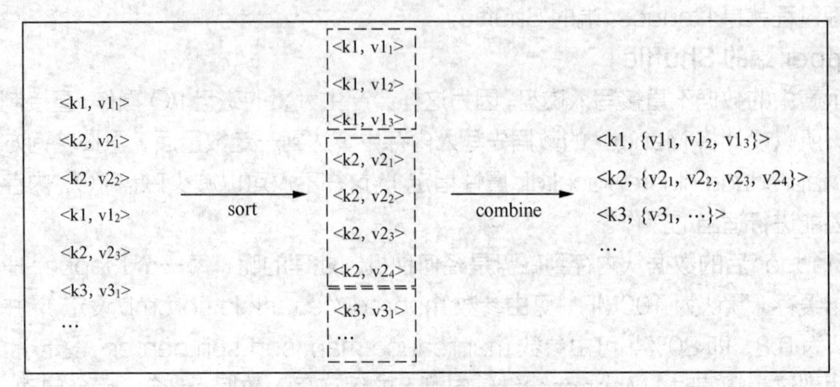

图 5-11　排序和合并过程

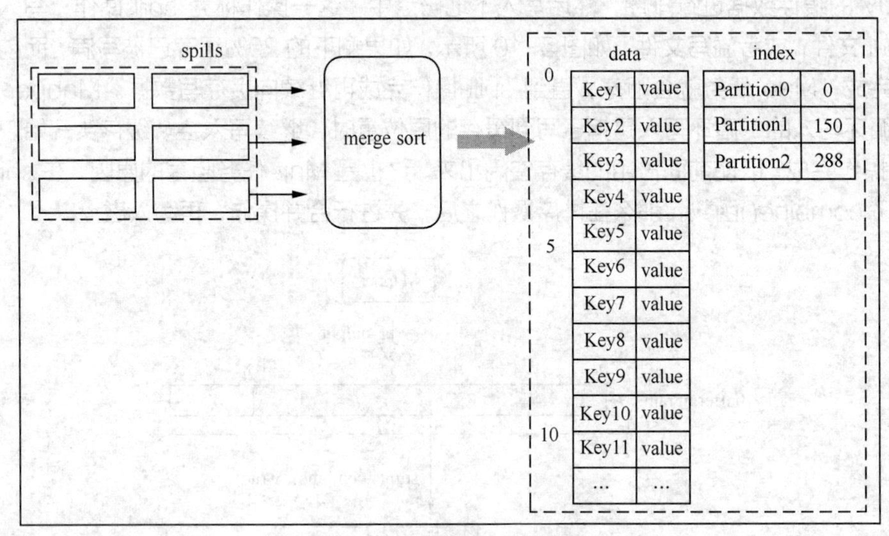

图 5-12　spill 文件的归并过程

归并排序是一个多路归并过程，其同时打开的文件数由参数 mapreduce.task.io. sort.factor 控制，默认是 10 个，图 5-12 所示为 3 路归并。并不是同时打开文件越多，归并的速度就越快，用户要根据实际情况判断。

各 spill 是基于自身有序的，由于不同 spill 很大程度上会有相同的 key 值，所以如果用户设定了合并，那么在此处也会运行合并操作，用于压缩数据，其条件是归并路数必须大于某一个值（默认为 3，由参数 min.num.spills.for.combine 设定）。其实为了使 map 后写入磁盘的数据更小，一般会采用压缩（并不是合并）这一步骤，该步骤需要用户手动配置才能打开，覆盖参数 mapreduce.map.output.compress 的值为 true 即可。

归并过程完成后，Mapper 端的任务就告一段落，Mapper 删除临时的 spill 文件，并通知 TaskTracker 任务已完成。这时，Reducer 就可以通过 HTTP 从 Mapper 端获取对应的数据。一般来说，一个 MapReduce 任务会有多个 Mapper，并且分配在不同的节点上，它们往往不会同时完成，但是只要有一个 Mapper 任务先完成，Reducer 端就会开始复制数据。

2．Reducer 端的 Shuffle

从 Mapper 端的归并任务完成开始，到 Reducer 端从各节点上复制数据并完成复制任务，均是由 MRApplicationMaster 调度完成的。在 Reducer 取走所有数据之后，Mapper 端的输出数据并不会立即删除，因为 Reducer 任务可能会失败，并且推测执行（当某一个 Reducer 执行过慢影响整体进度时，会启动另一个相同的 Reducer）时，也会利用这些数据。下面根据图 5-13 所示讲解 Reducer 端的 Shuffle 流程。

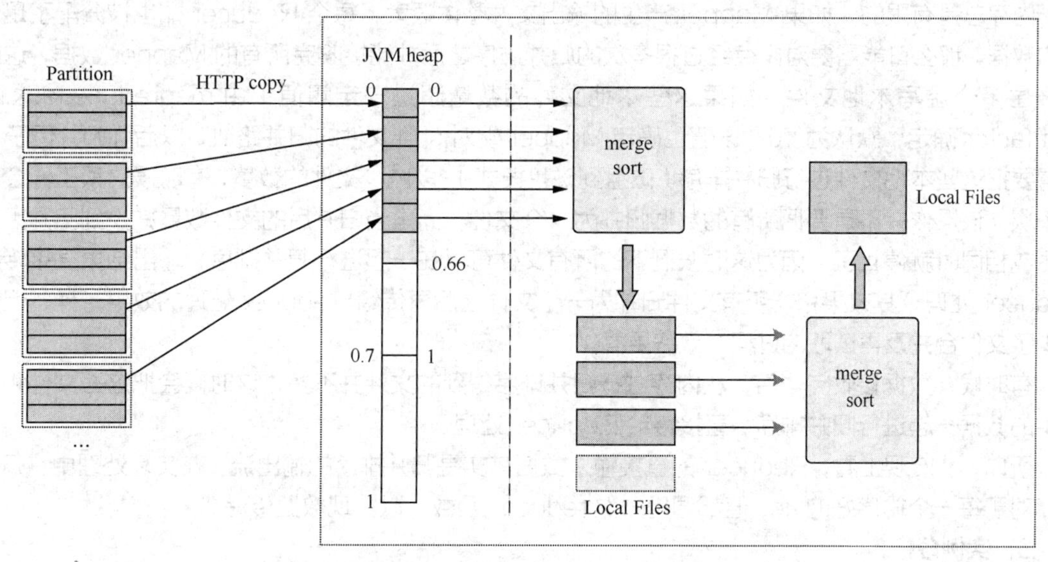

图 5-13 Reduce 端的 Shuffle 流程

（1）Reducer 端会启用多个线程通过 HTTP 从 Mapper 端复制（copy）数据。线程数可由参数 mapreduce.reduce.shuffle.parallelcopies 设定，默认为 5，该值很重要，因为如果 Mapper 产生的数据量很大，有时候会发现 Map 任务早就 100%了，而 Reduce 还一直在 1%、2%……。这时就要考虑适当增加复制的线程数，但不推荐过多增加线程数，因为容易造成网络拥堵，用户需要根据情况权衡。

（2）Reducer 通过线程复制过来的数据不会直接写入磁盘，而是存储在 JVM 的堆内存（JVM heap）中，当 JVM 堆内存的最大值确定以后，会通过一个阈值来决定 Reducer 占用的大小，该阈值由变量 mapreduce.reduce.shuffle.input.buffer.percent 设定，默认为 0.7，即 70%，通常情况下，该比例可以满足需要，不过考虑到大数据的情况，最好还是适当增加到 0.8 或 0.9。

内存中当然是无法无限写入数据的，所以当接收的数据达到一定指标时，会对内存中的数据进行排序并写入本地磁盘，其处理方式和 Mapper 端的 spill 过程类似，只不过 Mapper 端的 spill 进行的是简单二次排序，Reducer 端由于内存中是多个已排好序的数据源，所以采用的是归并排序。这里涉及两个阈值，一个是 mapred.job.shuffle.merge. percent，默认值是 0.66，当接收的 Mapper 端的数据在 Reduce 缓存中的占比达到这一阈值时，启用后台线程进行归并排序；另一个是 mapreduce.reduce.merge.inmem.threshold，默认值为 1000，当从 Mapper 端接收的文件数达到这一个值时，也进行归并排序。从实际经验来看，第一个值明显小了，完全可以设置为 0.8～0.9；而第二个值需根据 Mapper 输出的文件大小而定，如果 Mapper 输出的文件分区很大，缓存中基本存不了多少个，那 1000 显然是太大了，应当调小一些；如果 Mapper 输出的文件分区很小，对应轻量级的小文件，如 10KB～100KB 大小，就可以把该值设置得大一些。

因为 Mapper 端的输出数据可能是经过压缩的，所以 Reducer 端接收该数据写入内存时会自动解压，方便后面的归并排序操作；并且如果用户设置了合并，在进行归并排序操作时，也会进行合并操作。

内存总是有限的，如果 Mapper 产生的输出文件整体很大，每个 Reducer 端也被分配了足够大的数据，那么可能需要对内存经过很多次的归并排序之后才能接收完所有的 Mapper 数据，这时会产生多个溢写本地文件，如果这些本地文件的数量超过一定阈值（由 mapreduce.task.io.sort.factor 确定，默认为 10，该值也确定 Mapper 端对 spill 文件的归并路数，以后称归并因子），就需要把这些本地文件进行归并排序（磁盘到磁盘模式），以减少文件的数量，有时候这项工作会重复多次。该操作并不是要把所有的数据归并为一个文件，而是当归并后的文件数量减少到归并因子以下或相同时就停止了，因为这时候剩下的所有文件可以在一起进行归并排序，输出结果直接传给 Reducer 处理，其效果和把所有文件归并为一个文件之后再传给 Reducer 处理的效果一样，但是减少了文件合并及再读取的过程，效率更高。

有时候，数据接收完毕后，从内存进行归并排序得到的文件并不多，这时候会把这些文件和内存中的数据一起进行归并排序，直接传给 Reducer 处理。

所以，从宏观上看，Reducer 的直接输入数据其实是归并排序的输出流，在实际处理中，归并排序对于每一个排序好的 key 值都调用一次 reduce()函数，以实现数据传递。

3. 实例分析

在 5.2.4 中，由 Mapper 产生的数据会先整体写入内存（数据比较小），然后按 key 进行排序，之后把含有相同 key 的数据合并，最后每个 map 输出（map output）形成一个单独的分区，如图 5-14 所示。因为本实例的数据较小，所以数据可能不会 spill 到本地磁盘，而是直接在内存完成所有操作。

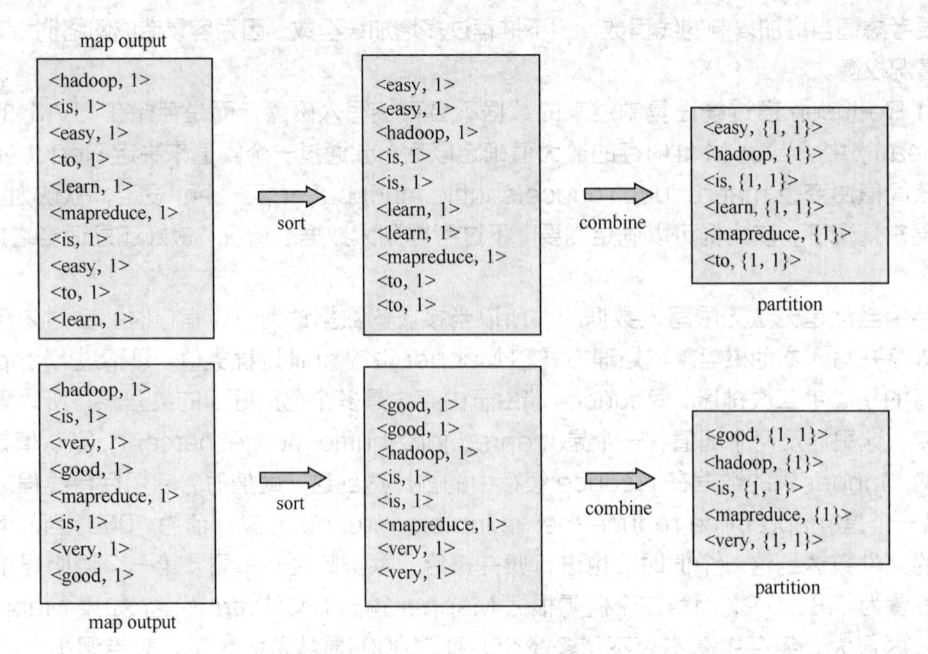

图 5-14 Map 端的 Shuffle

Mapper 端的操作完成，Reducer 端通过 HTTP 将 Mapper 端的输出分区复制到缓存（buffer in ram）中，待复制完成，进行归并排序（merge sort），将相同 key 的数据排序并集中到一起，如图 5-15 所示。注意这里的输出会以流（Stream）的形式传递给 Reducer。

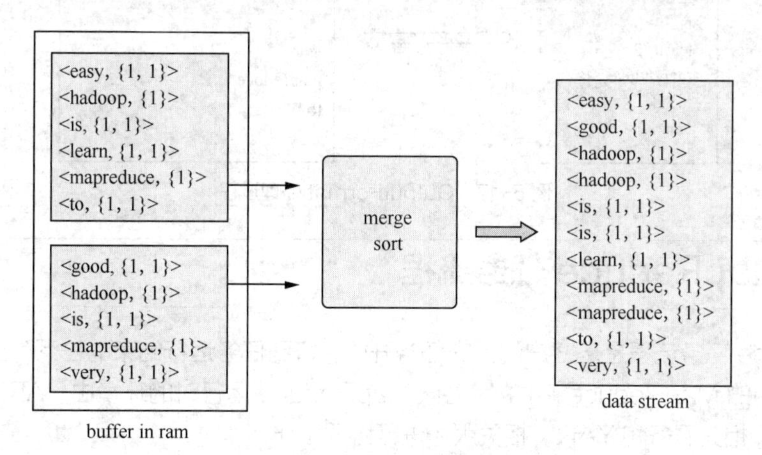

图 5-15 Reduce 端的 Shuffle

5.3.4 Reduce 过程

Reducer 接收<key, {value list}>形式的输入数据流（Input Stream），形成<key, value>形式的输出数据流（Output Stream），输出数据直接写入 HDFS，具体的处理过程可由用户定义。在 WordCount 中，Reducer 会将相同 key 的 value list 累加，得到这个单词出现的总次数，然后输出，其处理过程如图 5-16 所示。

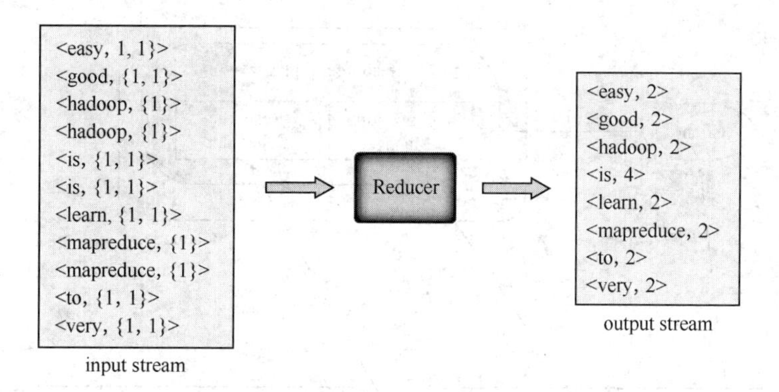

图 5-16 Reduce 过程

5.3.5 按指定格式写入文件（OutputFormat）

OutputFormat 描述数据的输出形式，并生成相应的类对象，调用相应的 write()方法将数据写入 HDFS 中，用户也可以修改这些方法实现想要的输出格式。在任务执行时，MapReduce 框架自动把 Reducer 生成的<key, value>传入 write()方法，write()方法实现文件的写入。在 WordCount 中，调用的是默认的文本写入方法，该方法把 Reducer 的输出数据按[key\tvalue]的形式写入文件（其中\t 表示相隔一个制表符的距离），如图 5-17 所示。

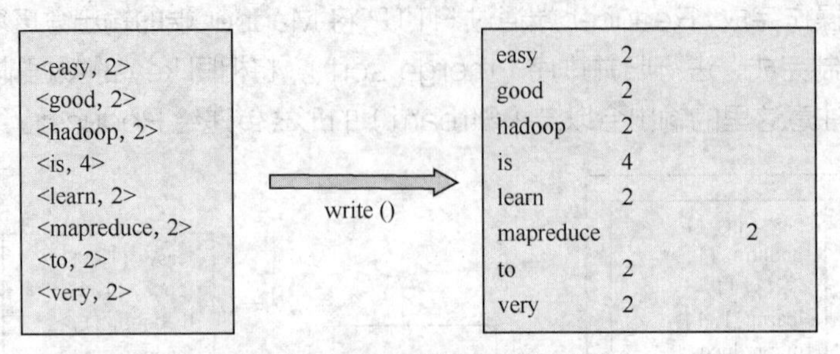

图 5-17　OutputFormat 处理过程

5.4 MapReduce 任务流程

MapReduce 任务流程是从客户端提交任务开始，直到任务运行结束的一系列流程，在 MRv2（Hadoop 2.0 中的 MapReduce）中，因为该 MapReduce 运行时的环境由 YARN 提供，所以需要 MapReduce 相关服务和 YARN 相关服务进行协同工作。

MRv2 相比与 MRv1，舍弃了 MRv1 中的 JobTracker 和 TaskTracker，而采用一种新的 MRAppMaster 进行单一任务管理，并与 YARN 中的资源管理器（ResourceManager）和 NodeManager 进行协同调度与控制任务，避免了由单一服务（MRv1 中的 JobTracker）管理和调度所有任务而产生的负载过重问题。

YARN 架构中的 MapReduce 任务运行流程主要分为两个部分：一是客户端向资源管理器提交任务，资源管理器通知相应的 NodeManager 启动 MRAppMaster；二是 MRAppMaster 启动成功后，由 MRAppMaster 调度整个任务的运行，直到任务完成，如图 5-18 所示。其详细步骤如下。

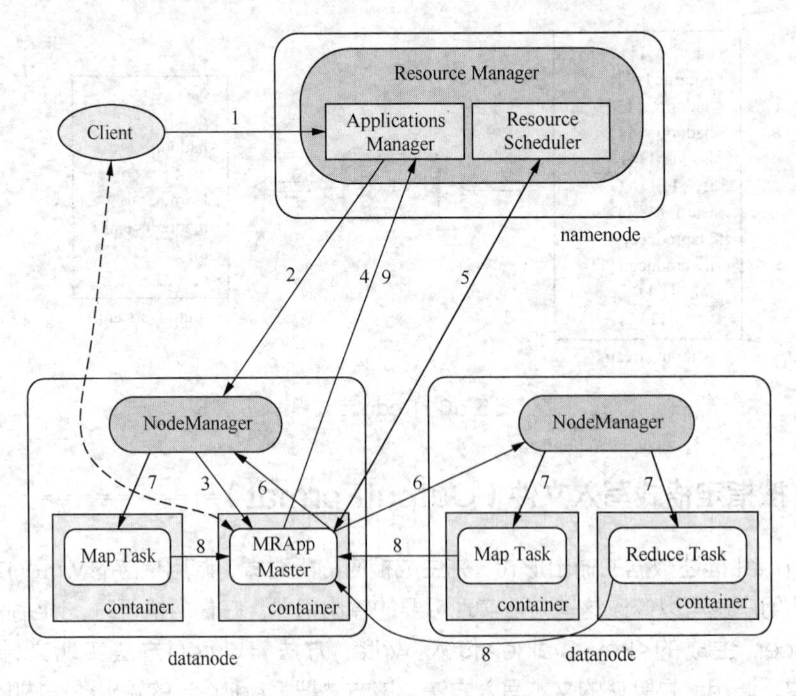

图 5-18　MapReduce 任务运行流程

（1）Client 向资源管理器提交任务。

（2）资源管理器分配该任务的第一个 container，并通知相应的 NodeManager 启动 MRAppMaster。

（3）NodeManager 接受命令后，开辟一个 container 资源空间，并在 container 中启动相应的 MRAppMaster。

（4）MRAppMaster 启动之后，第一步向资源管理器注册，这样用户可以直接通过 MRAppMaster 监控任务的运行状态；之后直接由 MRAppMaster 调度任务运行，重复步骤 5~步骤 8，直到任务结束。

（5）MRAppMaster 以轮询的方式向资源管理器申请运行任务所需的资源。

（6）一旦资源管理器配给了资源，MRAppMaster 便与相应的 NodeManager 通信，让它划分 container 并启动相应的任务（MapTask 或 ReduceTask）。

（7）NodeManager 准备好运行环境，启动任务。

（8）各任务运行，并定时通过远程调用协议向 MRAppMaster 汇报自己的运行状态和进度。MRAppMaster 也会实时监控任务的运行，当发现某个任务假死或失败时，便杀死它重新启动任务。

（9）任务完成，MRAppMaster 向资源管理器通信，注销并关闭自己。

5.5 MapReduce 的 Streaming 和 Pipe

Streaming 和 Pipe 是 Hadoop 提供的两种工具，这两种工具可以让不熟悉 Java 语言的用户使用其他语言开发 MapReduce 程序。

5.5.1 Hadoop Streaming

Hadoop Streaming 可以将任何可执行的脚本或二进制文件封装成 Mapper 或 Reducer，大大提高 MapReduce 程序的开发效率。因为 Streaming 启动的 MR 作业使用标准输入输出与用户的 MapReduce 进行数据传递，所以要求用户编写的程序必须以标准输入作为数据入口，标准输出作为数据出口。

使用 Streaming 时，用户需要提供两个可执行文件，一个用于 Mappper，另一个用于 Reducer，当一个可执行文件被用于 Mapper 或 Reducer 时，在初始化时，它们会作为一个单独的进程启动，而 Mappper 和 Reducer 则充当封装传递角色，把输入切分成行，传给相应的可执行文件处理，同时收集这个可执行文件的标准输出，并把每一行转化为<key，value>的形式作为相应的 Mappper 和 Reducer 输出，Reducer 的输出会直接写入 HDFS。

注意，因为使用 Streaming 运行的 MapReduce 程序必须在所有 Mapper 执行完之后才会启动 Reducer，所以在实际运行中会感觉使用 Streaming 运行的 MR 任务比使用 Java 编写且运行的 MR 任务慢一些。

下面使用一个 WordCount 实例演示如何使用 Hadoop 的 Streaming。使用 Linux 下的 Shell 脚本分别实现 Mapper 和 Reducer（只是最简单的实现，并没有考虑异常情况）。

在 Shell 脚本中编写 Mapper 任务程序~/streaming/Mapper.sh。

```
#! /bin/bash
while read LINE; do
for word in $LINE
```

```
do
echo "$word 1"
done
done
```

在 Shell 脚本中编写 Reducer 任务程序~/streaming/Reducer.sh。

```
#! /bin/bash
count=0
started=0
word=""
while read LINE;do
newword='echo $LINE | cut -d ' '  -f 1'
if [ "$word" != "$newword" ];then
[ $started -ne 0 ] && echo -e "$word\t$count"
word=$newword
count=1
started=1
else
count=$(( $count + 1 ))
fi
done
echo -e "$word\t$count"
```

因为 Streaming 的数据传输模式类似于 Linux 中的管道“|”命令，所以可以使用 Linux 的管道命令先对上述脚本进行测试，示例如下。

```
echo "[测试内容]" | sh mapper.sh | sort | sh reducer.sh
```

测试结果如图 5-19 所示。

```
[trucy@node1 streaming]$ echo "
> hadoop is very good
> mapreduce is very good
> hadoop is easy to learn
> mapreduce is easy to learn
> " | sh mapper.sh | sort | sh reducer.sh
easy    2
good    2
hadoop  2
is      4
learn   2
mapreduce       2
to      2
very    2
```

图 5-19　测试结果

下面可以通过相应的命令，使用 Streaming 工具提交 MapReduce 作业，Streaming 工具存储于$HADOOP_HOME/share/hadoop/tools/lib/ hadoop-streaming-2.7.7.jar 下，为了使命令更加简单，先把相应的 jar 包复制到测试文件夹~/streaming/下，再使用下面的命令提交任务。

```
$HADOOP_HOME/bin/hadoop jar ./hadoop-streaming-2.7.7.jar \
-files mapper.sh,reducer.sh \
-input [指定 HDFS 中的输入文件夹]\
-output[指定 HDFS 中的输出文件夹] \
-mapper mapper.sh \
-reducer reducer.sh
```

5.5.2　Hadoop Pipe

Pipe 是专为 C/C++用户设计的 MapReduce 编程工具，它的设计思想是把相关的 C/C++代码（包括 Map 和 Reduce）封装在一个单独的进程中，运行时通过套接字（Socket）与 Java 端进行数据传递。

下面是Pipe的C++WordCount实例。

```
#include "/home/trucy/hadoop/include/Pipes.hh"
#include "/home/trucy/hadoop/include/TemplateFactory.hh"
#include "/home/trucy/hadoop/include/StringUtils.hh"

const std::string WORDCOUNT = "WORDCOUNT";
const std::string INPUT_WORDS = "INPUT_WORDS";
const std::string OUTPUT_WORDS = "OUTPUT_WORDS";
//重写Mapper
class WordCountMap: public HadoopPipes::Mapper{
   public:
      HadoopPipes::TaskContext::Counter* inputWords;

   WordCountMap(HadoopPipes::TaskContext& context){
      inputWords = context.getCounter(WORDCOUNT, INPUT_WORDS);
   }

void map(HadoopPipes::MapContext& context){
      std::vector<std::string> words =
           HadoopUtils::splitString(context.getInputValue(), " ");
      for(unsigned int i=0; i < words.size(); ++i){
          context.emit(words[i], "1");
      }
      context.incrementCounter(inputWords, words.size());
   }
};
//重写Reducer
class WordCountReduce: public HadoopPipes::Reducer {
   public:
      HadoopPipes::TaskContext::Counter* outputWords;

      WordCountReduce(HadoopPipes::TaskContext& context) {
          outputWords = context.getCounter(WORDCOUNT, OUTPUT_WORDS);
      }

      void reduce(HadoopPipes::ReduceContext& context) {
          int sum = 0;
          while (context.nextValue()) {
             sum += HadoopUtils::toInt(context.getInputValue());
          }
          context.emit(context.getInputKey(), HadoopUtils::toString(sum));
          context.incrementCounter(outputWords, 1);
   }
};

int main(int argc, char *argv[]) {
      returnHadoopPipes::runTask(
                 HadoopPipes::TemplateFactory<WordCountMap, WordCountReduce>());
}
```

使用C++开发和使用Java开发的代码在结构上很相似，都是重写相应的Map/Reduce函数，Hadoop提供了相应的C++接口头文件（$HADOOP_HOME/include/Pipes.h），在使用时需要重写HadoopPipes名字空间下的Mapper()和Reducer()函数（代码中的黑体部分），使用context.getCounter()获取key、value，context.emit()输出key、value。程序入口为main()函数，因为由代码生成的可执行文件会成为一个单独的进程启动，所以必须有程序入口，main()函数调用HadoopPipes::runTask()方法运行Map和Reduce作业，Map和Reduce作业则由

TemplateFactory（实例工厂）创建。之后需要对上述代码进行编译，得到相应的可执行文件，因为 Hadoop 在创建 MapReduce 任务时，需要将上述文件分发到相应的运算节点，所以该执行文件还必须上传到 HDFS 中，之后可以使用下面的命令在 Hadoop 中提交 Pipe 任务。

```
$HADOOP_HOME/bin/hadoop pipes \
-D hadoop.pipes.java.recordreader=true \
-D hadoop.pipes.java.recordwriter=true \
-input [指定 HDFS 中的输入文件夹] \
-output [指定 HDFS 中的输入文件夹] \
-program [指定 HDFS 中的 WordCount 可执行文件]
```

5.6 MapReduce 性能调优

在执行 MapReduce 任务时，由于数据的差异性，使用默认的配置往往并不能完全发挥集群的运算性能，所以需要对参数进行相应的调整或者适当预处理，以优化任务的运行效率。但是不当的调整反而会影响任务的执行，所以用户必须对自己的集群和要处理的数据比较熟悉，这样进行的配置才会有价值。但在大部分情况下，进行某一项优化之后，往往会影响另一项执行流程，如何在尽量不影响其他执行流程的情况下优化某一配置，是用户需要慎重考虑的问题，所以这是一个权衡与妥协的过程，并没有所谓的最优解。

1．合并小文件和合理设置 Mapper 数量

MapReduce 并不适合处理大量小文件，因为数量少的大文件往往更具有优势，所以往往在提交 MapReduce 任务之前，先对源数据进行预处理，将小文件合并成大文件，这样将具有更高的处理效率。

如果对上述方式有疑虑，可以通过 MapTask 的执行时间进行考虑，如果发现一个 MapTask 从启动到完成只需要几秒钟，就应该增加单个 MapTask 要处理的数据量（InputSplit），反之，则减少数据量。通常而言，一个 MapTask 执行任务的时间为 1 分钟左右比较合适。

因为在任务对源数据进行分片时，FileInputFormat 一般会将一个 block 划分成一个单独的 InputSplit，所以合理设置 block 的大小也是一个重要的设置方式。

2．推测执行

执行 MapReduce 作业时，会有多个任务分配到不同的节点中运行，由于节点性能差异（硬件老化、配置差异）、资源分配不均和网络拥堵（远程调用数据）等因素的影响，在某些节点上的任务运行效率可能会非常低，会直接影响整个任务的执行进度。

推测执行即在运行某个 MapReduce 任务时，监控所有子任务的执行进度，当发现某一个子任务严重拖后腿时，就在其他节点再运行一个相同的备份任务，先执行完的会杀死另一个。

在 YARN 中，并不会立即启动备份任务，而是先做预判，经过某种规则计算备份任务花费的时间，如果发现备份任务并不能在原任务之前完成，则不启动备份任务。

可以将下面变量设置为 true（默认为 false）启用推测执行。

mapreduce.map.speculative 是否启用 Map 任务的推测执行。

mapreduce.reduce.speculative 是否启动 Reduce 任务的推测执行。

注意，如果某一任务进度延后是代码造成的问题，那么启用推测执行并不会解决问题，反而会加重集群负担。

3．优化每个节点同时运行的任务数

设置每个节点能同时运行的任务数，是让节点上的所有任务都能够并行执行，因为当节点同时运行的任务数超过节点 CPU 核心数时，多出来的任务并没有实时执行，而会和其他正在运行的任务抢占资源，并不能提高任务的执行效率，反而有一定的负面影响。推荐设置同时运行任务数为节点的 CPU 核心数。

mapreduce.tasktracker.map.tasks.maximum 表示同时运行的 Map 任务上限，默认为 2。mapreduce.tasktracker.reduce.tasks.maximum 表示同时运行的 Reduce 任务上限，默认为 2。

这里其实还涉及一个概念，Map 和 Reduce 的任务槽数，当上述两个变量设定之后，任务槽数也就确定了。例如，有 100 个数据节点，设置每台机器最多可以同时运行 10 个 Map 任务、6 个 Reduce 任务，那么这个集群的 Map 任务槽数是 1000，Reduce 任务槽数是 600。

4. 合理设置 Reducer 数量

MapReduce 任务的默认 Reduce 数量为 1，在数据量过大时，一个 Reduce 并不能很好地完成任务，因为所有的数据都要汇总到一个 Reducer 中处理，使 Reducer 负载过重，成为运行的性能瓶颈。这时，就需要增加 Reducer 的数量（由变量 mapreduce.job.reduces 设置），用户需要根据具体情况设置。如果一个任务复杂到需要使用整个集群的运算资源，则有以下两个推荐值：0.95*Reduce 任务槽数和 1.75*Reduce 任务槽数。

这里主要基于两种考虑：若设置 Reducer 数量为 0.95×Reduce 任务槽数，那么即使所有 Reducer 都已运行，也还有空闲的任务槽未使用，如果某一个 Reducer 失败，就可以很快找到一台空闲机器重启这个 Reducer，并且在使用 Reduce 任务的推测执行时，也可能会用到；若设置 Reducer 数量为 1.75×Reduce 任务槽数，那么在分配任务时，性能较高的节点能分配到更多的 Reducer，使集群的负载更加均衡。

5. 压缩 Map 输出

将 Map 任务的输出采用压缩的方式写入本地磁盘，不仅能减少磁盘的 I/O 操作，还能在 Reducer 接收 Mapper 的结果数据时，减少网络压力。这样虽然会消耗更多的 CPU 资源，但是在复杂的集群环境中，优先考虑减缓网络传输压力。

用户可以设置变量 mapreduce.map.output.compress 为 true 启用 Map 压缩，还可以配合 mapreduce.map.output.compress.codec 使用，根据需求选择合适的压缩方式，默认的压缩方式为 org.apache.hadoop.io.compress.DefaultCodec。

6. JVM 重用

所有的 MapReduce 作业都是运行在 Java 虚拟机（Java Virtual Machine，JVM）中的，每当有 MapTask 或 ReduceTask 需要运行时，NodeManager 会先启动相应的 JVM，任务运行完毕再关闭它。但是 JVM 的启用和关闭是需要时间的，如果有一个 MapReduce 的作业数目非常多且又是轻量级的任务（很短时间内便可完成），那么在执行任务时，会频繁地启动和关闭 JVM，这不仅占用了大量的时间，并且还会让系统产生极大的不必要开销，有时候花费在 JVM 启动/关闭上的时间会比执行所有任务花费的时间还多，因此采用 JVM 重用。

JVM 重用是指 JVM 在执行完 job 中的一个任务（task，job 可分为多个 task）后，JVM 不立即关闭，而是直接把还未执行的同一个 job 中的相似任务放到 JVM 中执行，达到 JVM 重用的目的。这种处理方式不仅可以减少启动/关闭 JVM 花费的时间和开销，而且能实现前后任务之间的静态数据共享，使处理速度加快。当然，JVM 重用也会带来一个问题，那就是同一个 JVM 执行多个任务之后，内存碎片会大大增加，这在某种程度上给任务运行带来一定影响。

变量 mapred.job.reuse.jvm.num.tasks 的值即为 JVM 重用的次数，默认为 1，即 JVM 运行一个任务后便关闭，当值设置为-1 时，表示无限复用 JVM。

7. JVM 内存

MapReduce 的任务均是运行在 JVM 中，而 Shuffle 过程尤其消耗内存，在默认配置中，JVM 的内存设置为 200MB，在机器性能大幅度提升的今天，在内存动辄 8GB、16GB 的情况下，这个值确实有点小了，所以应适当提升 JVM 的运行内存，用户可以通过变量 mapred.child.java.opts 来设置内存，推荐值为 0.9×（内存大小/CPU 核心数），因为前面已经说过，设置节点的同时运行任务数为 CPU 核心数，所以把 JVM 重用按核心数分配即可，因为考虑到节点中还会有其他服务运行，所以乘以一个系数 0.9。

5.7 MapReduce 实战

本节依然以前面的 WordCount 为例，编写相应的 MapReduce 程序（Java），并部署到 Hadoop 集群中运行，让读者对 MapReduce 程序的开发流程有直观的认识。

在 Linux 和 Windows 中均能开发 MapReduce 程序，开发流程相差也不大，因为大部分用户对 Windows 的界面和操作比较熟悉，所以本文的测试选择在 Windows 中进行。本节基于 Windows 8，在 Windows XP 和 Windows 7 中一样可以完成相应的操作。

5.7.1 快速入门

1. 相关文件准备

（1）Java JDK for Windows，这里选择的版本是 JDK 1.8，读者可以到 Oracle 官网下载相应的 JDK 版本。注意，Hadoop 2.7 及之后的版本需要的 JDK 最低为 JDK 1.7，Hadoop 2.6 及之前的版本要求 JDK 最低为 JDK 1.6。

（2）Hadoop 2.7.7 源文件，这里的源文件并不是源码文件，而是编译后的安装文件 hadoop-2.7.7.tar.gz，使用前面配置 Hadoop 集群时使用的安装源即可解压到 Windows 系统中，这是为了方便后面在 Windows 操作系统中进行 MapReduce 编码和导入 jar 包。

（3）Eclipse JEE 版本，如图 5-20 所示，Eclipse 为 Java 项目最常用的集成开发环境，这里选择最新的 Eclipse 版本即可，读者可以到 Eclipse 官网下载相应的软件。

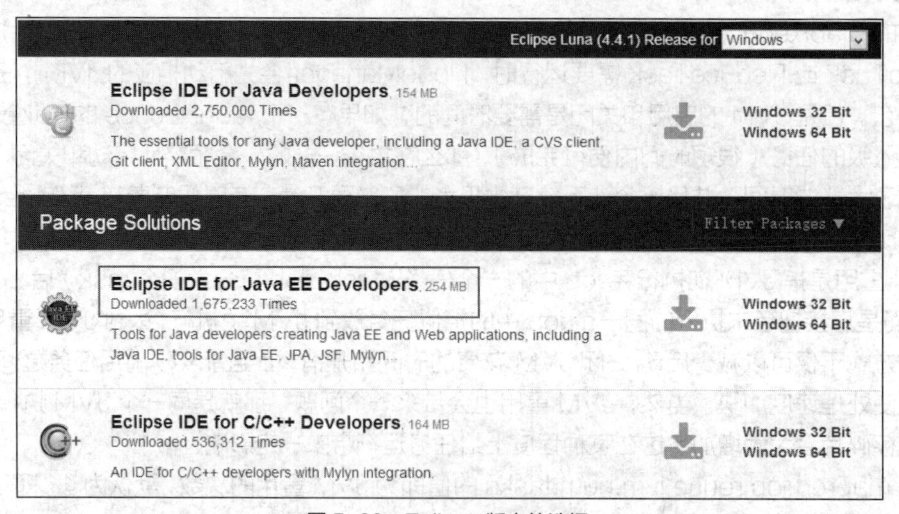

图 5-20 Eclipse 版本的选择

2. 环境准备

步骤1，安装 Java 并配置环境。

双击下载的安装包，即可安装，建议直接选择默认的设置，安装之后的 Java 文件位置为 C:\Program Files\Java\jdk1.8.0_211。

相应的 bin 目录为 C:\Program Files\Java\jdk1.8.0_211\bin。bin 目录中存储了常用的 Java 命令工具，需要添加到环境变量中才能使用。可依次按下面操作添加环境变量：

"计算机（右键）"→"属性"→"高级系统设置"→"高级（选项卡）"→"系统变量"→找到 Path 并双击，即可进入路径设置，在变量值的最前面添加上述 bin 目录并使用";"分隔，这里的";"为英文符号标点，如图5-21所示。

图5-21　添加 Java 的 bin 目录到 Path

一般按上述方法即可配置好 Java 环境，如需要完整配置，可按表5-1所示的方式设置环境变量（PATH 中的内容仍然是要添加的内容，不要覆盖 PATH 原变量值）。

表5-1　完整 Java 环境变量配置

JAVA_HOME	C:\Program Files\Java\ jdk1.8.0_211
PATH	%JAVA_HOME%\bin;%JAVA_HOME%\jre\bin;
CLASSPATH	.;%JAVA_HOME%\lib;%JAVA_HOME%\lib\tools.jar

步骤2，测试 Java。

执行上述操作后，Java 环境配置就完成了，但是为了以防万一，还需要测试。可以在 Windows 的命令行窗口输入 java　-version，如果能够打印正确的 Java 版本，则表示配置成功，如图5-22所示。

```
C:\Users\lenovo>java -version
java version "1.8.0_211"
Java(TM) SE Runtime Environment (build 1.8.0_211-b12)
Java HotSpot(TM) Client VM (build 25.211-b12, mixed mode)

C:\Users\lenovo>
```

图5-22　Java 环境测试

步骤3，解压 Hadoop 2.7.7 源文件。

Hadoop 源文件在整个开发过程中都会用到，因为很多依赖包都出自里面，用户可按自己的喜好选择位置，但路径层次最好不要太多，本文为解压到 E 盘根目录下。这一位置要记住，因为在后续使用 Eclipse 插件时还会用到的。

步骤4，安装 Eclipse。

Eclipse 的安装非常简单，只需要把 Eclipse 源文件解压即可使用，之后双击 Eclipse 文件夹下的 eclipse.exe，即可运行 Eclipse 集成开发环境，每次运行时，都会让用户设置 workspace（工作目录，用户建立的所有工程文件都会默认保存在这个目录中），之后进入 Eclipse 工作界面。

3. 使用 Eclipse 创建一个 Java 工程

下面演示使用 Eclipse 创建一个 WordCount 的 Java 工程。首先，打开 Eclipse 集成开发环境，进入软件界面后，如图5-23所示，执行"File（文件）"→"New（新建）"→"Project（项目）"命令，进入工程创建向导。随后弹出工程类型选择框，如图5-24所示，选择所创建工程的类型，这里选择 Java Project，然后单击"Next"按钮。

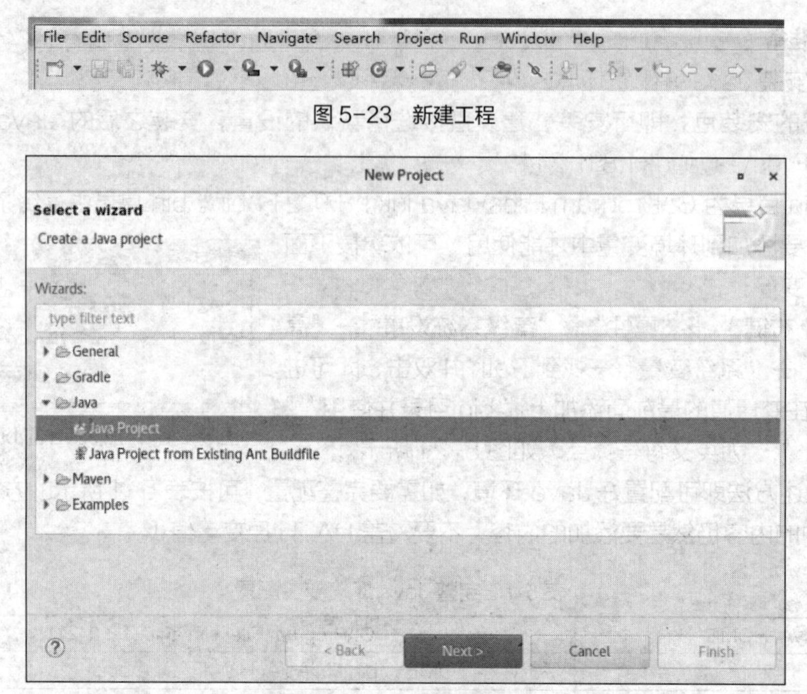

图 5-23 新建工程

图 5-24 工程类型选择框

打开工程创建对话框，如图 5-25 所示，配置工程的各项属性，主要有以下几项。

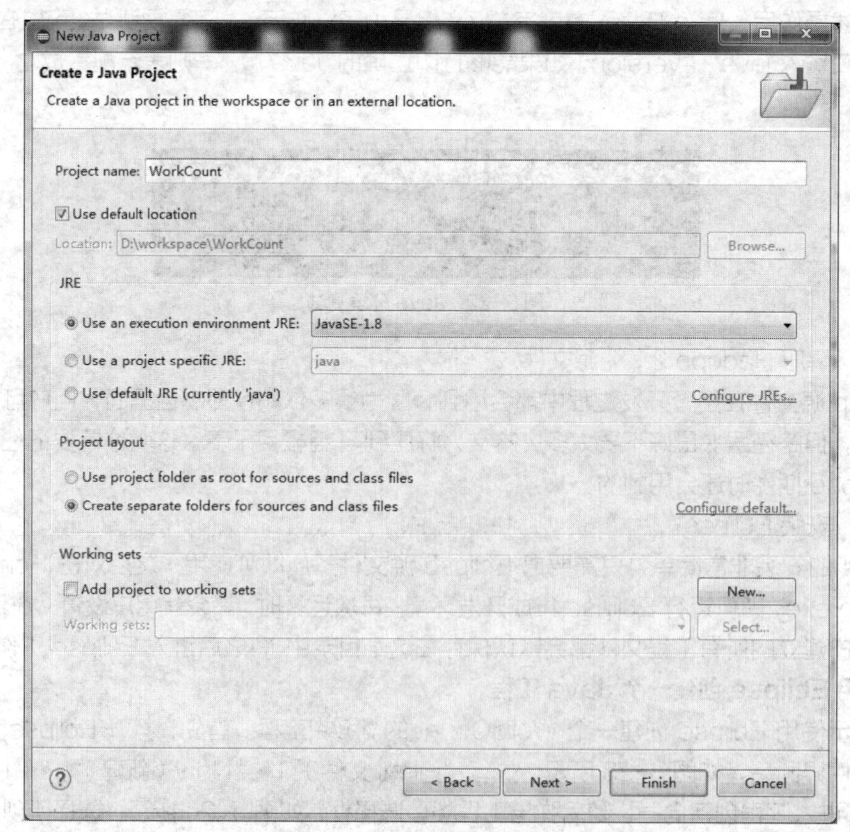

图 5-25 工程创建对话框

（1）Project name：所要创建的工程名称，这里输入 WordCount。

（2）Use default location：所建工程即将存储的位置，默认为选中状态，意为将工程文件存储在默认的工作空间下（启动 Eclipse 时可以设置），工程文件夹将以前面输入的工程名称命名；用户也可以存储在自己想要的位置。这里使用默认位置即可。

（3）JRE（Java Runtime Environment，Java 运行环境）：指定新建工程要使用的 JRE 版本，选定后，将使用最适合选定版本的编译器进行编译，这里有 3 个选项（选择默认的第一个）。

① Use an execution environment JRE：使用操作系统配置的 JRE，也是启动 Eclipse 用到的 JRE，这里的版本为 JavaSE-1.8，即前面配置的。

② Use a project specific JRE：在新建的工程中明确指定所使用的 JRE。

③ Use default JRE：使用 Eclipse 工具自带的 JRE，如果系统中没有安装 JDK，也可以选择这个应急。

（4）Project layout：项目规划选项，即如何组织项目文件，Eclipse 提供了两个选项（选择默认的第二个）。

① Use project folder as root for sources and class files：该选项意为将工程目录作为所有源码文件（.java）和可执行文件（.class）的存储目录，不单独进行归类整理。

② Create separate folders for sources and class files：为源码文件（.java）和可执行文件（.class）创建单独文件夹进行存储，若使用该选项，则创建工程时，自动在工程文件夹下创建一个 src 文件夹作为源码的存储目录；编译时，在工程目录下建立 bin 文件夹作为.class 文件的存储目录，并根据 package 的层次自动建立相应的文件夹。

用户在选择两选项中的任意一项后，单击“Finish”按钮，相应的 WordCount 工程便创建好了；最后在 Eclipse 的包浏览器中，可以看到 WordCount 工程，如图 5-26 所示。

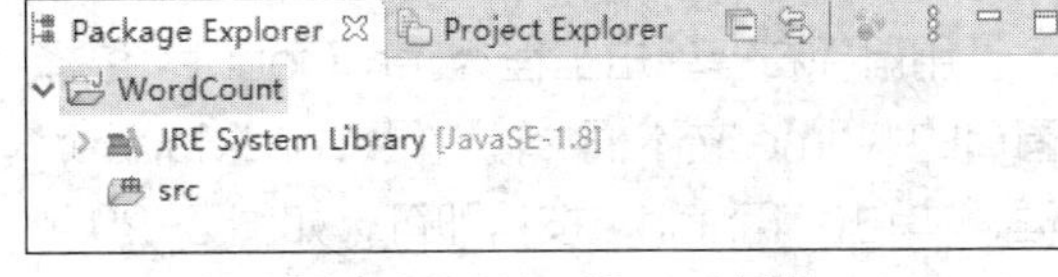

图 5-26　WordCount 工程

4. 导入 Hadoop 的相关 jar 包

因为在编写 MapReduce 代码时，需要用到 Hadoop 源文件中的部分 jar 包，就像在编写纯 Java 代码时需要使用 Java 自带的依赖包一样，所以这里需要把相应的 Hadoop 依赖包导入工程。

先用鼠标右键单击工程 WordCount，在弹出的快捷菜单中选择 “New（新建）”→“Folder（文件夹）”命令，名称输入 lib；然后把下面目录下的 jar 包复制到 lib 文件夹下（之前是把 Hadoop 源文件解压到 E 盘根目录下），如图 5-27 所示。

```
E:\hadoop-2.7.7\share\hadoop\common
E:\hadoop-2.7.7\share\hadoop\common\lib
E:\hadoop-2.7.7\share\hadoop\mapreduce
E:\hadoop-2.7.7\share\hadoop\hdfs\hadoop-hdfs-2.7.7.jar
E:\hadoop-2.7.7\share\hadoop\yarn\hadoop-yarn-*.jar
```

导入 jar 包后，还需要把这些 jar 包添加到工程的构建路径，否则工程不能识别。按下面操作，选择所有的 jar 包文件，然后单击鼠标右键，选择“Build Path”→“Add to Build Path”命令，如图 5-28 所示。

5. MapReduce 代码的实现

MapReduce 代码的实现并不难，这里要编写 3 个类，分别是 WordMapper 类、WordReducer 类和 WordMain 驱动类，前面两个类分别实现相应的 Map 和 Reduce 方法，后面一个是对任务的创建进行部分配置。

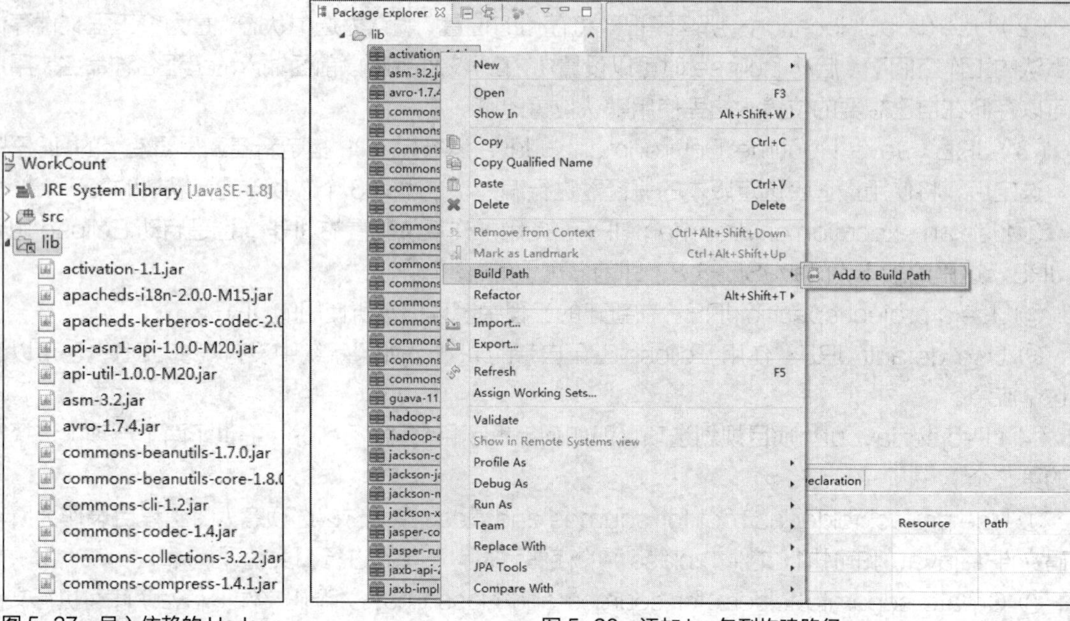

图 5-27　导入依赖的 Hadoop Jar 包

图 5-28　添加 jar 包到构建路径

（1）新建 WordMapper 类

用鼠标右键单击工程 WordCount，选择“New（新建）”→“Class（类）”命令，在弹出的窗口的 Name 文本框中输入“WordMapper”，勾选“public static void main(String[] args)复选框，”单击“Finish”按钮即可，如图 5-29 所示，结果如图 5-30 所示。

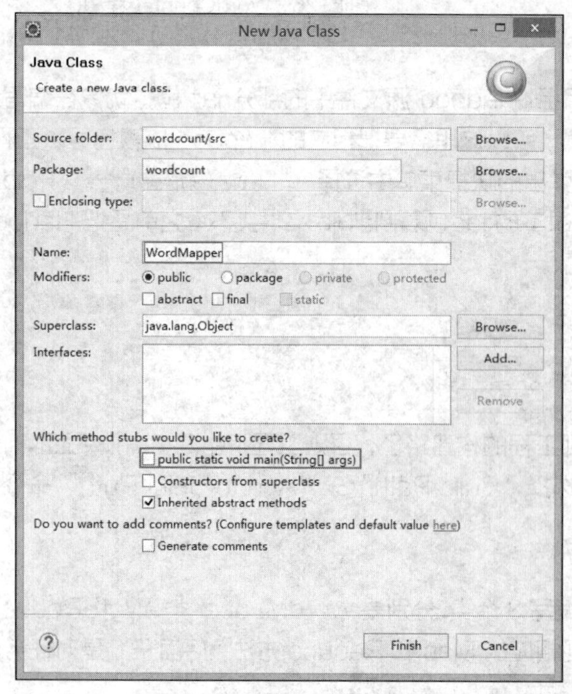

图 5-29　创建 Mapper 类

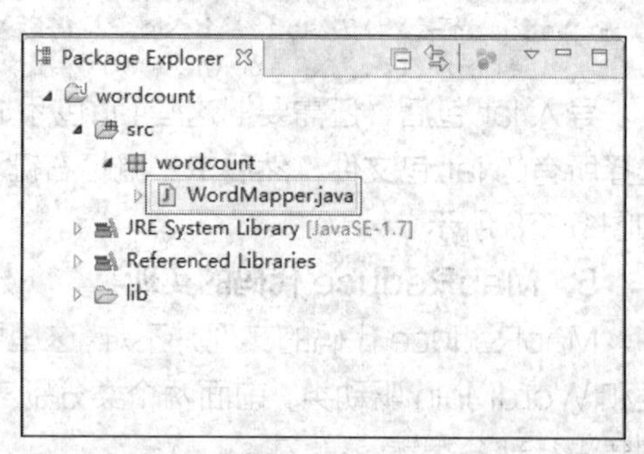

图 5-30　WordMapper 源码文件

双击 WordMapper.java 即可编辑代码，插入以下代码。

```
package wordcount;

import java.io.IOException;
import java.util.StringTokenizer;
import org.apache.hadoop.io.IntWritable;
import org.apache.hadoop.io.Text;
import org.apache.hadoop.mapreduce.Mapper;

//创建一个 WordMapper 类继承于 Mapper 抽象类
public class WordMapper extends Mapper<Object, Text, Text, IntWritable>
{
     private final static IntWritable one = new IntWritable(1);
     private Text word = new Text();
     // Mapper 抽象类的核心方法，3 个参数
     public void map( Object key,       // 首字符偏移量
                      Text value,        // 文件的一行内容
                      Context context)   // Mapper 端的上下文，与 OutputCollector
                                         //和 Reporter 的功能类似
                      throws IOException, InterruptedException
     {
          StringTokenizer itr = new StringTokenizer(value.toString() );
          while ( itr.hasMoreTokens() )
            {
                      word.set(itr.nextToken());
                      context.write(word, one);
          }
     }
}
```

在上述代码中，首先创建了一个 WordMapper 类，继承于 Mapper<Object, Text, Text, IntWritable>抽象类，并在其中实现如下方法。

```
public void map( Object key, Text value, Context context )
throws IOException, InterruptedException{}
```

该方法中有 3 个参数，Object key、Text value、Context context，代码中已做了相应注释，前面两个很好理解，这里着重说明第三个参数。在旧的 API（Hadoop 0.19 以前）中，map()函数的形式如下。

```
void map(K1 key, V1 key, OutputCollector<K2,V2> output, Reporter reporter) throws
IOException{}
```

可以看出，旧的 API 中有 4 个参数，前面两个参数和新 API 其实是一样的，关键是后两个，OutputCollector 用于输出结果，Reporter 用于修改 Counter 值，因为在新的 API 中，仍然要完成相应的功能，所以新 API 其实是把 OutputCollector 和 Reporter 集成到了 Context 中，当然 Context 还提供了一些其他的功能。

Map()函数中实现了对传入值的解析，将 value 解析成<key, value>的形式，然后使用 context.write(word, one)输出。

（2）新建 WordReducer 类

操作方式和新建 WordMapper 类时一样，可以插入以下代码。

```
package wordcount;

import java.io.IOException;
import org.apache.hadoop.io.IntWritable;
import org.apache.hadoop.io.Text;
```

```
import org.apache.hadoop.mapreduce.Reducer;

//创建一个 WordReducer 类继承于 Reducer 抽象类
public class WordReducer extends Reducer<Text, IntWritable, Text, IntWritable>
{
        private IntWritable result = new IntWritable(); //记录词频
        // Reducer 抽象类的核心方法，3 个参数
        public void reduce( Text key,           // Map 端输出的 key 值
                        Iterable<IntWritable>values, // Map 端输出的 Value 集合
                        Context context)
                        throws IOException, InterruptedException
        {
                intsum = 0;
                for (IntWritable val : values) //遍历 values 集合，并把值相加
                {
                      sum += val.get();
                }
                result.set(sum);                  //得到最终词频数
                context.write(key, result);    //写入结果
        }
}
```

在上述代码中，首先创建 WordReducer 类，继承于 Reducer<Text, IntWritable, Text, IntWritable>抽象，并在其中实现 Reduce 方法：

```
public void reduce( Text key, Iterable<IntWritable> values, Context context) throws
IOException, InterruptedException{}
```

Reduce 方法中，将获取的 values 遍历累加，得到相应 key 出现的次数，最后将结果写入 HDFS。

（3）新建 WordMain 驱动类

WordMain 驱动类主要是在 Job 中设定相应的 Mapper 类和 Reducer 类（用户编写的类），这样任务在运行时才知道使用相应类进行处理；WordMain 驱动类还可以对 MapReduce 程序进行相应配置，让任务在 Hadoop 集群运行时按定义的配置运行。创建 WordMain 驱动类时，在创建 WordCount 类的操作基础上勾选 public static void main(string args)选项，其余操作一致。其代码如下。

```
package wordcount;

import org.apache.hadoop.conf.Configuration;
import org.apache.hadoop.fs.Path;
import org.apache.hadoop.io.IntWritable;
import org.apache.hadoop.io.Text;
import org.apache.hadoop.mapreduce.Job;
import org.apache.hadoop.mapreduce.lib.input.FileInputFormat;
import org.apache.hadoop.mapreduce.lib.output.FileOutputFormat;
import org.apache.hadoop.util.GenericOptionsParser;

public class WordMain
{
public static void main(String[] args) throws Exception
{
    // Configuration 类：读取 Hadoop 的配置文件，如 core-site.xml...;
  // 也可用 set 方法重新设置（会覆盖）：conf.set("fs.default.name", //"hdfs://xxxx:9000")
Configuration conf = new Configuration();

    //将命令行中的参数自动设置到变量 conf 中
```

```
    String[] otherArgs = new GenericOptionsParser(conf,
    args).getRemainingArgs();

    if(otherArgs.length != 2)
    {
       System.err.println("Usage: wordcount <in><out>");
       System.exit(2);
    }

    Job job = new Job(conf, "word count");// 新建一个 job，传入配置信息
    job.setJarByClass(WordMain.class); // 设置主类
    job.setMapperClass(WordMapper.class); // 设置 Mapper 类
    job.setCombinerClass(WordReducer.class); // 设置作业合成类
    job.setReducerClass(WordReducer.class); // 设置 Reducer 类
    job.setOutputKeyClass(Text.class);// 设置输出数据的关键类
    job.setOutputValueClass(IntWritable.class); // 设置输出值类
    FileInputFormat.addInputPath(job, new Path(otherArgs[0]));// 文件输入
    FileOutputFormat.setOutputPath(job, new Path(otherArgs[1]));// 文件输出
    System.exit(job.waitForCompletion(true) ? 0 : 1 ); // 等待完成退出
  }
}
```

该类中的 main()函数就是 MapReduce 程序的入口，在 main()函数中，首先创建一个 Configuration 类对象 conf 用于保存所有的配置信息，该对象在创建时会读取需要的配置文件，如 core-site.xml、hdfs-site.xml 等，根据配置文件中的变量信息进行初始化，当然，配置文件中的配置有时候并不是人们想要的，这时候可以调用 Configuration 类中的 set 方法覆盖，如想要修改 Reducer 的数量，可以使用如下方式。

```
conf.set("mapreduce.job.reduces", "2");
```

也不是所有的变量都可以修改，有时候集群管理员并不希望用户在应用程序中修改某变量的值，这时候会在相应变量后面添加 final 属性，如下面粗体所示。

```
<property>
    <name>mapreduce.task.io.sort.factor</name>
    <value>10</value>
    <final>true</final>
</property>
```

这时候，Configuration 类中的 set 方法将不再起作用。

main()函数使用 otherArgs 获取命令行参数，并判断参数，检查命令中是否正确指定了输入/输出位置。

main()函数创建一个 Job 类对象 job，并传入配置信息 conf 和作业名称，之后对 job 对象进行相关设置，如 Mapper 类、Reducer 类以及 Combiner 类等。job 对象就是最终的作业对象，它包含一个作业需要的所有信息。

至此，一个 MapReduce 程序便开发完成了。

6. 打包工程为 jar 包

WordCount 代码完成后，并不能直接在 Hadoop 中运行，还需要将其打包成 JVM 能执行的二进制文件，即打包成.jar 文件，才能被 Hadoop 所用。

用鼠标右键单击工程 WordCount，选择“Export（导出）”命令，在弹出的对话框中单击“JAR file”选项，如图 5-31 所示，单击“Next”按钮，进入 JAR 依赖包过滤对话框，这里只选择“src“即可，取消选中 lib 文件夹，因为 lib 中的依赖包本来就是复制的 Hadoop 的源文件，集群中已经包

含了。之后选择一个保存位置，这里将本文保存到桌面上，单击“Finish”按钮，如图 5-32 所示。

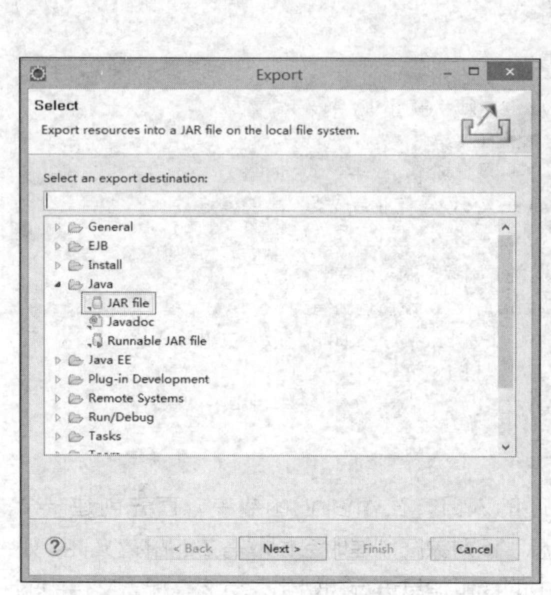

图 5-31　选择 JAR file

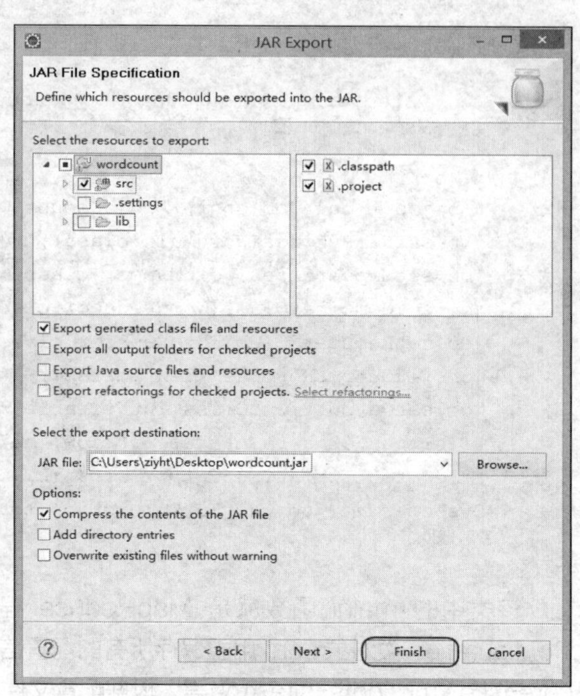

图 5-32　JAR 依赖包过滤

7. 部署并运行

部署其实就是把前面生成的 wordcount.jar 包放入集群中运行。Hadoop 一般有多个节点，包括一个 NameNode 节点和多个 DataNode 节点，这里只需要把 jar 包放入 NameNode 中，并使用相应的 Hadoop 命令即可，Hadoop 集群会自己把任务传送给需要运行任务的节点。wordcount.jar 运行时需要有输入文件，依然使用前面使用的两个简单测试文本，读者自己可以选择使用其他复杂的测试文本。

（1）创建测试文本并上传相关文件到 NameNode 中

为了方便，在 Windows 桌面上创建测试文本 file1.txt、file2.txt。内容分别如下。

```
File: file1.txt                 File: file2.txt
hadoop is very good             hadoop is very good
mapreduce is very good          mapreduce is very good
```

然后使用 WinSCP 工具把上述 txt 文件和 wordcount.jar 文件一起上传到 NameNode 节点的 Hadoop 用户目录下的 hadoop 安装目录下，Hadoop 用户是指安装运行 Hadoop 集群的用户，由于前面 Hadoop 集群安装指南使用的用户为 root，所以本节的用户名为 root。

上传完毕，使用 ll 命令查看是否上传成功，如图 5-33 所示。

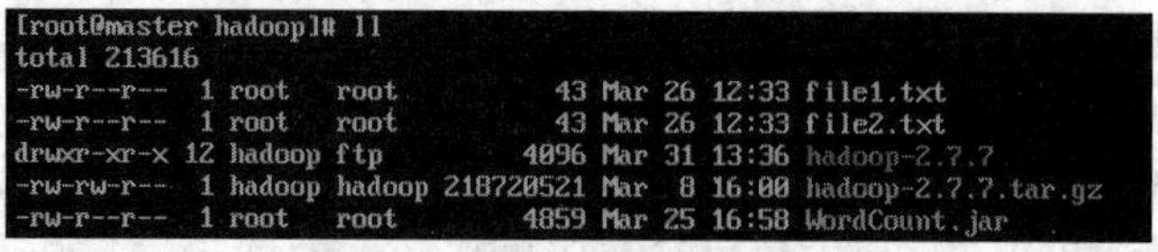

```
[root@master hadoop]# ll
total 213616
-rw-r--r--  1 root   root        43 Mar 26 12:33 file1.txt
-rw-r--r--  1 root   root        43 Mar 26 12:33 file2.txt
drwxr-xr-x 12 hadoop ftp       4096 Mar 31 13:36 hadoop-2.7.7
-rw-rw-r--  1 hadoop hadoop 218720521 Mar  8 16:00 hadoop-2.7.7.tar.gz
-rw-r--r--  1 root   root      4859 Mar 25 16:58 WordCount.jar
```

图 5-33　查看文件及目录

（2）上传测试文件到 HDFS 中

在执行本步骤前，需要先打开 Hadoop 集群。

为了使集群中的文件有较好的规划，在 HDFS 中建立单独的文件夹保存测试文件。

在 HDFS 中建立文件夹的命令如下。

```
hadoop fs -mkdir [文件夹名称]
```

从本地上传文件到 HDFS 的命令如下。

```
hadoop fs -put [本地文件] [HDFS 目标位置]
```

上述操作中，先在 HDFS 根目录下建立 user 文件夹；然后在 user 文件夹下建立 hadoop 文件夹；再在 hadoop 文件夹下建立 input 文件夹；之后上传两个 txt 文件（file1 和 file2）到 HDFS 中，命令中的 file*为正则表达式，表示一切以 file 开头的文件；最后的命令是列出 HDFS 中/user/hadoop/input/文件夹下的文件。

注意，Hadoop 脚本命令位于$HADOOP_INSALL/bin/目录下，如要直接使用，就必须把$HADOOP_INSTALL/bin 目录添加到环境变量 PATH 路径中，也可以临时使用命令 export PATH=$PATH:[Hadoop 安装位置]/bin，具体的操作如图 5-34 所示。

```
[root@master hadoop]# hadoop fs -mkdir /user
[root@master hadoop]# hadoop fs -mkdir /user/hadoop
[root@master hadoop]# hadoop fs -mkdir /user/hadoop/input
[root@master hadoop]# hadoop fs -put file* /user/hadoop/input/
[root@master hadoop]# hadoop fs -ls /user/hadoop/input
Found 2 items
-rw-r--r--   1 root supergroup         43 2019-04-04 15:37 /user/hadoop/input/file1.txt
-rw-r--r--   1 root supergroup         43 2019-04-04 15:37 /user/hadoop/input/file2.txt
```

图 5-34　上传文件到 HDFS 中并测试

（3）在 Hadoop 集群中运行 WordCount

测试文件已经准备完毕，现在要把任务提交到 Hadoop 集群中。在 Hadoop 中运行 jar 任务需要使用命令。

```
hadoop  jar [jar 文件位置] [jar 主类] [HDFS 输入位置] [HDFS 输出位置]
```

① Hadoop：Hadoop 脚本命令，和前面一样，如要直接使用，就必须添加相应 bin 路径到环境变量 PATH 中，也可直接使用$HADOOP_INSALL/bin/hadoop 代替。

② jar：表示要运行的是一个基于 Java 的任务。

③ jar 文件位置：提供所要运行任务的 jar 文件位置，如果在当前操作目录下，则可直接使用文件名。

④ jar 主类：提供入口函数所在的类，格式为[包名.]类名。

⑤ HDFS 输入位置：指定输入文件在 HDFS 中的位置。

⑥ HDFS 输出位置：指定输出文件在 HDFS 中的存储位置，该位置必须不存在，否则任务不会运行，该机制是为了防止文件被覆盖，出现意外丢失。

本例的操作命令如图 5-35 所示。

```
[root@master hadoop]# hadoop jar WordCount.jar  WordCount.WordMain /user/hadoop/input/file*
/user/hadoop/output/
```

图 5-35　提交任务到 Hadoop 集群

提交任务后，Hadoop 集群便开始执行任务，在任务的运行过程中，会出现一系列任务提示或进度信息，如下所示（由于篇幅所限，这里只粘贴了一部分）。

```
......
19/04/07 17:20:59 INFO mapreduce.Job: Running job: job_1554362964993_0002
```

```
19/04/07 17:21:14 INFO mapreduce.Job: Job job_1554362964993_0002 running in uber mode : false
19/04/07 17:21:14 INFO mapreduce.Job:  map 0% reduce 0%
19/04/07 17:21:24 INFO mapreduce.Job:  map 50% reduce 0%
19/04/07 17:21:26 INFO mapreduce.Job:  map 100% reduce 0%
19/04/07 17:21:34 INFO mapreduce.Job:  map 100% reduce 100%
19/04/07 17:21:34 INFO mapreduce.Job: Job job_1554362964993_0002 completed successfully
19/04/07 17:21:34 INFO mapreduce.Job: Counters: 49
    File System Counters
        FILE: Number of bytes read=126
        FILE: Number of bytes written=368192
        FILE: Number of read operations=0
        FILE: Number of large read operations=0
        FILE: Number of write operations=0
        HDFS: Number of bytes read=308
        HDFS: Number of bytes written=40
        HDFS: Number of read operations=9
        HDFS: Number of large read operations=0
        HDFS: Number of write operations=2
    Job Counters
        Launched map tasks=2
        Launched reduce tasks=1
        Data-local map tasks=2
        Total time spent by all maps in occupied slots (ms)=18173
        Total time spent by all reduces in occupied slots (ms)=7378
        Total time spent by all map tasks (ms)=18173
        Total time spent by all reduce tasks (ms)=7378
        Total vcore-milliseconds taken by all map tasks=18173
        Total vcore-milliseconds taken by all reduce tasks=7378
        Total megabyte-milliseconds taken by all map tasks=18609152
        Total megabyte-milliseconds taken by all reduce tasks=7555072
    Map-Reduce Framework
        Map input records=4
        Map output records=16
        Map output bytes=150
        Map output materialized bytes=132
        Input split bytes=222
        Combine input records=16
        Combine output records=10
        Reduce input groups=5
        Reduce shuffle bytes=132
        Reduce input records=10
        Reduce output records=5
        Spilled Records=20
        Shuffled Maps =2
        Failed Shuffles=0
        Merged Map outputs=2
        GC time elapsed (ms)=422
        CPU time spent (ms)=2900
        Physical memory (bytes) snapshot=475488256
        Virtual memory (bytes) snapshot=6234497024
        Total committed heap usage (bytes)=264380416
    Shuffle Errors
        BAD_ID=0
        CONNECTION=0
        IO_ERROR=0
        WRONG_LENGTH=0
        WRONG_MAP=0
        WRONG_REDUCE=0
    File Input Format Counters
        Bytes Read=86
    File Output Format Counters
        Bytes Written=40
```

如果出现上面的结果，就说明任务运行成功。

（4）查看运行结果

任务结果保存在设定的输出目录中，如图 5-36 所示。任务结果一般由两类文件组成。

```
[root@master hadoop]# hadoop fs -ls /user/hadoop/output
Found 2 items
-rw-r--r--   1 root supergroup          0 2019-04-04 15:41 /user/hadoop/output/_SUCCESS
-rw-r--r--   1 root supergroup         40 2019-04-04 15:41 /user/hadoop/output/part-r-00000
[root@master hadoop]# hadoop fs -text /user/hadoop/output/part-r-00000
good    4
hadoop  2
is      4
mapreduce       2
very    4
```

图 5-36　提交任务到 Hadoop 集群

① _SUCCESS：该文件中无任何内容，生成它主要是为了使 Hadoop 集群检测并停止任务。

② part-r-00000：是由 Reducer 生成的结果文件，一般来说一个 Reducer 生成一个结果文件，因为本例只有一个 Reducer 运行，所以结果文件只有一个。可以使用 hadoop　fs 中的-text 命令直接打印结果文件内容。

至此，一个 MapReduce 程序的开发过程就结束了。

微课 5-2　在 Eclipse 中查看 MapReduce 结果

5.7.2　简单使用 Eclipse 插件

在 5.7.1 小节中，开发完成的 jar 包需要上传到集群并使用相应命令才能执行，这对于不熟悉 Linux 的用户仍具有一定的困难，而使用 Hadoop　Eclipse 插件能很好地解决这一问题。Hadoop Eclipse 插件不仅能让用户直接在本地（Windows 下）将任务提交到 Hadoop 集群上，还能调试代码、查看出错信息和结果、使用图形化的方式管理 HDFS 文件。

Eclipse 插件需要单独从网上获取，获取后，可以自己重编译，也可以直接使用编译好的 release 版本，经过测试，发现从网上获取的插件可以直接使用，下面介绍如何获取和简单使用 Eclipse 插件。

1. 获取 Eclipse 插件

从 Hadoop Eclipse 官网可以找到 Hadoop Eclipse 插件。进入页面后，单击“Download ZIP”按钮即可下载 Eclipse 插件包集合 hadoop2x-eclipse- plugin-master.zip，如图 5-37 所示。

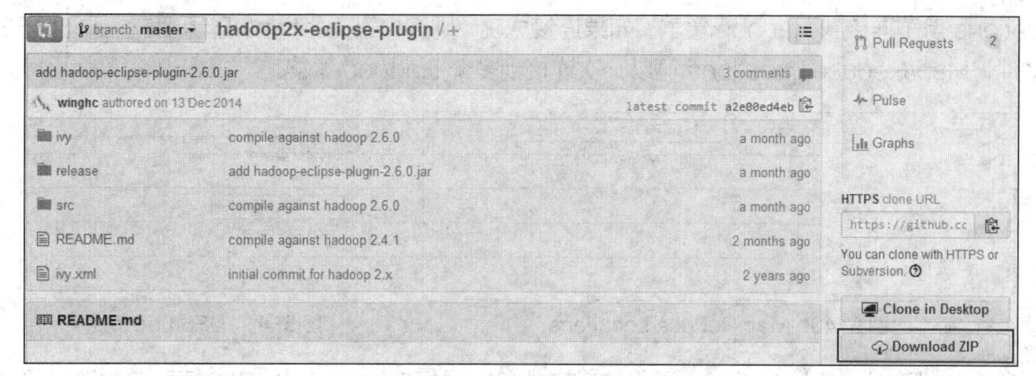

图 5-37　获取 Hadoop Eclipse 插件

Eclipse 插件包下载完毕，可在如下位置找到基于 3 种版本的 Hadoop Eclipse 插件。

```
hadoop2x-eclipse-plugin-master.zip\hadoop2x-eclipse-plugin-master\release
```

因为本书用的是 Hadoop 2.7.7，所以使用的插件包版本为 hadoop-eclipse-plugin- 2.6.0.jar。

2. 使用 Hadoop Eclipse 插件

在 Eclipse 中使用插件非常简单，只需要关闭 Eclipse，把上述插件包解压复制到 Eclipse\plugins 目录下，再重新打开 Eclipse 即可。对于其他的 Eclipse 版本，可能需要复制到 Eclipse\dropins 才能使用。

（1）查找 Eclipse 插件

启动 Eclipse 后，执行“Window”→“Show View”→“Other”命令，如图 5-38 所示。在弹出的对话框中找到“Map/Reduce Locations”，选中后单击“OK”按钮，如图 5-39 所示。

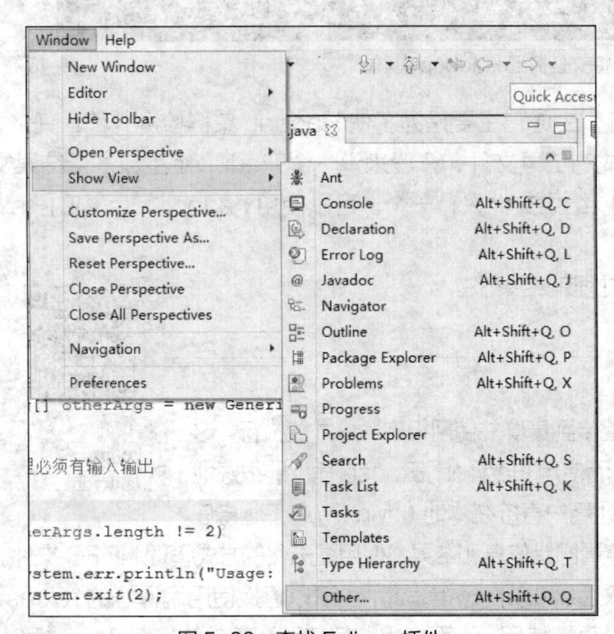

图 5-38 查找 Eclipse 插件

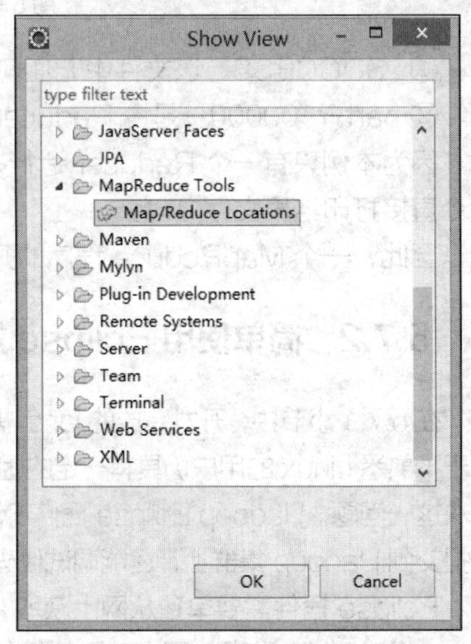

图 5-39 选择 Map/Reduce Locations

单击“OK”按钮后，在 Eclipse 下面的视窗中会多出一栏“Map/Reduce Locations”，如图 5-40 所示；执行“Window”→“Show View”→“Project Explore”命令，在 Eclipse 左侧视窗中显示项目浏览器，项目浏览器最上面出现 DFS Locations，如图 5-41 所示。Map/Reduce Locations 用于连接到 Hadoop 集群，如果连接成功，则 DFS Locations 显示相应集群 HDFS 中的文件。Map/Reduce Locations 可以一次连接到多个 Hadoop 集群。

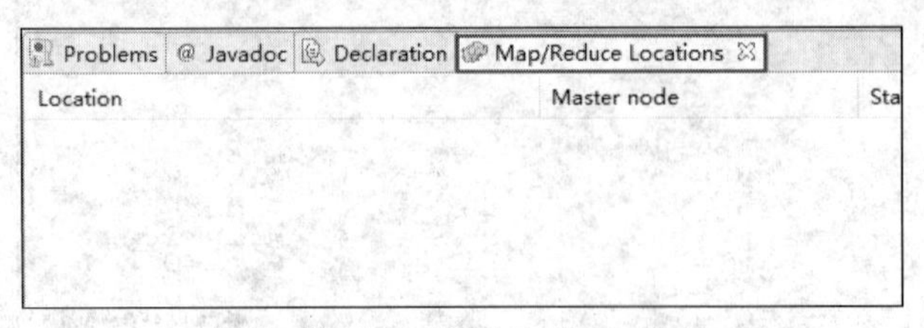

图 5-40 Map/Reduce Locations

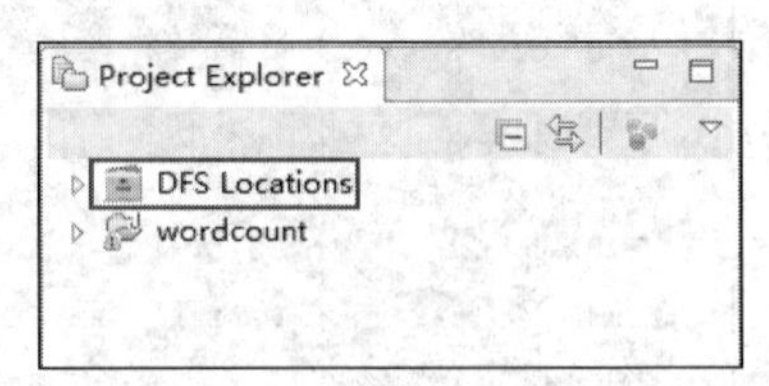

图 5-41 DFS Locations

在 Map/Reduce Locations 下侧的空白处单击鼠标右键，在弹出的快捷菜单中选择“New Hadoop location”命令新建一个 Hadoop 连接，如图 5-42 所示。之后会弹出 Hadoop location 配置窗口，如图 5-43 所示，各项解释如下。

① Location name：为当前建立的 Hadoop location 命名。

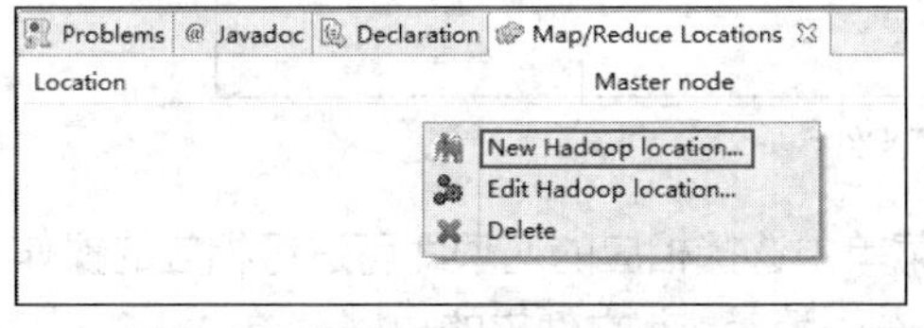

图 5-42 新建一个 Hadoop location

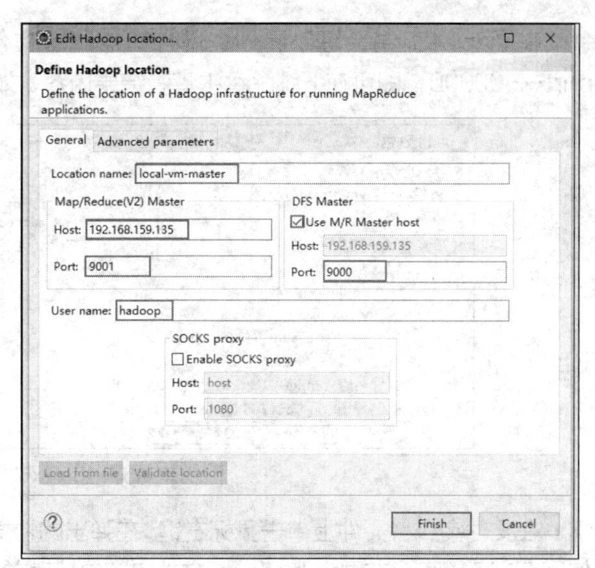

图 5-43 Hadoop location 配置窗口

② Map/Reduce Host：设置集群中 NameNode 的 IP 地址，这里为 192.168.159.135。

③ Map/Reduce Port：设置 MapReducer 任务运行的通信端口号，对应 mapred.site.xml 中定义的 mapreduce.jobtracker.address 参数中的端口值，一般为 9001。

④ DFS Master Use M/R Master host：选中表示采用和 Map/Reduce Host 一样的主机。

⑤ DFS Master Host：设置集群中 NameNode 的 IP 地址。

⑥ DFS Master Port：HDFS 的端口号，对应 core-site.xml 中定义的 fs.defaultFS 参数中的端口值，一般为 9000。

⑦ User name：设置集群的用户名，这里可以任意填写。

配置完成后，单击“Finish”按钮即完成了 Hadoop location 的配置。在 Advanced parameters 选项卡中还可以配置更多细节，但是在实际使用中比较烦琐，相应的设置在代码中也可以进行，这里只需要配置 General 选项卡的内容即可。这时，右侧 Project Explore 中的 DFS Locations 会多出一个子栏，如图 5-44 所示，名字为上面设置的 Hadoop location 名称。

（2）使用 Eclipse 插件管理 HDFS

如果前面的配置参数没有问题，Hadoop 集群也已启动，那么 Eclipse 插件会自动连接 Hadoop 集群的 HDFS，并获取 HDFS 的文件信息。单击栏目前的 ⌄ 即可向下展开，查看目录树，如图 5-45 所示。

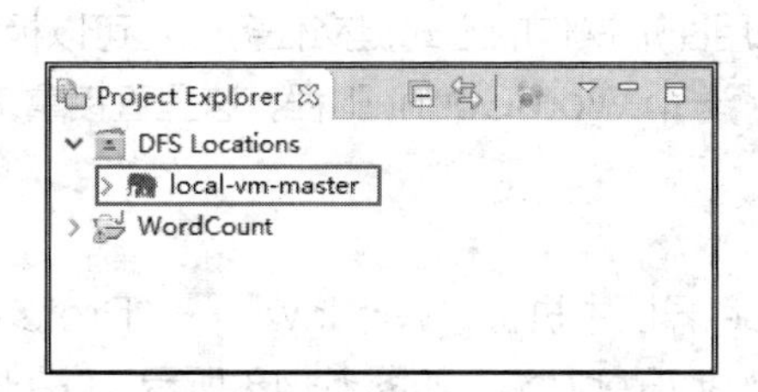

图 5-44 DFS Locations

图 5-45 查看 HDFS 文件目录树

在图 5-45 中，可以看到之前创建的测试文件以及 WordCount 的运行结果，直接双击 part-r-00000，即可在 Eclipse 中查看结果内容，如图 5-46 所示。

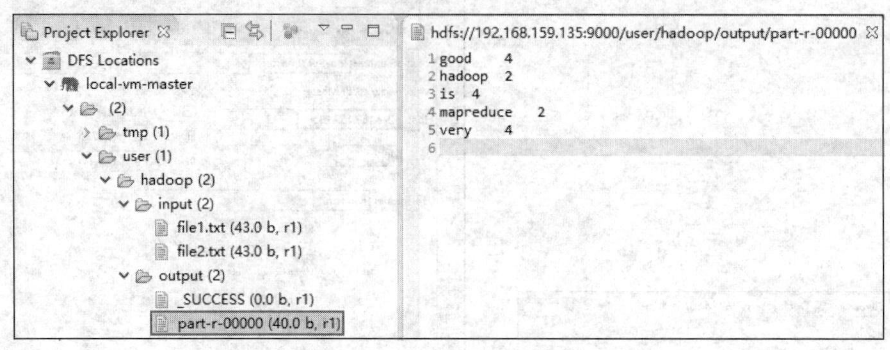

图 5-46　双击打开文件

在文件夹或者文件上单击鼠标右键，在弹出的快捷菜单中选择相应的选项即可进行相应的操作，如图 5-47 所示。左图为 hadoop 文件夹的快捷菜单，右图为 input 文件夹的快捷菜单。

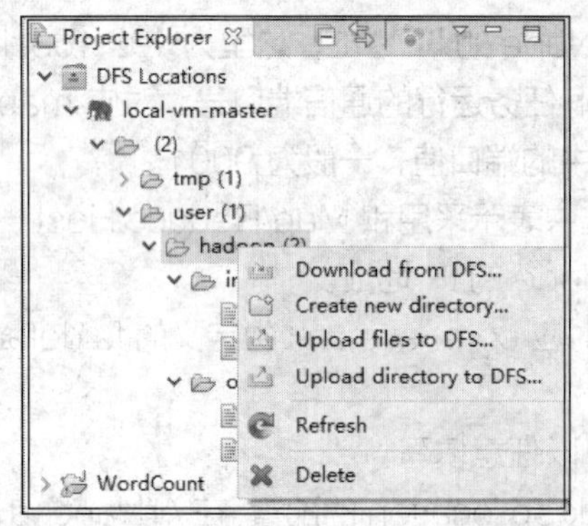

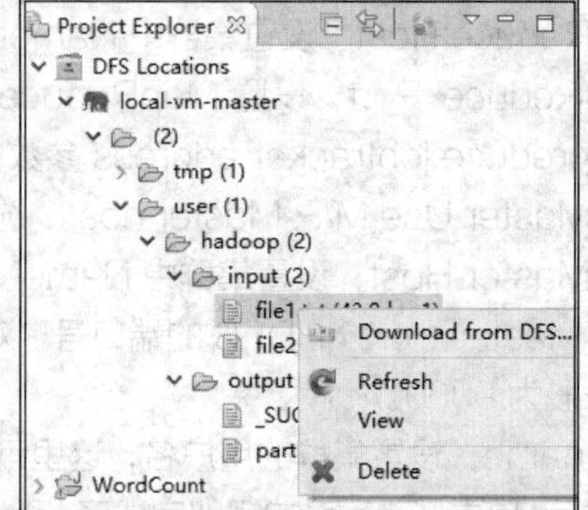

图 5-47　操作菜单

需要注意的是，上面操作中的 Refresh 只对选中的项目有效，如果是文件，那么只刷新该文件的相关信息；如果是文件夹，则只刷新该文件夹下的内容。

值得一提的是，为了安全，HDFS 的权限检测机制默认是打开的，关闭之后，才能使用 Eclipse 插件将文件上传到 DFS 或从 DFS 中删除文件（夹）。如要关闭 HDFS 的权限检测，则在 hdfs-site.xml 中添加如下变量，重启 Hadoop 集群即可。

```
<property>
   <name>dfs.permissions</name>
   <value>false</value>
</property>
```

3. 在 Eclipse 中将任务提交到 Hadoop

使用 Eclipse 插件可以直接在 Eclipse 环境下采用图形操作的方式提交任务，这可以极大简化开发人员提交任务的操作步骤。5.7.1 小节已经建立了一个 WordCount 工程，这里直接拿来演示，不过在提交任务前，还需要进行适当的配置。

（1）配置本地 Hadoop 目录和输入输出目录

在 Eclipse 中设置本地 Hadoop 目录，在 Eclipse 界面中执行“Window”→“Preference”命令，弹出设置界面，在设置界面中找到 Hadoop Map/Reduce，如图 5-48 所示，在 Hadoop installation directory 文本框中输入 Hadoop 源文件所在的位置。

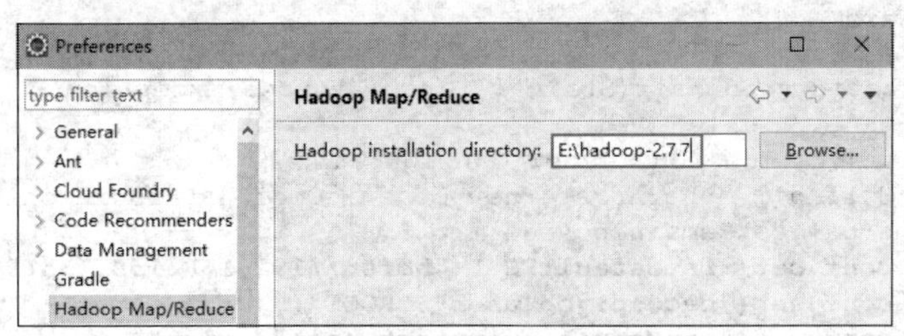

图 5-48　设置 Hadoop 本地目录

在向 Hadoop 集群提交任务时，还需要指定输入/输出目录，在 Eclipse 中，可按如下操作进行设置：双击打开工程的某代码文件，在代码编辑区单击鼠标右键选择，Run As→Run Configurations，如图 5-49 所示。

在弹出的对话框中找到“Java Application”，单击鼠标右键，选择“New Configuration”命令，单击 WordMain 进入设置界面，单击“Arguments”选项卡，在 Program arguments 文本框中指定输入/输出目录，如图 5-50 所示，第 1 行为输入目录，第 2 行为输出目录，格式为 hdfs://[namenode_ip]:[端口号][路径]。

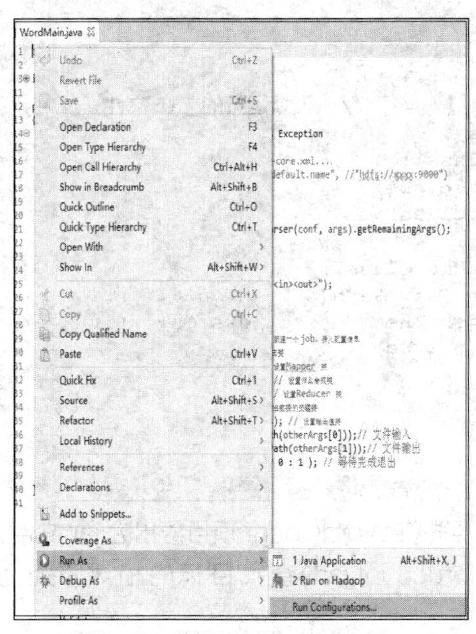

图 5-49　选择 Run Configurations

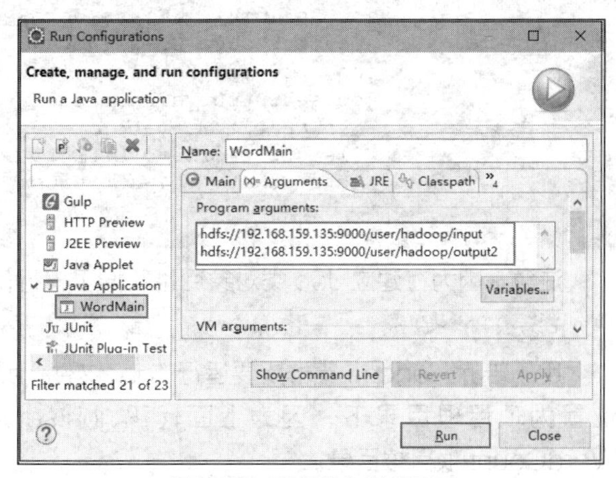

图 5-50　设置输入/输出目录

因为输出目录不能存在，所以这里把输出目录改为/user/hadoop/output2。

（2）修改 WordCount 驱动类

修改 WordCount 驱动类主要是为了添加配置信息，这是因为前面配置的 Hadoop Location 并没有完全起作用，Eclipse 获取不到集群环境下的配置信息，导致提交任务时加载的配置信息为默认值。

当然，不修改 WordCount 驱动类也能提交任务，只不过任务不会提交到集群中，而是尝试在本地（Windows）建立文件，运行任务，任务运行完之后，再把结果文件上传到 HDFS 中，本地运行时的残留文件可在以下位置查看。

```
eclipse_wokspace\wordcount\build\test\mapred\local\localRunner\username
```

修改的 WordCount 驱动类代码如下，添加的部分用粗体标识。

```
public class WordMain
{
      public static void main(String[] args) throws Exception
      {
           Configuration conf = new Configuration();
               String[] otherArgs = new GenericOptionsParser(conf,
               args).getRemainingArgs();
               conf.set("fs.defaultFS", "hdfs://192.168.159.135:9000");
               conf.set("hadoop.job.user","ROOT");
               conf.set("mapreduce.framework.name","yarn");
               conf.set("mapreduce.jobtracker.address","192.168.159.135:9001");
               conf.set("yarn.resourcemanager.hostname", "192.168.159.135");
               conf.set("yarn.resourcemanager.admin.address", "192.168.159.135:8033");
               conf.set("yarn.resourcemanager.address", "192.168.159.135:8032");
               conf.set("yarn.resourcemanager.resource-tracker.address",
               "192.168.159.135:8036");
               conf.set("yarn.resourcemanager.scheduler.address",
               "192.168.159.135:8030");

               if(otherArgs.length != 2)
               {
               System.err.println("Usage: wordcount <in><out>");
               System.exit(2);
               }

               Job job = new Job(conf, "word count");
               job.setJar("WordCount.jar");              // 设置运行的 jar 文件
               job.setJarByClass(WordMain.class);
               job.setMapperClass(WordMapper.class);
               job.setCombinerClass(WordReducer.class);
               job.setReducerClass(WordReducer.class);
               job.setOutputKeyClass(Text.class);
               job.setOutputValueClass(IntWritable.class);
               FileInputFormat.addInputPath(job, new Path(otherArgs[0]) );
               FileOutputFormat.setOutputPath(job, new Path(otherArgs[1]) );
               System.exit(job.waitForCompletion(true) ? 0 : 1 );
      }
}
```

注意，因为在建立 Job 类对象后也新增了一行代码：

```
job.setJar("WordCount.jar");
```

用于告诉 Hadoop 集群所要运行的 jar 文件，所以需要先将 WordCount 项目导出为 jar 文件，位置为项目根目录下，因为上面代码 job.setJar("wordcount.jar")查找目标的相对路径为 WordCount 项目根目录。

（3）提交任务

提交任务非常简单，直接在代码编辑区单击鼠标右键，选择“Run As”→“Run on Hadoop”命令即可。任务运行时，会在控制台打印运行状况信息，如图 5-51 所示。运行完毕，在 DFS Locations 中刷新 Hadoop 文件夹，会发现多出一个 output2 文件夹，展开后双击“part-r-00000”命令，即可直接查看，如图 5-52 所示。

4．建立 Map/Reduce 项目

在应用 Hadoop Eclipse 插件之后，可以直接在 Eclipse 中建立 Map/Reduce 项目，因为该项目会自动引用相应的 jar 包，路径为设置的本地 Hadoop 目录，如图 5-53 所示，所以在项目中不用再进行建立 lib 文件夹、复制 jar 包等操作。

```
Problems  @ Javadoc  Declaration  Console ☒  Map/Reduce Locations  Call Hierarchy
<terminated> WordMain [Java Application] D:\java\bin\javaw.exe (2019年4月14日 上午4:12:08)
                Total committed heap usage (bytes)=263467008
        Shuffle Errors
                BAD_ID=0
                CONNECTION=0
                IO_ERROR=0
                WRONG_LENGTH=0
                WRONG_MAP=0
                WRONG_REDUCE=0
        File Input Format Counters
                Bytes Read=86
        File Output Format Counters
                Bytes Written=40
```

图 5-51　输出日志

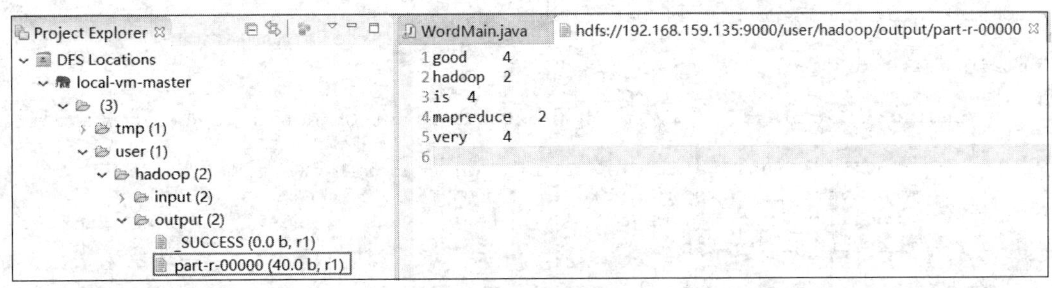

图 5-52　查看结果文件

图 5-53　本地 Hadoop 目录

和前面建立 Java 项目类似，在 Eclipse 中执行“File（文件）”→“New（新建）”→“Project（项目）”命令，弹出项目类型选择对话框，选择“Map/Reduce Project”，单击“Next”按钮，如图 5-54 所示。

在弹出的对话框中填写项目名称，单击“Finish”按钮即可，如图 5-55 所示。之后在项目中建立一个 WordCount2 类，插入如下代码。

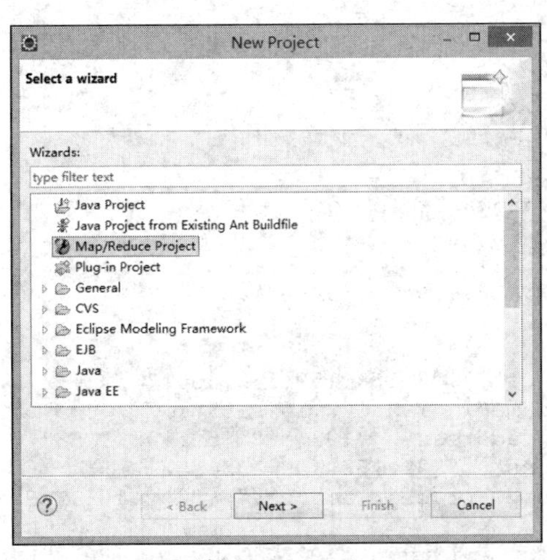

图 5-54　选择 Map/Reduce Project

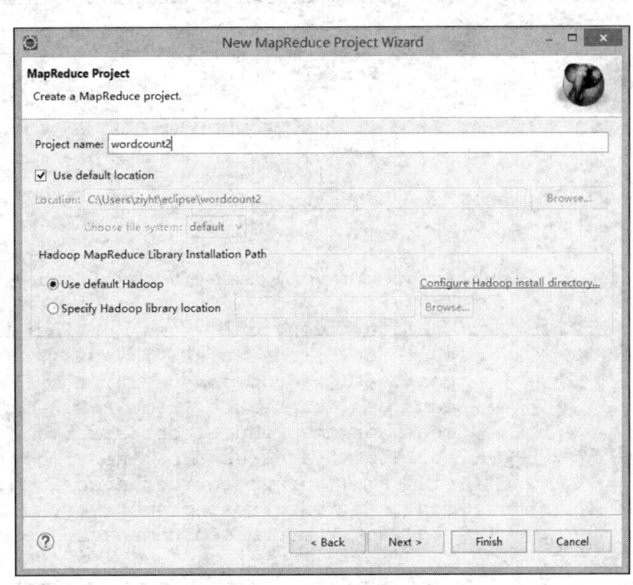

图 5-55　填写项目名称

```
package wordcount2;

import java.io.IOException;
import java.util.StringTokenizer;

import org.apache.hadoop.conf.Configuration;
import org.apache.hadoop.fs.Path;
import org.apache.hadoop.io.IntWritable;
import org.apache.hadoop.io.Text;
import org.apache.hadoop.mapreduce.Job;
import org.apache.hadoop.mapreduce.Mapper;
import org.apache.hadoop.mapreduce.Reducer;
import org.apache.hadoop.mapreduce.lib.input.FileInputFormat;
import org.apache.hadoop.mapreduce.lib.output.FileOutputFormat;
import org.apache.hadoop.util.GenericOptionsParser;

public class WordCount2
{
      public static class TokenizerMapper extends Mapper<Object, Text, Text, IntWritable>
      {
            privatefinalstatic IntWritable one = new IntWritable(1);
            private Text word = new Text();
            public void map(Object key, Text value, Context context) throws IO
Exception, InterruptedException
            {
                  StringTokenizer itr = new StringTokenizer(value.toString());
                  while (itr.hasMoreTokens())
                  {
                        word.set(itr.nextToken());
                        context.write(word, one);
                  }
            }
      }

      public static class IntSumReducer extends Reducer<Text, IntWritable, Text,
IntWritable>
      {
            private IntWritable result = new IntWritable();
            public void reduce(Text key, Iterable<IntWritable>values, Context
            context) throws IOException, InterruptedException
            {
                int sum = 0;
                for (IntWritable val : values)
                {
                      sum += val.get();
                }
                result.set(sum);
                context.write(key, result);
            }
      }
      public static void main(String[] args) throws Exception
      {
          Configuration conf = new Configuration();
          conf.set("fs.defaultFS", "hdfs://192.168.159.135:9000");
          conf.set("hadoop.job.user","root");
          conf.set("mapreduce.framework.name","yarn");
          conf.set("mapreduce.jobtracker.address","192.168.159.135:9001");
          conf.set("yarn.resourcemanager.hostname", "192.168.159.135");
          conf.set("yarn.resourcemanager.admin.address", "192.168.159.135:8033");
          conf.set("yarn.resourcemanager.address", "192.168.159.135:8032");
          conf.set("yarn.resourcemanager.resource-tracker.address", "192.168.159.
135:8036");
          conf.set("yarn.resourcemanager.scheduler.address", "192.168.159.135:8030");
```

```
        String[] otherArgs = new GenericOptionsParser(conf, args). getRemainingArgs();
        if (otherArgs.length != 2)
        {
            System.err.println("Usage: wordcount <in><out>");
            System.exit(2);
        }

        Job job = newJob(conf, "word count2");
        job.setJar("WordCount2.jar");
        job.setJarByClass(WordCount2.class);
        job.setMapperClass(TokenizerMapper.class);
        job.setCombinerClass(IntSumReducer.class);
        job.setReducerClass(IntSumReducer.class);
        job.setOutputKeyClass(Text.class);
        job.setOutputValueClass(IntWritable.class);
        FileInputFormat.addInputPath(job, new Path(otherArgs[0]));
        FileOutputFormat.setOutputPath(job, new Path(otherArgs[1]));
        booleanflag = job.waitForCompletion(true);
        System.out.print("SUCCEED!" + flag);  // 任务完成提示
        System.exit(flag ? 0 : 1);
        System.out.println();
    }
}
```

之后在 Eclipse 设置输入/输出目录，将项目导出到 jar 包，存储到工程根目录下，即可提交任务 Run on Hadoop。

注意，因为使用 Map/Reduce 插件建立的项目在运行时，控制台并没有日志输出，所以在上面的代码最后添加了一行输出 System.out.print("SUCCEED!" + flag)；当控制台最后输出“SUCCEED!true”时，表明任务运行成功，这时刷新 DFS Locations，会看到输出结果已经出来了。

可以看出，使用插件直接建立 Map/Reduce 项目使 Map/Reduce 程序的开发更加方便和容易，不需要另外导入依赖包等相关操作，提交任务也更加快捷。

习题

1. 简述 MapReduce 基本思想，想想在生活中有没有相似的例子。
2. MapReduce 有哪些编程模型?
3. MapReduce 如何保证结果文件中 key 的唯一性?
4. MapReduce 的分区（Partition）操作是怎样实现的?
5. 用自己熟悉的语言编写 Mapper 和 Reducer 的可执行脚本或文件，然后使用 Hadoop 的 Streaming 将任务提交到集群运行。

第6章 Hadoop I/O操作

在学习了 MapReduce 编程之后，接下来就可以学习 Hadoop 的 I/O 知识了。在第 5 章学习 MapReduce 编程中遇到的不同写入变量 IntWritable（整型变量）、LongWritable（长整型变量）、Text 和 NullWritable 等概念知识，本章将详细说明。Hadoop 自带用于 I/O 的原子操作。原子操作是指不会被线程调度机制打断的操作。这种操作一旦开始，就一直运行到结束，中间不会有任何上下文切换（Context Switch）。它的特点都是基于如何保障海量数据集的完整性和压缩性展开的。Hadoop 还提供了用于开发分布式系统的 API，如一些序列化操作和基于磁盘的底层数据结构。

Hadoop 对大数据的压缩和解压机制，可以减少存储空间和加速数据在网络上的传输。在 Hadoop 中，通过序列化将消息编码为二进制流发送到远程节点，此后在接收端接收的二进制流被反序列化为消息。Hadoop 没有采用 Java 的序列化（因为 Java 序列化比较复杂，且不能深度控制），而是引入了自己的序列化系统，实现了 Writable 接口。本章介绍 HDFS 数据完整性、压缩和解压、序列化、基本文件类型 SequenceFile 和 MapFile 的读写操作。

6.1 HDFS 数据完整性

Hadoop 用户希望系统在存储和处理数据时，数据不会有任何损失或损坏。Hadoop 提供了两种校验数据的方式：第一种称为校验和（Checksum），如常用的循环冗余校验 CRC-32（Cyclic Redundancy Check）；第二种是运行一个后台进程来检测数据块。

微课 6-1 数据节点验证

6.1.1 校验和

文件第一次被引入系统时计算校验和，这样就能发现数据是否损坏，如果计算所得的新校验和与原来的校验和不匹配，就认为数据已损坏。但该技术并不能修复数据。它是针对每个由 io.bytes.per.checksum（默认值为 512B）指定字节的数据来计算校验和，而 CRC-32 校验和是 4 字节，也就是说，存储校验和的额外开销对 Hadoop 来说是相当低的。当然，校验和在传输过程中也可能损坏，但由于只占 4 字节，所以出错概率相对于原数据来说非常低。

1. 写入 DataNode 验证

HDFS 对写入的所有数据计算校验和，并在读取数据时验证校验和。NameNode 负责在验证收到的数据后，存储数据及其校验和。它在收到客户端的数据或复制其他 DataNode 的数据时执行这个操作。正在写数据的客户端将数据及其校验和发送到一系列 DataNode 组成的管线，管线的最后一个 DataNode 负责验证校验和。

2. 读取 DataNode 验证

客户端从 DataNode 中读取数据时，也会验证校验和，将它们与 DataNode 中存储的校验和比较。因为每个 DataNode 都持久化一个用于验证的校验和日志，所以它知道每个数据块的最后一次验证时间。客户端成功验证一个数据块后，会告诉这个 DataNode，DataNode 由此更新日志。

3. 恢复数据

由于 HDFS 存储着每个数据块的备份，因此它可以复制完好的数据备份来修复损坏的数据块，从而恢复数据。恢复数据基本思路如下。

（1）客户读取数据块时，检测到错误，向 NameNode 报告已损坏的数据块以及正在尝试读取操作的 DataNode，最后才抛出 checksumexception 异常。

（2）NameNode 将这个已损坏的数据块的备份标记为损坏，这里不需要客户端直接和 DataNode 联系，或尝试将这个备份复制到另一个 DataNode。

（3）NameNode 安排这个数据块的一个 DataNode 备份复制到另一个 DataNode，如此一来，数据块的备份因子又回到期望水平。此后，已损坏的数据块副本便被恢复。

4. LocalFileSystem 类

LocalFileSystem 类用来执行客户端的校验和验证。当写入一个名为 filename 的文件时，文件系统客户端会在包含每个文件块校验和的同一个目录内建立一个名为.Filename.crc 的隐藏文件。

5. ChecksumFileSystem 类

LocalFileSystem 类通过 ChecksumFileSystem 类来完成任务，有了这个类，向其他文件系统加入校验和就变得非常简单，因为 ChecksumFileSystem 继承于 FileSystem。该类一般的用法如下。

```
FileSystem rawFs =…;
FileSystem checksummedFs = new ChecksumFileSystem(rawFs);
```

还可以通过 CheckFileSystem 实例的 getRawFileSystem()方法获取源文件系统。此外，检测到错误时，CheckFileSystem 类会调用自己的 reportCheckSumFailure()方法报告错误（该方法默认为空，需用户自己实现），然后 LocalFileSystem 类将这个出错的文件和校验和移动到一个名为 bad_files 的文件夹内，管理员可以定期检查这个文件夹。

6.1.2 运行后台进程来检测数据块

DataNode 后台有一个进程 DataBlockScanner，其负责定期验证存储在这个 DataNode 上的所有数据项。该项措施用于解决物理存储媒介上会衰减、损坏等问题。DataBlockScanner 是作为 DataNode 的一个后台线程工作的，与 DataNode 同时启动。DataBlockScanner 工作流程如图 6-1 所示，首先进行初始化，为每个 Block 创建一个 BlockScanInfo，其次创建扫描日志记录器，再扫描速度控制器，然后为每个 Block 分配上一次验证的时间，接着调整扫描速度控制器，开始进行扫描验证来确定数据库是否到期。

由于扫描一遍 DataNode 上的每一个数据块要消耗较多的系统资源，因此扫描周期一般比较长，这可能会带来另外一个问题，就是在一个扫描周期内可能会出现 DataNode 重启的情况，所以为了提高系统性能，避免 DataNode 在启动之后又扫描一遍还没有过期的数据块，在 DataBlockScanner 内部使用了日志记录器来持久化保存每个数据块上一次扫描的时间，这样，DataNode 在启动之后，可以通过日志文件来恢复之前所有数据块的有效时间。

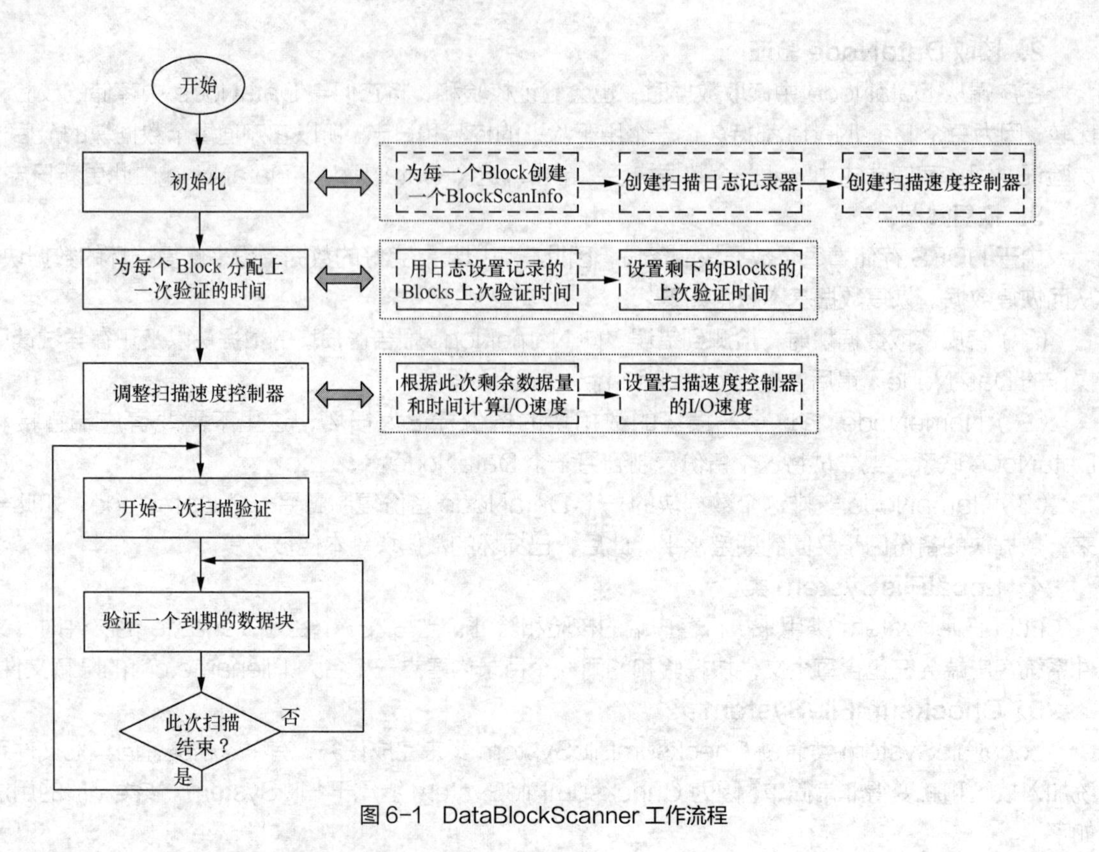

图 6-1　DataBlockScanner 工作流程

6.2　基于文件的数据结构

Hadoop 中的 HDFS 和 MapReduce 框架主要是针对大数据文件设计的，在小文件处理上不但效率低下，而且十分消耗内存资源。解决办法通常是选择一个容器，将这些小文件包装成一个文件（即作为一条记录），这样可以获得高效率的存储和处理，避免多次打开关闭消耗费计算资源。HDFS 提供了两种类型的容器，分别是 SequenceFile 和 MapFile。

6.2.1　SequenceFile 的存储

SequenceFile 的存储类似于日志文件，不同的是，日志文件的每条记录都是纯文本数据，而 SequenceFile 的每条记录是可序列化、可持久化的键值数据结构。在存储结构上，SequenceFile 主要由一个头（Header）后跟多条记录（Record）组成。SequenceFile 提供相应的读写器和排序器，写数据根据压缩的类型分为以下 3 种。

（1）Writer：无压缩写数据。

（2）RecordCompressWriter：记录级压缩文件写数据，只压缩值。

（3）BlockCompressWrite：块压缩文件写数据，键值采用独立压缩方式。

读操作实际上可以读取上述 3 种类型。无压缩写数据、记录级压缩文件写数据和块压缩文件写数据，每一个类型的文件由记录长度（Record length）、键的长度（Key length）、键（Key）和记录的值（Value）组成，如图 6-2 所示。

当保存的记录很多时，可以把一连串的记录组织到一起，统一压缩成一个块，如图 6-3 所示。

块压缩信息主要包括记录总数（Number of records）、压缩键的长度集合（Compressed key lengths）、压缩键的集合（Compressed keys）、压缩值的长度集合（Compressed value lengths）和压缩值的集合（Compressed values）。

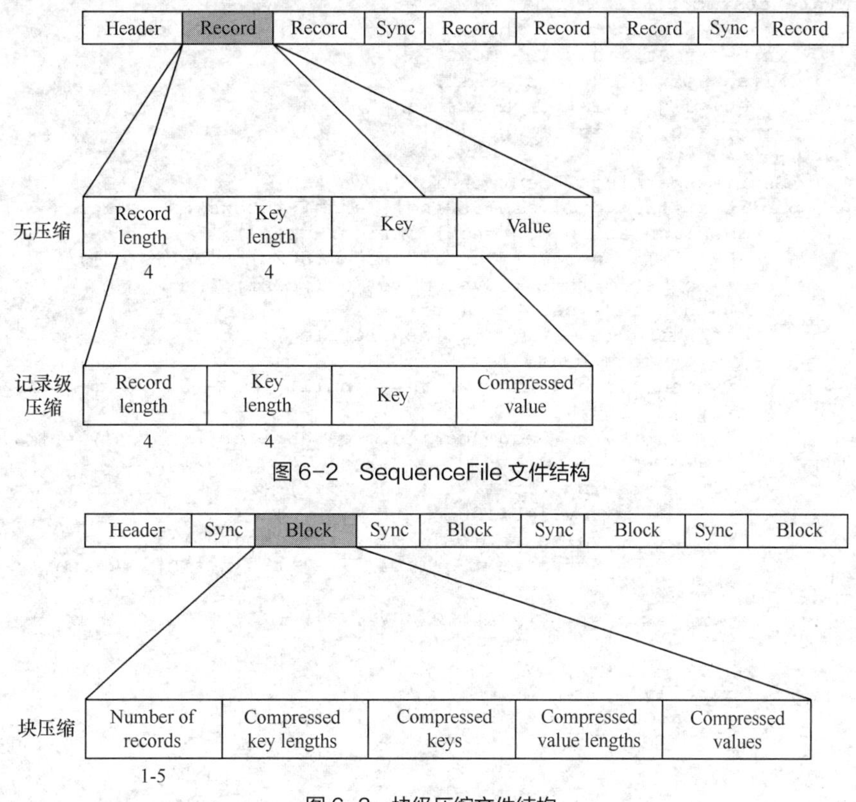

图 6-2　SequenceFile 文件结构

图 6-3　块级压缩文件结构

注意，每个块的大小可以通过 io.seqfile.compress.blocksize 属性设置。

1. SequenceFile 的写操作

通过 createWriter()静态方法可以创建 SequenceFile 对象，返回 SequenceFile.Writer 实例，并指定待写入的数据流，如 FSDataOutputStream 或 FileSystem 对象和 Path 对象。此外还需指定 Configuration 对象和键值类型，这些键值类型只要是继承 Serialization 接口，都可以使用。

SequenceFile 可通过 API 来添加新记录，即 fileWriter.append(key, value)。每条记录以键值对的方式组织，前提是 Key 和 Value 需具备序列化和反序列化的功能。Hadoop 预定义了 Key Class 和 Value Class，它们直接或间接实现了 Writable 接口，满足了序列化和反序列化功能。其中 Text 等同于 Java 中的 String、IntWritable 等同于 Java 中的 Int、BooleanWritable 等同于 Java 中的 Boolean。

下面是通过 append()方法完成写操作的例子。

```
package org.trucy.hadoopIO;

import java.net.URI;
import org.apache.hadoop.conf.Configuration;
import org.apache.hadoop.fs.FileSystem;
import org.apache.hadoop.fs.Path;
import org.apache.hadoop.io.IOUtils;
```

```
import org.apache.hadoop.io.IntWritable;
import org.apache.hadoop.io.SequenceFile;
import org.apache.hadoop.io.Text;

public class SequenceFileWrite {
    private static final String[] DATA = {
        "One, two, buckle my shoe",
        "Three, four, shut the door",
        "Five, six, pick up sticks",
        "Seven, eight, lay them straight",
        "Nine, ten, a big fat hen"
        };
        @SuppressWarnings("deprecation")
        public static void main(String[] args) throws Exception {
            Configuration conf=new Configuration();
            URI uri = new URI("hdfs://node1:8020/number.seq");
            FileSystem fs=FileSystem.get(uri,conf);
            Path path = new Path(uri);
            IntWritable key = new IntWritable();
            Text value = new Text();
            SequenceFile.Writer writer = null;
            try {
                writer = SequenceFile.createWriter(fs, conf, path,key.
getClass(),
                for (int i = 0; i < 100; i++) {
                    key.set(100 - i);
                    value.set(DATA[i % DATA.length]);
                    System.out.printf("[%s]\t%s\t%s\n", writer.getLength(),
key,value);
                    writer.append(key, value);
                }
            }
            finally {
                IOUtils.closeStream(writer);
            }
        }
    }
```

运行结果如下。

```
[128] 100 One, two, buckle my shoe
[173] 99 Three, four, shut the door
……
[1976] 60 One, two, buckle my shoe
[2021] 59 Three, four, shut the door
[2088] 58 Five, six, pick up sticks
[2132] 57 Seven, eight, lay them straight
[2182] 56 Nine, ten, a big fat hen
……
[4693] 2 Seven, eight, lay them straight
[4743] 1 Nine, ten, a big fat hen
```

在命令行窗口显示 SequenceFile 的内容不能用-cat，而要用-text（表示要用文本的形式显示二进制文件），代码如下。

```
[trucy@node1 ~]$ hdfs dfs -text /number.seq
19/05/22 18:34:21 INFO zlib.ZlibFactory: Successfully loaded & initialized
native-zlib library
19/05/22 18:34:21 INFO compress.CodecPool: Got brand-new decompressor [.deflate]
100     One, two, buckle my shoe
99      Three, four, shut the door
……
2       Seven, eight, lay them straight
1       Nine, ten, a big fat hen
```

2. SequenceFile 的读操作

SequenceFile 的读操作和写操作类似，用户创建 SequenceFile.Reader 的一个实例，并通过迭代调用 next()方法来读取全部记录。当然具体方法因序列化框架而异，对于 Hadoop，直接调用 next()方法即可；对于非 Writable 类型的序列化框架，如 Apache 的 Thrift，还需要加一个 getCurrentValue()方法。

下面代码展示了如何读取 Writable 类型的序列化文件。其中 ReflectionUtils 类是用来反射出 key 和 value 的实例，通过 getKeyClass()和 getValueClass()可以获得键值的类型。

```
package org.trucy.hadoopIO;

import java.net.URI;
import org.apache.hadoop.conf.Configuration;
import org.apache.hadoop.fs.FileSystem;
import org.apache.hadoop.fs.Path;
import org.apache.hadoop.io.IOUtils;
import org.apache.hadoop.io.SequenceFile;
import org.apache.hadoop.io.Writable;
import org.apache.hadoop.util.ReflectionUtils;
public class SequenceFileRead {
    public static void main(String[] args) throws Exception {
        Configuration conf=new Configuration();
        URI uri = new URI("hdfs://node1:8020/number.seq");
        FileSystem fs=FileSystem.get(uri,conf);
        Path path = new Path(uri);
        SequenceFile.Reader reader = null;
        try {
            reader = new SequenceFile.Reader(fs, path, conf);
            Writable key = (Writable)ReflectionUtils.newInstance(reader.get
            KeyClass(), conf);
            Writable value = (Writable)ReflectionUtils.newInstance(reader.g
            etValueClass(), conf);
            long position = reader.getPosition();
            while (reader.next(key, value)) {
            String syncSeen = reader.syncSeen() ? "*" : "";
            System.out.printf("[%s%s]\t%s\t%s\n", position, syncSeen, key,
            value);
            position = reader.getPosition();
            }
        }
        finally {
            IOUtils.closeStream(reader);
            }
    }
}
```

运行结果如下。

```
[128]     100 One, two, buckle my shoe
[173]     99  Three, four, shut the door
…
[1976]    60  One, two, buckle my shoe
[2021*]   59  Three, four, shut the door
[2088]    58  Five, six, pick up sticks
……
[4030]    16  Nine, ten, a big fat hen
[4075*]   15  One, two, buckle my shoe
[4140]    14  Three, four, shut the door
……
[4693]    2   Seven, eight, lay them straight
[4743]    1   Nine, ten, a big fat hen
```

注意，代码中的 reader.syncSeen()用于判断当前记录是否为同步点。同步点是指当读取数据的实例出错后，能够再一次与记录边界保持同步的数据流中的一个位置，用于在读取文件时，在任意位置识别记录边界，在前面图 6-2SequenceFile 文件结构图中同步点用 Sync 标签来标识，同步点的存储开销比存储记录开销的 1%还小，同步点始终位于记录边界。在读取 Writable 类型的序列化类型文件运行结果中，第一个同步点在 2021 处，第二个在 4075 处。

6.2.2 MapFile 的存储

MapFile 是排序后的 SequenceFile，并且它会额外生成一个索引文件提供按键查找。读写 MapFile 与读写 SequenceFile 非常相似，只需要换成 MapFie.Reader 和 MapFile.Writer 即可。在命令行显示 MapFile 的文件内容同样要用-text。

1. MapFile 写操作

MapFile 的写操作与 SequenceFile 的写操作不同，由于 MapFile 需要按 key 排序，所以它的 key 必须是 WritableComparable 类型的。新建一个 MapFile 对象并写入的操作如下。

```
package org.trucy.hadoopIO;

import java.net.URI;
import org.apache.hadoop.conf.Configuration;
import org.apache.hadoop.fs.FileSystem;
import org.apache.hadoop.io.IOUtils;
import org.apache.hadoop.io.IntWritable;
import org.apache.hadoop.io.MapFile;
import org.apache.hadoop.io.Text;

public class MapFileWrite {
 private static final String[] DATA = {
     "One, two, buckle my shoe",
     "Three, four, shut the door",
     "Five, six, pick up sticks",
     "Seven, eight, lay them straight",
     "Nine, ten, a big fat hen"
     };
 public static void main(String[] args) throws Exception {
     Configuration conf=new Configuration();
     URI uri = new URI("hdfs://node1:8020/number.map");
     FileSystem fs=FileSystem.get(uri,conf);
     IntWritable key = new IntWritable();
     Text value = new Text();
     MapFile.Writer writer = null;
     try {
         writer = new MapFile.Writer(conf, fs, uri.toString(),key.getClass(),
         value.getClass());
         for (int i = 0; i < 1024; i++) {
             key.set(i + 1);
             value.set(DATA[i % DATA.length]);
             writer.append(key, value);
             }
         } finally {
             IOUtils.closeStream(writer);
             }
     }
 }
```

前面加 MapFile 的写操作完成后，会生成两个文件，一个名为 data，另一个名为 index。HDFS 新生成的文件如图 6-4 所示。

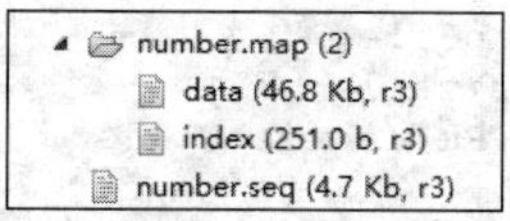

- number.map (2)
  - data (46.8 Kb, r3)
  - index (251.0 b, r3)
- number.seq (4.7 Kb, r3)

图 6-4　MapFile 文件组织结构

查看前 10 条 data 和所有 index 的内容，示例如下。

```
[trucy@node1 ~]$ hdfs dfs -text  /number.map/data | head
19/05/22  19:40:01  INFO  zlib.ZlibFactory:  Successfully  loaded  &  initialized
native-zlib library
19/05/22 19:40:01 INFO compress.CodecPool: Got brand-new decompressor [.deflate]
1       One, two, buckle my shoe
2       Three, four, shut the door
3       Five, six, pick up sticks
4       Seven, eight, lay them straight
5       Nine, ten, a big fat hen
6       One, two, buckle my shoe
7       Three, four, shut the door
8       Five, six, pick up sticks
9       Seven, eight, lay them straight
10      Nine, ten, a big fat hen
[trucy@node1 ~]$ hdfs dfs -text  /number.map/index
19/05/22  19:41:06  INFO  zlib.ZlibFactory:  Successfully  loaded  &  initialized
native-zlib library
19/05/22  19:41:06 INFO compress.CodecPool: Got brand-new decompressor [.deflate]
1       128
129     6079
257     12054
385     18030
513     24002
641     29976
769     35947
897     41922
```

以上可以看到，data 中的内容是按 key 排序后的 SequenceFile 中的内容。index 作为文件的数据索引，主要记录了每条记录的 key 值以及该记录在文件中的偏移位置（与操作系统中的段表结构类似）。在访问 MapFile 时，索引文件会加载到内存中，通过索引映射关系可迅速定位到指定记录所在文件位置，因此，相对 SequenceFile 而言，MapFile 的检索效率更高效，缺点是会消耗一部分内存来存储 index 数据。

输出结果的第 1 列是 data 文件中的 key 值,第 2 列是 key 在 data 文件中的偏移位置(offset)。从中可以看到，并不是所有的 key 都记录在了 index 文件中，而是每隔 128 个偏移位置，才记录一个 key 值，这个间隔可以在 io.map.index.interval 属性中设置，或直接在代码中通过 MapFile.Writer 实例的 setIndexInterval()方法设置。增加间隔可以减少 MapFile 中用于存储索引的内存，相反，减少间隔可以降低随机访问时间。

2. MapFile 读操作

MapFile 的读操作类似于 SequenceFile 的读操作。用 next()方法访问下一条记录，如果已经遍历到文件末尾，则返回 false。get()方法可以随机访问文件中的数据，如果返回 null，就表示没有该记录。getclose()方法与 next()方法类似，只不过当没有相关记录时，返回最靠近的记录，详细用法如下所示。

```
package org.trucy.hadoopIO;

import Java.net.URI;

import org.apache.hadoop.conf.Configuration;
import org.apache.hadoop.fs.FileSystem;
import org.apache.hadoop.io.IOUtils;
import org.apache.hadoop.io.IntWritable;
```

```
import org.apache.hadoop.io.MapFile;
import org.apache.hadoop.io.Writable;
import org.apache.hadoop.util.ReflectionUtils;

public class MapFileRead {

 public static void main(String[] args) throws Exception {
     Configuration conf=new Configuration();
     URI uri = new URI("hdfs://node1:8020/number.map");
     FileSystem fs=FileSystem.get(uri,conf);
     MapFile.Reader reader=null;
     try {
         reader=new MapFile.Reader( fs, uri.toString(),  conf);
         Writable value = (Writable)ReflectionUtils.newInstance(reader.getVa
         lueClass(), conf);

         reader.get(new IntWritable(1000), value);
         System.out.println("key=1000,value="+value.toString());

         reader.getClosest(new IntWritable(1025), value,true);
         System.out.println("key=1025,value="+value.toString());
         } finally {
             IOUtils.closeStream(reader);
             }
     }
}
```

运行结果如图 6-5 所示。

```
Problems  Tasks  @ Javadoc  Map/Reduce Locations  Console
<terminated> MapFileRead [Java Application] C:\Program Files\Java\jre7\bin\javaw
key=1000,value=Nine, ten, a big fat hen
key=1025,value=Seven, eight, lay them straight
```

图 6-5　MapFile 读操作

查看 date 数据可以看到 key=1000 时，value=Nine, ten, a big fat hen，key=1024 时 value=Seven, eight, lay them straight，并没有 key=1025 的 value。getClosest()方法最后一个参数为 true 表示查看 key 值向上最接近 1025 的有效 value，为 false 时即为向下，如果向下没有查找到，就接着返回向上查找的结果。

对于上面的读取操作，加入要检索的键为 1000。实际上，MapFile.Reader 先把索引文件读取到内存中（如果缓存中已经有，就不用读了）。在索引文件中进行二分查找，找到小于等于 1000 的键值对，在这里即 89741922；41922 为在 data 文件中的偏移量，随后在 data 文件中的 41922 位置开始顺序查找键，直到读取到 1000，然后读取 1000 对应的值。可见在整个查找过程中，需要在内存中做一次二分查找，然后做一次文件扫描，如果 io.map.index.interval 属性值为 128，则扫描文件的行数不会超过 128。对于随机访问，这是非常高效的。

当访问大型 MapFile 文件时，索引文件也会很大，全部读到内存中不现实。当然可以调大 io.map.index.interval 的值，但需要重新生成 MapFile。在索引文件已经生成的情况下，可以设置 io.map.index.skip 的值，设为 1 表示索引文件每隔 1 行读入内存，设为 2 表示索引文件每隔两行读入内存，也就是说，只读取索引的 1/3。这样可以节约内存，但会增加一定的顺序搜索时间。

6.2.3　SequenceFile 转换为 MapFile

由于 MapFIle 是排序和索引后的 SequenceFile，所以自然可以把 SequenceFile 转换为

MapFile。可以使用 MapFile.fix()方法把一个 SequenceFile 转换成 MapFile。示例如下。

```
package org.trucy.hadoopIO;

import java.net.URI;

import org.apache.hadoop.conf.Configuration;
import org.apache.hadoop.fs.FileSystem;
import org.apache.hadoop.fs.Path;
import org.apache.hadoop.io.MapFile;
import org.apache.hadoop.io.SequenceFile;

public class MapFileFixer {
 @SuppressWarnings("deprecation")
 public static void main(String[] args) throws Exception {
      Configuration conf=new Configuration();
      //uri 表示想要转换成 map 的目录，目录下必须是有一个名为 data 的文件，即要转换的 sequence 文件
      URI uri = new URI("hdfs://node1:8020/number.map");
      FileSystem fs=FileSystem.get(uri,conf);
      Path map = new Path(uri.toString());
      Path mapData = new Path(map, MapFile.DATA_FILE_NAME);
      // 通过 SequenceFile.Reader 来获取 SequenceFile 的 key 和 value 类型
      SequenceFile.Reader reader = newSequenceFile.Reader(fs, mapData, conf);
      Class keyClass = reader.getKeyClass();
      Class valueClass = reader.getValueClass();
      reader.close();
      //使用 MapFile.fix 把一个 SequenceFile 转换成 MapFile
      long entries = MapFile.fix(fs, map, keyClass, valueClass, false, conf);
      System.out.printf("Created MapFile %s with %d entries\n", map, entries);
      }
}
```

运行前，先执行 Shell 命令，把 HDFS 上的 number.map 中的索引文件删除。

```
hdfs dfs  -rm  /convert.seq /number.map/index
```

运行结果如图 6-6 所示。

```
<terminated> MapFileFixer [Java Application] C:\Program Files\Java\jre7\bin\javaw.exe (2
Created MapFile hdfs://node1:8020/number.map with 1024 entries
```

图 6-6　SequenceFile 转换成 MapFile 结果

从图 6-6 可以看出，已经用 MapFile.fix()方法把一个 SequenceFile 转换成 MapFile。

注意　使用 MapFile 或 SequenceFile 虽然可以解决 HDFS 中小文件的存储问题，但也有一定的局限性，如文件不支持复写操作，不能向已存在的 SequenceFile 或 MapFile 追加存储记录，并且当 write 流不关闭时，没有办法构造 read 流，也就是在执行文件写操作时，该文件是不可读取的。

6.3 压缩

在执行 MapReduce 程序的过程中，在 Mapper 和 Reducer 端会发生大量的数据传输和磁盘的 I/O 操作，在这个过程中对数据进行压缩处理，可以有效减少底层存储（HDFS）读写的字节数，并且通过减少 Map 和 Reduce 阶段数据的输入输出来提升 MapReduce 程序的速度，提高网络带

宽和磁盘空间的效率。在 Hadoop 下，尤其是数据规模很大和工作负载密集的情况下，使用数据压缩非常重要。

6.3.1 认识压缩

文件压缩不但可以减少存储文件所需的空间，还可以降低其在网络上传输的时间。在处理大数据时，应根据实际需求考虑是否需要压缩和采用哪种压缩算法。表 6-1 所示为各种压缩算法的对比。

表 6-1 Hadoop 下各种压缩算法的对比

压缩算法	原始文件大小	压缩后的文件大小	压缩速度	解压缩速度
gzip	8.3 GB	1.2 GB	21MB/s	118 MB/s
Snappy	8.3 GB	1.8 GB	172 MB/s	409 MB/s
LZO	8.3 GB	1.7 GB	135 MB/S	410 MB/s
bzip2	8.3 GB	1.1 GB	2.4 MB/s	9.5 MB/s

通过比较分析表 6-1，可以知道压缩算法都是需要权衡时间和空间的，要么牺牲时间换空间，要么牺牲空间换时间。所有压缩工具都提供 9 个不同选项来控制压缩权衡，这 9 个选项为-9～-1，如-1 是最大压缩速度，-9 是最大压缩比。此外，上述压缩算法只有 bzip2 支持分片（Split）。例如，HDFS 有个文件大小为 1GB，如果按照 HDFS 默认块大小设置（64MB），那么这个文件会被分为 16 个块。如果把这个块放到 MapReduce 任务中，则将有 16 个 map 任务输入。现在把这个文件压缩，假如压缩后文件大小为 0.5GB，那么仅使用 8 个块存储。如果这种压缩算法不支持分片，也就无法从压缩数据流的任意位置读取数据，因为压缩数据块之间相互关联，读任意数据都需要知道所有数据块。这样带来的后果是：MapReduce 识别这是不可分片的压缩数据块，且不对这个文件进行分片，而把整个压缩文件作为一个单独的 map 输入，这样 map 任务少了，作业粒度大大提升，同时降低了数据的本地性。

6.3.2 Codec

Codec 是 coder 与 decoder 的缩略词，实现了一种压缩-解压算法。Hadoop 中的压缩与解压的类是在 CompressionCodec 接口下实现的，我们这里讲的 codec 就是实现了 CompressionCodec 接口的一些压缩格式的类，下面是这些类的列表，如表 6-2 所示。

表 6-2 压缩格式及其对应类

压缩格式	对应类
DEFLATE	org.apache.hadoop.io.compress.DefaultCodec
gzip	org.apache.hadoop.io.compress.GzipCodec
bzip2	org.apache.hadoop.io.compress.BZip2Codec
LZO	com.hadoop.compression.lzo.LzopCodec
LZ4	org.apache.hadoop.io.compress.Lz4Codec
Snappy	org.apache.hadoop.io.compress.SnappyCodec

其中，LZO 代码库拥有 GPL（General Public License）许可，不在 Apache 的发行版中，可以通过搜索查找相关网站下载。

CompressionCodec 提供两个方法，分别用来完成压缩和解压缩。压缩调用 createOutputStream()

方法，用来创建一个 CompressionOutputStream，将其以压缩格式写入底层的流。解压缩调用 createInputStream()方法，获得一个 CompressionInputStream，进而从底层的流读取未压缩的数据。CompressionOutputStream 和 CompressionInputStream 类似于 Java.util.zip.DeflaterOutputStream 和 Java.util.zip.DeflaterInputStream，而 CompressionOutputStream 和 CompressionInputStream 还提供可以自定义其底层压缩和解压缩的功能。

使用 CompressionCodecFactory 类可以根据文件扩展名来推断 CompressionCodec 的压缩格式。例如，以 gz 结尾的文件可以用 GzipCodec 来读。CompressionCodecFactory 提供 getCodec()方法，用来把扩展名映射到相应的 CompressionCodec。

下面代码演示了把 HDFS 上的一个以 bzip2 算法压缩的文件 1.bz2 解压，然后把解压文件压缩成 2.gz。

```
package org.trucy.hadoopCompression;

import Java.io.IOException;
import Java.io.InputStream;
import Java.io.OutputStream;
import Java.net.URI;

import org.apache.hadoop.conf.Configuration;
import org.apache.hadoop.fs.FileSystem;
import org.apache.hadoop.fs.Path;
import org.apache.hadoop.io.IOUtils;
import org.apache.hadoop.io.compress.CompressionCodec;
import org.apache.hadoop.io.compress.CompressionCodecFactory;
import org.apache.hadoop.io.compress.CompressionOutputStream;
import org.apache.hadoop.io.compress.GzipCodec;

public class FileCompress {

public static void main(String[] args) throws IOException{
//解压示例 codec.createInputStream
      String uri="hdfs://node1:8020/1.bz2";
      Configuration conf=new Configuration();
      FileSystem fs=FileSystem.get(URI.create(uri),conf);
      Path inputPath=new Path(uri);
      CompressionCodecFactory factory=new CompressionCodecFactory(conf);
      CompressionCodec codec=factory.getCodec(inputPath);      //根据文件名的后缀来选
择生成哪种类型的 CompressionCodec
      if(codec==null){
         System.err.println("No codec found for "+uri);
         System.exit(1);
      }
//解压后的路径名
      String outputUri=CompressionCodecFactory.removeSuffix(uri, codec.get
DefaultExtension());
      InputStream in=null;
      OutputStream out=null;
      try{
         in=codec.createInputStream(fs.open(inputPath));      //对输入流进行解压
         out=fs.create(new Path(outputUri));
         IOUtils.copyBytes(in, out, conf);
      }finally{
         IOUtils.closeStream(in);
         IOUtils.closeStream(out);
      }
//压缩示例 codec.createOutputStream
      CompressionOutputStream outStream=null;
```

```
   //重新将上面解压出来的文件压缩成 2.gz
        Path op2=new Path("hdfs://node1:8020/2.gz");
        try{
            in=fs.open(new Path(outputUri));             //打开原始文件
            GzipCodec gzipCodec=new GzipCodec();     //创建 gzip 压缩实例
            gzipCodec.setConf(conf);            //给 CompressionCodec 设置 Configuration
            outStream=gzipCodec.createOutputStream(fs.create(op2));     //打开输出文件
（最终的压缩文件）
            IOUtils.copyBytes(in, outStream, 4096,false);     //从输入流向输出流复制，
GzipCodec 负责对输出流进行压缩
            outStream.finish();
        }finally{
            IOUtils.closeStream(in);
            IOUtils.closeStream(out);
        }
    }
```

运行结果如图 6-7 所示。

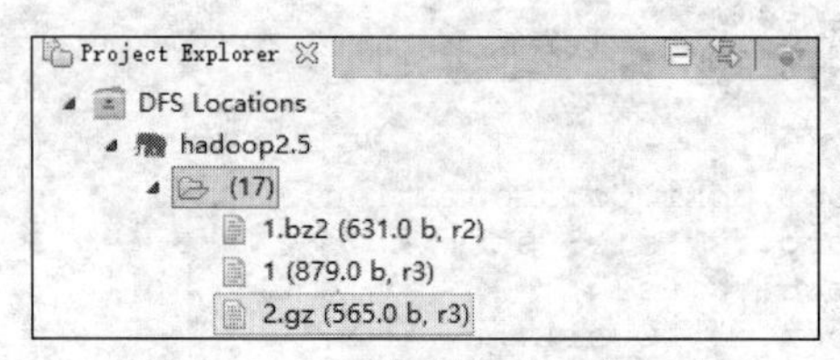

图 6-7　不同类型的压缩与解压缩

图 6-7 所示为把 HDFS 上的一个以 bzip2 算法压缩的文件 1.bz2 解压，然后把解压文件压缩成 2.gz。

6.3.3　本地库

Hadoop 是使用 Java 语言开发的，但是有些需求和操作并不适合使用 Java，为此引入本地库（Native Libraries）的概念。通过本地库，Hadoop 可以更加高效地执行某些操作。例如，在使用 gzip 压缩和解压缩时，使用本地库比使用 Java 内置接口压缩时间要缩短大约 10%，解压时间更是缩短 50%。Hadoop 本身含有 32 位/64 位并基于 Linux 操作系统的构建压缩代码库，在 $HADOOP_HOME/lib/native 下，其他平台如 MAC，需要根据需求重新编译代码库。表 6-3 所示列出了各种压缩算法能否使用 Java 接口实现和本地库实现。

表 6-3　各种压缩算法在本地库和 Java 接口的实现对比

压缩格式	Java 接口是否实现	本地库是否实现
DEFLATE	Yes	Yes
gzip	Yes	Yes
bzip2	Yes	No
LZO	No	Yes
LZ4	No	Yes
Snappy	No	Yes

在 Hadoop 的配置文件 core-site.xml 中，可以设置是否使用本地库。

```
<property>
  <name>hadoop.native.lib</name>
```

```
    <value>true</value>
    <description>Should native hadoop libraries, if present, be used.</description>
</property>
```

Hadoop 默认的配置为启用本地库。另外，可以在环境变量中设置使用本地库的位置：export JAVA_LIBRARY_PATH=%Hadoop_Native_Libs%。

如果频繁使用原生库做压缩和解压任务，则可以用 CodecPool，CodecPool 有些类似连接池，它可以节省创建 Codec 对象的开销，允许反复使用压缩和解压。使用方法很简单，只需通过 CodecPool 的 getCompressor()方法获得 Compressor 对象，该方法需要传入一个 Codec，然后在 createOutputStream 中再使用 Compressor 对象，使用完毕，通过 return Compressor 放回去。

6.3.4 如何选择压缩格式

Hadoop 应用处理的数据集非常大，因此需要借助于压缩。使用哪种压缩格式与待处理文件的大小、格式和使用的工具相关。以下讲解各个压缩格式的优缺点以及应用场景。

1. gzip 压缩

gzip 压缩的优点是压缩率比较高，而且压缩/解压速度也比较快，Hadoop 本身支持；在应用中处理 gzip 格式的文件与直接处理文本一样；有 hadoop native 库；大部分 Linux 系统都自带 gzip 命令，使用方便。缺点是不支持 split。

gzip 压缩的应用场景：当每个文件压缩之后在 128MB 以内时（1 个块大小内），都可以考虑使用 gzip 压缩格式。例如，一天或者一小时的日志压缩成一个 gzip 文件，运行 MapReduce 程序时，通过多个 gzip 文件达到并发。Hive 程序、streaming 程序和 Java 写的 MapReduce 程序与文本处理一样，对于压缩之后的数据，原来的程序不需要做任何修改。

2. lzo 压缩

lzo 压缩的优点是压缩/解压速度比较快，合理的压缩率；支持分片，是 Hadoop 中最流行的压缩格式；支持 hadoop native 库；可以在 Linux 系统下安装 lzo 命令，使用方便。缺点是压缩率比 gzip 要低一些；Hadoop 本身不自带，需要安装；在应用中对 lzo 格式的文件需要做一些特殊处理（为了支持分片需要建立索引，还需要指定 InputFormat 为 lzo 格式）。

lzo 压缩的应用场景：一个很大的文本文件，压缩之后还大于 200MB 以上的可以考虑 lzo 压缩，而且单个文件越大，lzo 的优点越明显。

3. Snappy 压缩

Snappy 压缩的优点是高速压缩和合理的压缩率；支持 Hadoop native 库。缺点是不支持分片；压缩率比 gzip 要低；Hadoop 本身不支持，需要安装；Linux 系统中没有对应的命令。

Snappy 压缩的应用场景：当 MapReduce 作业的 Map 输出的数据比较大时，作为 Map 到 Reduce 的中间数据的压缩格式；或者作为一个 MapReduce 作业的输出和另外一个 MapReduce 作业的输入。

4. bzip2 压缩

bzip2 压缩的优点是支持分片；具有很高的压缩率，比 gzip 压缩率都高；Hadoop 本身支持，但不支持 Hadoop native 库；在 Linux 中自带 bzip2 命令，使用方便。bzip2 压缩的缺点是压缩/解压速度慢，不支持 Hadoop native 库。

bzip2 压缩的应用场景：在速度要求不高，但需要较高的压缩率时，可以作为 MapReduce 作业的输出格式；输出之后的数据比较大，处理之后的数据需要压缩存档减少磁盘空间并且以后数据用得比较少的情况；对单个很大的文本文件，想压缩减少存储空间，同时又需要支持 split，而且兼容之前的应用程序（即应用程序不需要修改）的情况。

使用哪种压缩格式与具体应用相关。是希望运行速度最快，还是更关注降低存储开销？通常，需要为应用尝试不同的策略，并为应用构建一套测试标准，从而找到最理想的压缩格式。对于巨大、没有存储边界的文件，如日志文件，可以考虑如下选项。

（1）存储未经压缩的文件。

（2）使用支持分片的存储格式，如 bzip2。

（3）在应用中将文件分成块，然后压缩。这种情况需要合理选择数据块的大小，以确保压缩后，数据近似 HDFS 块的大小。

（4）使用序列文件（SequenceFile），它支持压缩和分片。

（5）使用一个 Avro 数据文件，该文件支持压缩和分片，就像顺序文件一样，但增加了许多编程语言都可读写的优势。

对于大文件，我们不应该使用不支持将整个文件进行切分的压缩格式，否则将失去数据的本地特性，进而造成 MapReduce 应用效率低下。

以上 4 种压缩格式的比较如表 6-4 所示。

表 6-4　4 种压缩格式的比较

压缩格式	split	native	压缩率	速度	是否 Hadoop 自带	Linux 命令	换成压缩格式后，原来的应用程序是否要修改
gzip	否	是	很高	较快	是，直接使用	有	和文本处理一样，不需要修改
lzo	是	是	较高	很快	否，需要安装	有	需要建索引，还需要指定输入格式
Snappy	否	是	较高	很快	否，需要安装	没有	和文本处理一样，不需要修改
bzip2	是	否	最高	慢	是，直接使用	有	和文本处理一样，不需要修改

6.4 序列化

Hadoop 在节点间的内部通信使用的是 RPC，RPC 协议把消息翻译成二进制字节流发送到远程节点，远程节点再通过反序列化把二进制字节流转换成原始的信息。对于处理大规模数据的 Hadoop 平台，其序列化机制需要具有紧凑、快速、对象可重用的特征。

微课 6-2　序列化操作及验证

6.4.1 认识序列化

序列化（Serialization）在面向对象编程语言中经常出现，那什么是序列化呢？序列化是将结构化对象转换成字节流以便于进行网络传输或写入持久存储的过程。以 Java 为例，Java 中的类是个很重要的概念，是对外部世界的抽象，而对象就是对这种抽象进行实例化。就如同根据一张图纸盖出一幢大楼，类就是图纸，大楼是对图纸的实例化。因为刚开始，类的定义是明确的，而对象只有在运行时才会存储于内存中，并且受外部事件影响，所以对象有些地方是不明确的。后来 Java 引入了泛型概念，类也不明确了，直接影响到创建对象的不明确性。对象很复杂，与时序有关，存储在内存中，断电即消失，只能给本地计算机使用。那么如何把这不明确的对象通过网络发送到另一台计算机呢？序列化就完成了这件事，即把这种不明确的对象转化成一串字节流，可以将这串字节流存储到某个文件上，也可以通过网络发送到远程计算机上。前者称为“持久化（Persistent）”，后者称为“数据通信（Data Communication）”。反之把这串字节流转回结构化对象的过程叫作反序列化（Deserialization）。

Java 对序列化提供很方便的支持，只要在相关类名后面加上 implements Serializable，即可实现序列化，然后 Java 自动处理序列化的一系列复杂操作。可以发现 Java 的基本类型都支持序列化操作，那为什么 Hadoop 的基本类型还要重新定义序列化呢?

Hadoop 在集群之间进行通信或者实现 RPC 调用时需要序列化，而且要求序列化要快、体积和占用带宽都要小，同时可以随着通信协议的升级而升级。而 Java 的序列化机制占用大量计算开销，且序列化结果体积过大；它的引用（Reference）机制也导致大文件不能被分片，浪费空间；此外，很难对其他语言进行扩展使用；更重要的是，Java 的反序列化过程每次都会构造新的对象，不能复用对象。

Hadoop 定义了两个序列化相关接口，即 Writable 和 WritableComparable。

6.4.2 Writable 接口

Writable 接口是基于 DataInput 和 DataOutput 的简单、高效、可序列化的接口，也就是 org.apache.hadoop.io.Writable 接口，几乎所有的 Hadoop 可序列化对象都必须实现这个接口（Hadoop 的序列化框架还提供基于 Java 基本类型的序列化实现）。Writable 接口有两种方法。

（1）void write(DataOutput out) throws IOException，该方法用于将对象转化为字节流并写入输出流 out 中。

（2）void readFields(DataInput in) throws IOException，该方法用于从输入流 in 中读取字节流并将对象反序列化。

Writable 接口程序如下。

```
package org.apache.hadoop.io;

import Java.io.*;
import org.apache.hadoop.classification.InterfaceAudience;
import org.apache.hadoop.classification.InterfaceStability;

public interface Writable
{

    public abstract void write(DataOutput dataoutput)
        throws IOException;

    public abstract void readFields(DataInput datainput)
        throws IOException;
}
```

以 IntWritable 为例，它把 Java 的 int 类型封装成了 Writable 序列化格式，可以通过 set()方法设置该 IntWritable 类型的变量的值。

```
IntWritable writable = new IntWritable();
    writable.set(100);
```

当然也可以直接通过构造函数来初始化。

```
IntWritable writable = new IntWritable(100);
IntWritable 中这样实现那两个方法:
```

```
public class IntWritable implementsWritableComparable {
   private int value;
    ...
   public void readFields(DataInput in) throws IOException {
        value = in.readInt();
   }
   public void write(DataOutput out) throws IOException {
        out.writeInt(value);
     ...
   }
```

6.4.3 WritableComparable 接口

WritableComparable 接口相当于继承了 Writable 接口，类似于 Java 中的 Comparable，形成基于这两个序列化接口的新接口，如下所示。

```
@InterfaceAudience.public
@InterfaceStability.Stable
public interface WritableComparable<T>
extends Writable, Comparable<T>
```

Hadoop 的 WritableComparable 主要用于比较类型。类型之间的比较对于 MapReduce 尤为重要，其中有一个阶段叫作排序，默认根据键来排序。Hadoop 提供了一个优化接口 RawComarator 对 Java Comparator 进行扩展。

```
package org.apache.hadoop.io;
import java.util.Comparator;
import org.apache.hadoop.io.serializer.DeserializerComparator;
public int erface RawComparator<T>extends Comparator<T> {
public int compare(byte[] b1, int s1, int l1, byte[] b2, int s2, int l2);
}
```

上面的 compare()方法是比较两个字节数组的 b1 段和 b2 段，可以看到，RawComarator 接口允许执行者直接比较数据流记录，而无需先把数据流反序列化成对象，这样可以避免新建对象的开销。

WritableComprator 继承自 WritableComparable，是 RawComarator 接口的一个通用实现，主要提供两种功能：一是对原始 compare()方法的实现，该方法先把比较的对象数据流反序列化，然后直接调用对象的 compare()方法进行比较；二是充当 RawComparator 实例化的一个工厂方法。要获得 IntWritable 的一个 Comparator，只要通过 WritableComparator.get(IntWritable. class)即可得到。

下面代码应用了上述两种方法。

```
package org.trucy.serializable;

import java.io.ByteArrayOutputStream;
import java.io.DataOutputStream;
import java.io.IOException;

import org.apache.hadoop.io.IntWritable;
import org.apache.hadoop.io.Writable;
import org.apache.hadoop.io.WritableComparator;

public class Compare   {
 //捕获序列化字节
 public static byte[] serialize(Writable writable) throws IOException {
     ByteArrayOutputStream out = new ByteArrayOutputStream();
     DataOutputStream dataOut = new DataOutputStream(out);
```

```
        writable.write(dataOut);
        dataOut.close();
        return out.toByteArray();
        }
    public static void main(String args[]) throws Exception{
        //1.比较 i1,i2 大小
        IntWritable i1=new IntWritable(10);
        IntWritable i2=new IntWritable(20);
        WritableComparator comparator = WritableComparator.get(IntWritable.class);
        if(comparator.compare(i1, i2)<0)
            System.out.println("i1<i2");
        //2.比较两个序列化 b1,b2
        byte[] b1=serialize(i1);
        byte[] b2=serialize(i2);
        if(comparator.compare(b1, 0, b1.length, b2, 0, b2.length)<0)
            System.out.println("i1<i2");
    }
}
```

输出结果如图 6-8 所示。实现了捕获序列化字节 i1，i2，用两个接口的方法分别比较 i1 和 i2 的大小。

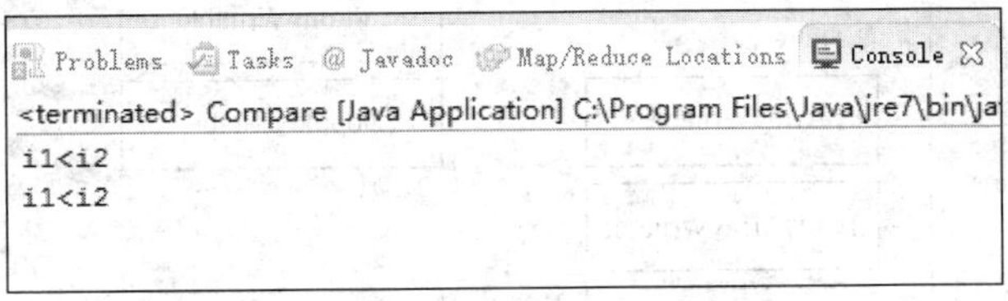

```
Problems  Tasks  @ Javadoc  Map/Reduce Locations  Console
<terminated> Compare [Java Application] C:\Program Files\Java\jre7\bin\ja
i1<i2
i1<i2
```

图 6-8　compare()方法的使用

6.4.4　Hadoop Writable 基本类型

Hadoop Writable 的基本类型是在 org.apache.hadoop.io 中由用户自己定义的，包括 IntWritable、FloatWritable 等，Writable 基本类型其实是对相应的 Java 基本类型的重新封装。Java 基本类型和 Writable 基本类型的对应关系如表 6-5 所示。

表 6-5　Java 基本类型和 Writable 基本类型的对应关系

Java 基本类型	Writable 基本类型	字节数
boolean	BooleanWritable	1
byte	ByteWritable	1
short	ShortWritable	2
Int,short	IntWritable	4
	VintWritable	1~5
float	FloatWritable	4
long	LongWritable	8
	VlongWritable	1~9
double	DoubleWritable	8

其中，IntWritable 和 VlongWritable 只有在 Hadoop 中定义，前面的 V 代表 Variable，即可变的。例如，Java 中存储一个 long 类型的数据占 8 字节，但 VlongWritable 可以根据实际长度分配字节数。例如，精心设计的散列函数生成的值的长度大部分是不均匀的，这时可以用变长编码来

存储。此外，变长编码还可以在 VintWritable 和 VlongWritable 之间转换，因为两者的编码格式一致。所有的封装包含 get()和 set()方法用于读取或设置封装的值。Writable 类的层次结构如图 6-9 所示。

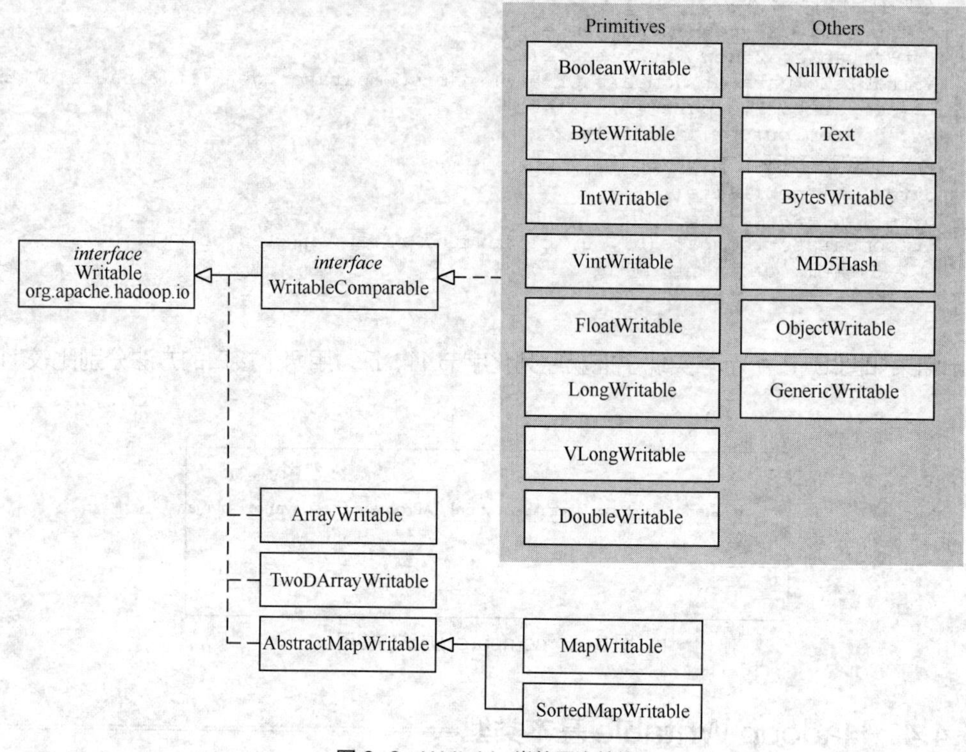

图 6-9　Writable 类的层次结构

1. Text 类型

Text 类存储的数据严格按照标准 UTF-8 编码，类似于 Java.lang.String，它提供了序列化、反序列化和字节级别比较的方法。Text 替换了 UTF-8 类，UTF-8 类其实是因为只支持最大 32 767 字节而过时了，所以实际上 Text 使用的是 Java 修改版的 UTF-8。

（1）修改版的 UTF-8

有多种编码方式，同一个二进制数字可以被解释成不同的符号。因此，要想打开一个文本文件，就必须知道它的编码方式，如果用错误的编码方式解读，就会出现乱码。Unicode 当然是一个很大的集合，现在的规模可以容纳 100 多万个符号。每个符号的编码都不同，如 U+0639 表示阿拉伯字母 Ain，U+0041 表示英语的大写字母 A，U+4E25 表示汉字“严”，具体的符号对应表可以查询 unicode.org。但 Unicode 只是个符号集合，它只规定了符号的二进制代码，没有规定这个二进制代码应该如何存储，而 UTF-8 就是 Unicode 的实现之一，其他 Unicode 的实现还有 UTF-16、UTF-32 等，只是都没有 UTF-8 普遍。

Java 中的修改版的 UTF-8 编码规则很简单，主要有以下两种方法。

① 对于单字节的符号，字节的第一位设为 0，后面 7 位为这个符号的 Unicode 码。因此对于英语字母，UTF-8 编码和 ASCII 是相同的。

② 对于 n 字节的符号（$n>1$），第一字节的前 n 位都设为 1，第 $n+1$ 位设为 0，后面字节的前两位一律设为 10。剩下没有提及的二进制位，全部为这个符号的 Unicode 码。

例如，所有编码范围在\u0001～\u007F 的 Unicode 会以单字节存储，如图 6-10 所示。

NULL 字符以\u0000 存储，所有编码范围在\u0080～\u07FF 的 Unicode 会以双字节存储，如图 6-11 所示。

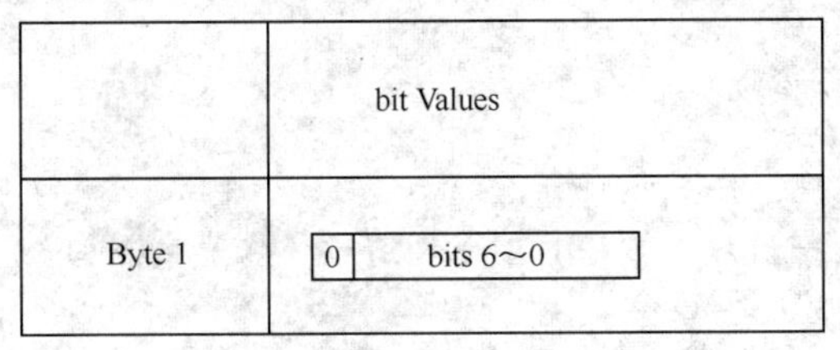

图 6-10　单字节存储 Unicode 图

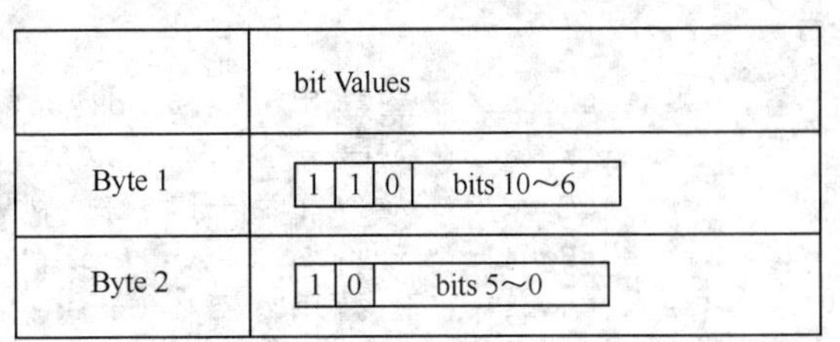

图 6-11　双字节存储 Unicode 图

所有编码范围在\u0800～\uFFFF 的 Unicode 会以 3 字节存储，如图 6-12 所示。

	bit Values
Byte 1	1 | 1 | 1 | 0 | bits 15～12
Byte 2	1 | 0 | bits 11～6
Byte 3	1 | 0 | bits 5～0

图 6-12　3 字节存储 Unicode 图

（2）索引

由于 Text 是针对修改版的 UTF-8 编码，而 String 是基于 Java char 的编码单元，也就是说，char 类型是用 2 字节的 Unicode 表示的，只有当表示 ASCII，即 0～127 时，两者的表示才一样，所以索引位置概念一致；但当表示多字节时，由于 UTF-8 编码字节前缀的影响，两者索引会不一致。

下面的测试案例代码介绍了 Text 的几个方法。charAt()用于返回表示 Unicode 编码位置的整数类型值，越界返回-1，注意，String 返回的是字符类型值，且越界抛出 StringIndexOutOfBounds Exception 异常。Text()方法类似于 String 的 indexOf()方法，用于查找子串位置。以下代码用 Junit 测试通过。

```
package org.trucy.hadoopBaseType;

import org.apache.hadoop.io.Text;
import org.junit.Assert;
import org.junit.Test;

public class HadoopText extends Assert{
 private Text t;
 private String s;
 @Test
 public void testText(){
     t=new Text("hadoop");
     s="hadoop";
     assertEquals(t.getLength(), 6);
     assertEquals(t.getBytes().length, 6);
     assertEquals(s.length(), 6);
     assertEquals(s.getBytes().length, 6);

     assertEquals(t.charAt(2), (int) 'd');
     assertEquals("越界", t.charAt(100), -1);
     assertEquals(s.charAt(2), 'd');
```

```
        try{
            s.charAt(100);
        }
        catch(Exception ex){
            assertTrue(ex instanceof StringIndexOutOfBoundsException);
        }

        assertEquals("查找子串", t.find("do"), 2);
        assertEquals("查找第一个 'o'", t.find("o"), 3);
        assertEquals("从第 4 个字符开始查找'o'", t.find("o", 4), 4);
        assertEquals("未匹配", t.find("pig"), -1);
        assertEquals("查找子串", s.indexOf("do"), 2);
        assertEquals("查找第一个 'o'", s.indexOf("o"), 3);
        assertEquals("从第 4 个字符开始查找'o'", s.indexOf("o", 4), 4);
        assertEquals("未匹配", s.indexOf("pig"), -1);
    }
}
```

一旦开始使用多字节编码，Text 和 String 区别就明显了，代码如下。

```
@Test
public void testtext1() throws UnsupportedEncodingException{
    t=new Text("你好世界");
    s="你好世界";
    assertEquals(t.getLength(), 12);
    assertEquals(s.getBytes("UTF-8").length,12);
    assertEquals(s.length(),4);

    assertEquals(t.find("你"),0);
    assertEquals(t.find("好"),3);
    assertEquals(t.find("世"),6);
    assertEquals(s.indexOf("你"),0);
    assertEquals(s.indexOf("好"),1);
    assertEquals(s.indexOf("世"),2);

    assertEquals(t.charAt(0),0x4f60);             //你的 utf-8 码
    assertEquals(t.charAt(3),0x597d);             //好的 utf-8 码
    assertEquals(t.charAt(6),0x4e16);             //世的 utf-8 码
    assertEquals(s.charAt(0),'\u4f60');           //你的 utf-8 码
    assertEquals(s.charAt(1),'\u597d');           //好的 utf-8 码
    assertEquals(s.charAt(2),'\u4e16');           //世的 utf-8 码
    assertEquals(s.codePointAt(0),0x4f60);        //你的 utf-8 码
    assertEquals(s.codePointAt(1),0x597d);        //好的 utf-8 码
    assertEquals(s.codePointAt(2),0x4e16);        //世的 utf-8 码
}
```

这里 Java 表示汉字用 UTF-8 编码占 3 字节，Text.find()方法返回的是字节偏移量，String.indexOf()返回单个编码字符的索引位置，另外 String.codepintAt()方法和 Text.charAt()方法类似，唯一的区别是前者通过字节偏移量来索引。

（3）易变性

Text 与 String 的另一个区别在于，Text 可以通过 set()方法重用 Text 实例，示例如下。

```
@Test
public void setText(){
    t=new Text("hadoop");
```

```
        t.set("pig");
        assertEquals(t.getBytes().length, 3);
    }
```

（4）Text 转化成 String 类型

Text 类对字符串操作的 API 没有像 String 那么丰富，所以大多数情况下，Text 通过 toString()方法转换成 String 来操作。

2. BytesWritable

ByteWritable 相当于是对二进制数据数组的包装。以字节数组{1,2,3,4}为例，它的序列化格式是用 4 字节表示字节数，每两字节表示一个数据，即 0000000401020304，代码示例如下。

```
        @Test
    public void testBytesWritable() throws IOException{
        BytesWritable b = new BytesWritable(newbyte[] {1,2,3,4});
        byte[] bytes = serialize(b);
        assertEquals(StringUtils.byteToHexString(bytes), "0000000401020304");
    }
```

和 Text 一样，ByteWritable 也是可变的，可以通过 set()方法来修改。常用设置方法如 void set(byte[] newData, int offset, int length)用来设置为 newData 字节数组从 offset 开始的 length 长度的数据段，后面两个参数没有默认取整个字节数组。public void setCapacity(int new_cap)用来改变后台存储空间的容量大小。

```
    BytesWritable b = new BytesWritable(newbyte[] {1,2,3,4});
        b.setCapacity(10);
        assertEquals(b.getCapacity(), 10);
        assertEquals(b.getLength(), 4);
```

3. NullWritable

NullWritable 是 Writable 的特殊类型，序列化长度为 0，它充当占位符但不真的在数据流中读写。在 MapReduce 中，可以将键或值设置为 NullWritable，SequenceFile 中的键或值也可设置为 NullWritable，结果存储常量空值。NullWritable 是单实例类型，通过 NullWritable.get()方法获取。

4. ObjectWritable 和 GenericWritable

ObjectWritable 是对 Java 基本类型或这些类型组成的数组的通用封装，它使用远程调用协议（RPC）来封送（Marshal）和反封送（Unmarshal）。

如果 SequenceFile 中的值包含多个类型，就可以将值类型设置成 ObjectWritable，并将每个类型的对象封装在 ObjectWritable 中，使用 ObjectWritable(Class declaredClass, Object instance)方法，第一个参数为欲封装的类型，第二个参数为这个类型的对象。

GenericWritable 与 ObjectWritable 相比更有效。例如，封装一个多类型的 SequenceFile 文件的值，用 ObjectWritable 来做，需要对每个值对加类型字符串来封装，这是极为烦琐的。GenericWritable 可以针对多记录多类型的文件封装。它实现了 Configurable 接口，在反序列化时，相关配置可以传递到实现 Configurable 接口类型的对象中。GenericWritable 接口的实现如下。

```
    public class GenericObject extends GenericWritable {
      private static Class[] CLASSES = {
              ClassType1.class,
              ClassType2.class,
              ClassType3.class,
              };
      protected Class[] getTypes() {
         return CLASSES;
      }
    }
```

6.4.5 自定义 Writable 类型

Hadoop 本身的一套基本类型满足大部分需求，但在有些情况下，可以根据业务需要构造新的实现，这样做的目的是提高 MapReduce 作业的性能，因为 Writable 是 MapReduce 的核心。

假如要处理一组姓名字段，不能单独处理姓和名，需要连在一起处理。例如，一对字符串 TextPair 的基本实现如下。

```
package org.trucy.serializable;
import Java.io.DataInput;
import Java.io.DataOutput;
import Java.io.IOException;
import org.apache.hadoop.io.*;
public class TextPair implements WritableComparable<TextPair> {
    private Text first;
    private Text second;
    public TextPair() {
        set(new Text(), new Text());
        }
    public TextPair(String first, String second) {
        set(new Text(first), new Text(second));
        }
    public TextPair(Text first, Text second) {
        set(first, second);
        }
    public void set(Text first, Text second) {
        this.first = first;
        this.second = second;
        }
    public Text getFirst() {
        returnfirst;
        }
    public Text getSecond() {
        returnsecond;
        }
    @Override
    public void readFields(DataInput in) throws IOException {
        first.readFields(in);
        second.readFields(in);
    }
    @Override
    public void write(DataOutput out) throws IOException {
        first.write(out);
        second.write(out);
    }
    @Override
    public int compareTo(TextPair tp) {
        int cmp = first.compareTo(tp.first);
        if (cmp != 0) {
        return cmp;
        }
        returnsecond.compareTo(tp.second);
    }
    @Override
    public int hashCode() {
        returnfirst.hashCode() * 163 + second.hashCode();
    }
    @Override
    public boolean equals(Object o) {
        if (o instanceof TextPair) {
            TextPair tp = (TextPair) o;
```

```
                returnfirst.equals(tp.first) &&second.equals(tp.second);
                }
                returnfalse;
        }
        @Override
        public String toString() {
            returnfirst + "\t" + second;
        }
    }
```

TextPair 类的 write()方法将 first 和 second 两个字段序列化到输出流中，反之，readFile()方法对来自输入流的字节进行反序列化处理。因为 DataOutput 和 DataInput 接口提供了很多底层的序列化和反序列化方法，所以可以完全控制 Writable 对象的数据传输格式。

此外，与构造任意 Java 值对象一样，必须重写 Java.lang.Object 中的 hashCode()、equal()和 toString()方法。其中 hashCode()方法是给后面 MapReduce 程序进行 reduce 分区使用分区时所用到的 Hashpartitioner 是 MapReduce 的默认分区类。

因为 TextPair 类还是继承了 WritableComparable 接口，所以必须提供 compareTo()方法的实现。该实现方法先按 first 排序，first 相同，再按 second 排序。

习题

1. SequenceFile 类型文件可以用记事本打开吗?
2. MapFile 与 SequenceFile 有什么区别?
3. 对比 Hadoop 常用的压缩算法。
4. 既然 Java 的基本类型都支持序列化操作，那么为什么 Hadoop 的基本类型还要重新定义序列化呢?
5. 比较 Java 基本类型和 writable 的区别与联系。

第7章 海量数据库技术HBase

本章主要介绍 HBase 的表视图（概念视图和物理视图）及物理存储模型。概念视图相当于逻辑视图，可以看到整张表的结构；而物理视图则是表的基本存储结构，可以看出 HBase 的表记录是存储在不同单元中的，这也是 HBase 和关系型数据库的最大区别。HBase 物理存储模型中介绍了 HBase 的基本服务、数据处理流程和底层数据结构。还介绍了 HBase 的安装以及 HBase Shell 的基本操作。

通过本章的学习，读者可以了解 HBase 的基本原理、HBase 的表结构（逻辑和物理）以及一些底层相关细节，并能够安装和简单地使用 HBase。

7.1 初识 HBase

HBase 实际上是 Hadoop 的数据库（DataBase），它是一种分布式的，面向列的高可靠、高性能、可伸缩、实时读写的开源分布式数据库系统。其技术来源于 Fay Chang Et Al（Chang 等人）撰写的 Google 论文——结构化数据的分布式存储系统（*BigTable: A Distributed Storage System for Structured Data*）。因此，HBase 提供的功能类似于 Google 的 BigTable，目前是 Apache 的顶级项目。HBase 适合存储半结构化的数据，具有接近硬盘极限的写入性能及出色的读取表现，适合数据量大，但操作简单的任务场景。

HBase 可以用 HDFS 作为其文件存储系统，并支持使用 MapReduce 分布式模型处理 HBase 中的海量数据，利用 ZooKeeper 协同管理数据。HBase 一般具有如下特点。

（1）线性扩展：当存储空间不足时，可通过简单增加节点的方式扩展。

（2）面向列：面向列族存储，即同一个列族的数据在逻辑上（HBase 底层为 HDFS，所以实际上会有多个文件块）存储在一个文件中。

（3）大表：表可以非常大，具有百万级甚至亿级的行和列。

（4）稀疏：列族中的列可以动态增加，由于数据的多样性，所以整体上会有非常多的列，但每一行数据可能只对应少数的列，一般情况下，一行数据中，只有少数的列有值，而对于空值，HBase 并不存储，因此，表可以设计得非常稀疏，而不带来额外的开销。

（5）非结构化：HBase 不是关系型数据库，适合存储非结构化的数据，即 HBase 是非关系型数据库（Not-Only SQL，NoSQL）的典型代表产品。

（6）面向海量数据：HBase 适合处理大数量级的数据，TB 级甚至 PB 级。

（7）HQL：HBase 不支持 SQL 查询语言，但提供了相应的查询语言 HQL（HBase Query Language）。

（8）高读写场景：HBase 适合于批量大数据高速写入数据库，同时也有不少读操作（key-value 查询）的场景。

7.2 HBase 表视图

HBase 表视图分为概念视图和物理视图，在概念视图上，HBase 表是由稀疏的行组成的集合，很多行都没有完整的列族，而 HBase 表的物理存储是以列族为单元进行存储的，一行数据被分散在多个物理存储单元中，空单元全部丢弃。

7.2.1 概念视图

在一般的关系型数据库中，采用二维表存储数据，一般只有行和列。其中，列的属性必须在使用前就定义好，而行可以动态扩展。HBase 不同于一般的关系型数据库，HBase 表一般由行键、时间戳、列族、行组成，如图 7-1 所示。列族必须在使用前预先定义；和二维表中的列类似，但是列族中的列、时间戳和行都能在使用时动态扩展，因此，HBase 和一般的关系型数据库有很大的区别。

行键	时间戳	列族 contents	列族 anchor	列族 mime
"com.cnn.www"	t9		anchor:cnnsi.com= "CNN"	
	t8		anchor:my.look.ca= "CNN.com"	
	t5	contents:html= "…"		mine:type= "text/html"
	t4	contents:html= "…"		
	t2	contents:html= "…"		

图 7-1 HBase 表逻辑视图

1. 行（Row）

HBase 表中的行一般由一个行键和一个或多个具有关联值的列组成，存储时，根据行键按字典序排列。

2. 行键（RowKey）

行键是用来检索的主键，在 HBase 中，每一行只能有一个行键，也就是说，HBase 中的表只能用行键索引。在图 7-1 中，com.cnn.www 就是一个行键。

行键可以是任意的字符串，最大长度为 64KB，在 HBase 中，行键以字节数组存放，即没有特定的类型，因此在存储排序时也不会考虑数据类型。应该注意的是，数值的存储并不会按照人们的理解排序，如 1～20 排序为 1,10,11…19,2,20,3,4,5…9，所以在设计含数值的行键时，应用 0 左填充，如 01,02,03…19,20。

考虑到排序特性，为了使相似的数据存储在相近的位置，在设计行键时就应该特别注意，例如，当行键为网站域名时，应该使用倒叙法存储：org.apache.www、org.apache.mail、org.apache.jira，这样，所有与 Apache 相关的网页在一个表中的存储位置就是邻近的，而不会因为域名首单词（www、mail）差异太大而分散在不同的地方。

3. 列族（ColumnFamily）

列族是由某些列构成的集合，一般一类数据被设计在一个列族中，由不同的列存储。在 HBase 中，可以有多个列族，但列族在使用前必须事先定义。从列族层面看，HBase 是结构化的，列族就如同关系型数据库中的列一样，属于表的一部分。列族不能随意修改和删除，必须使所属表离线，才能进行相应操作。

在存储上，HBase 以列族作为一个存储单元，即每个列族都会单独存储，HBase 是面向列的数据库也是由此而来。

4. 列（Column）

列并不是真实存在的，而是由列族名、冒号、限定符组合成的虚拟列，图 7-1 中的 anchor:cnnsi.com、mine:type 均是相应列族中的一列；在同一个列族中，由于修饰符不同，可以看成是列族中含有多列，图 7-1 中的 anchor:cnnsi.com、anchor:my.look.ca 就是列族 anchor 中的两列。所以列在使用时不需要预先定义，在插入数据时，直接指定修饰符即可。从列的层面看，HBase 是非结构化的，因为列如同行一样，可以随意动态扩展。

5. 表格单元（Cell）

Cell 是由行键、列限定的唯一表格单元，包含一个值及能反应该值版本的时间戳，Cell 的内容是不可分割的字节数组，Cell 是 HBase 表中的最小操作单元。在图 7-1 中，列族下面的每一个格子和相应的时间戳的组合都可以看成是一个单元，可以发现，表格中有很多空单元，这些空单元并不占用存储空间，因为在实际存储中，空单元并不会当成一个数据进行存储，这也造成 HBase 表在逻辑上具有稀疏性。

6. 时间戳（TimeStamp）

时间戳是为数据添加的时间标记，该标记可以反映数据的新旧版本，每一个由行键和列限定的数据在添加时都会指定一个时间戳。时间戳主要是为了标识同一数据的不同版本，在图 7-1 中，由行键 com.cnn.www 和列 contents:html 限定的数据有 3 个版本，分别在 t5、t4、t2 时刻插入。为了让新版本的数据能更快地被找到，各版本的数据在存储时，会根据时间戳倒序排列，那么在读取存储文件时，最新的数据会被最先找到。

时间戳一般会在数据写入时，由 HBase 自动获取系统时间赋值，也可以由用户在存储数据时显式指定。时间戳的数据类型为 64 位整型，获取系统时间时，精确到 ms。

数据存储时，进行多版本存储有其优点，但是过多的版本也会给管理造成负担，所以 HBase 提供了两种回收机制。一种是只存储一定数量版本的数据，超过这个数量，就会对最旧的数据进行回收；另一种是只保存一定时间范围内的数据版本，超过这个时间范围的数据都会被舍弃。

7.2.2 物理视图

HBase 表在概念视图上是由稀疏的行组成的集合，很多行都没有完整的列族，但是在物理存储中是以列族为单元存储的，一行数据被分散在多个物理存储单元中，空单元全部丢弃。图 7-1 中的表有 3 个列族，那么在进行物理存储时，会有 3 个存储单元，每个单元对应一个列族，其映射为物理视图如图 7-2 所示。按列族存储的好处是可以在任何时刻添加一个列到列族中，而不用事先声明；即使新增一个列族，也不用对已存储的物理单元进行任何修改；所以这种存储模式使得 HBase 非常适合进行 key-value 的查询。

由图 7-2 可以看出，在概念视图上显示的空单元完全没有存储，那么在数据查询中，如果请求获取 contents:html 在 t8 时间戳的数据，则不会有返回值，类似的请求均不会有返回值；但是如果在请求数据时，没有指定时间戳，则会返回列中最新版本的数据。如果连列也没有指定，那么查询时会返回各列中的最新值。例如，请求为获取行键 com.cnn.www 的值，返回值为 t5 下的 contents:html、t9 下的 anchor:cnnsi.com、t8 下的 anchor:my.look.ca 以及 t5 下的 mine:type 对应的值。

行键	时间戳	列族 contents
"com.cnn.www"	t5	contents:html= "…"
"com.cnn.www"	t4	contents:html= "…"
"com.cnn.www"	t2	contents:html= "…"

行键	时间戳	列族 anchors
"com.cnn.www"	t9	anchor:cnnsi.com= "CNN"
"com.cnn.www"	t8	anchor:my.look.ca= "CNN.com"

行键	时间戳	列族 mime
"com.cnn.www"	t5	mine:type= "text/html"

图 7-2 HBase 表物理视图

7.3 HBase 物理存储模型

如果只考虑基本使用，则不需要了解 HBase 的底层存储情况；但如果需要对 HBase 进行优化配置，或者由于断电、磁盘损坏等原因导致 HBase 出现运行问题，需要恢复数据时，则需要对 HBase 的底层存储有一定的了解。

HBase 的底层存储实现如图 7-3 所示。由图 7-3 可以得知，HBase 主要有两种文件：一种是由 HLog 管理的预写日志文件（Write-Ahead Log，WAL）；另一个是实际的数据文件 HFile。它们均以 HDFS 作为底层实现，在实际存储中，会划分成更小的文件块分散到各个数据节点（DataNode）中，所以只能知道文件在 HDFS 中的逻辑位置，而无法知道某张表具体存储在哪个物理节点上。下面介绍相关服务和文件。

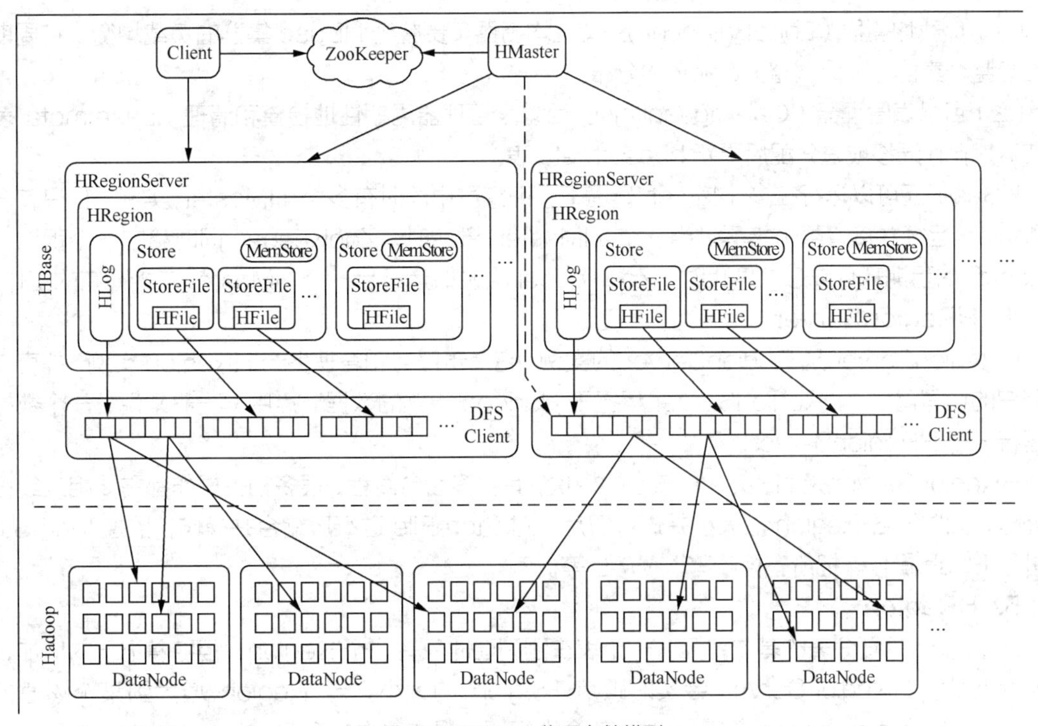

图 7-3 HBase 物理存储模型

1. Client

客户端（Client）用于提交管理或读写请求，采用 RPC 与 HMaster 和 HRegionServer 进行通信。提交管理请求时与 HMaster 进行通信，提交读写请求时，通过 ZooKeeper 提供的 hbase:meta 表定位到要读写的 HRegion，直接与服务于这个 HRegion 的 HRegionServer 进行通信。客户端还可以缓存查询信息，这样如果随后有相似的请求，就可以直接通过缓存定位，而不用再次查找 hbase:meta 表了。

2. ZooKeeper

ZooKeeper 为 HBase 提供协同管理服务，当 HRegionServer 上线时，会把自己注册到 ZooKeeper 中，以使 ZooKeeper 能实时监控 HRegionServer 的健康状态，当发现某个 HRegionServer 死掉时，能及时通知 HMaster 进行相应处理。

同时，ZooKeeper 还为 HBase 提供目录表的位置，在 HBase 0.96 或以前的版本中，ZooKeeper 提供-ROOT-表，通过-ROOT-可以追踪到.META 表，.META 表中存储了系统中所有 Region 的行键信息、位置及该 Region 由哪个 HRegionServer 管理。HBase 0.96 之后的版本，移除了-ROOT-表，.META 表改名为 hbase:meta 表并直接存储在 ZooKeeper 中。

3. HMaster

HMaster 是主服务（HBase Master Server）的实例，在 Hadoop 集群中，一般设置运行于 NameNode，它负责监控集群中的所有 HRegionServer，并对所有表和 Region 进行管理操作，主要有以下几点。

（1）操作表，如创建表、修改表、移除表，对表进行上线（Enable）和下线（Disable）。

（2）在 Region Split 之后，分配新 Region。

（3）当某 HRegionServer 死掉之后，负责迁移 HRegionServer 服务的 Region。

此外，HMaster 中还运行两个后台进程。

（1）负载均衡器（LoadBalancer）：负载均衡器负责整个 HBase 集群的负载均衡，它周期性地检查整个集群，及时调整 Region 的分布。

（2）目录表管理器（CatalogJanitor）：目录表管理器周期性地检查和清理 hbase:meta 表，并在 Region 迁移或重分配后更新 hbase:meta 表。

HBase 还可以运行在多 Master 环境下，即集群中同时有多个 HMaster 实例，但只有一个 HMaster 运行并接管整个集群。当一个 HMaster 激活时，ZooKeeper 同时给它一个租期，当 HMaster 的租期耗尽或意外停止时，ZooKeeper 会及时运行另一个 HMaster 来接替它的工作。

4. HRegionServer

HRegionServer 是 RegionServer 的实例，它负责服务和管理多个 HRegion 实例，并直接响应用户的读写请求，HRegionServer 运行于 Hadoop 集群的数据节点中，一般来说，一个数据节点运行一个 HRegionServer。

HRegionServer 是 HBase 最核心的模块，有很多后台线程、很多相关操作都需要相应线程进行处理，如监控各 Region 的大小并进行切片，对 StoreFile 进行压缩合并操作，监控 MemStore 并进行 Flush 操作，把所有修改写入 WAL 等。

5. HRegion

HRegion 是划分表的基本单元，一个表在刚创建时只有一个 Region，但随着记录的增加，表会越来越大，HRegionServer 会实时跟踪 Region 的大小，当 Region 增大到某个阈值（由 hbase.hregion.max.filesize 确定）时，就会进行切片操作，由一个 Region 分裂成两个 Region，随着表的继续增大，还会分裂成更多的 Region。切片操作根据表的记录按行键进行划分，即每一行的数据只需要查找一个 Region 即可完全找到。

当一个 Region 分裂成两个新的 Region 后，HMaster 会重新分配相应的 HRegionServer 进行管理，并不一定选取原来的 HRegionServer，之后会更新 hbase:meta 表。

（1）HStore

因为每个 HRegion 实例包含若干存储数据的 Store，每个 Store 对应一个 HBase 表中的一个列族，所以，表中的列族是集中存储的，HBase 的表按列族进行存储就体现在这里。HBase 表的存储情况由图 7-4 可知，一个表在足够大之后，会被划分成若干切片（Split），每个切片对应一个 Region，每个 Region 都会有相应 HRegionServer 进行服务和管理，因为表是根据行键划分的，所以每个 Region 其实都包含表的所有列族，在存储数据时，每个 Region 中都有一个单独的 Store 对一个列族的数据进行管理。

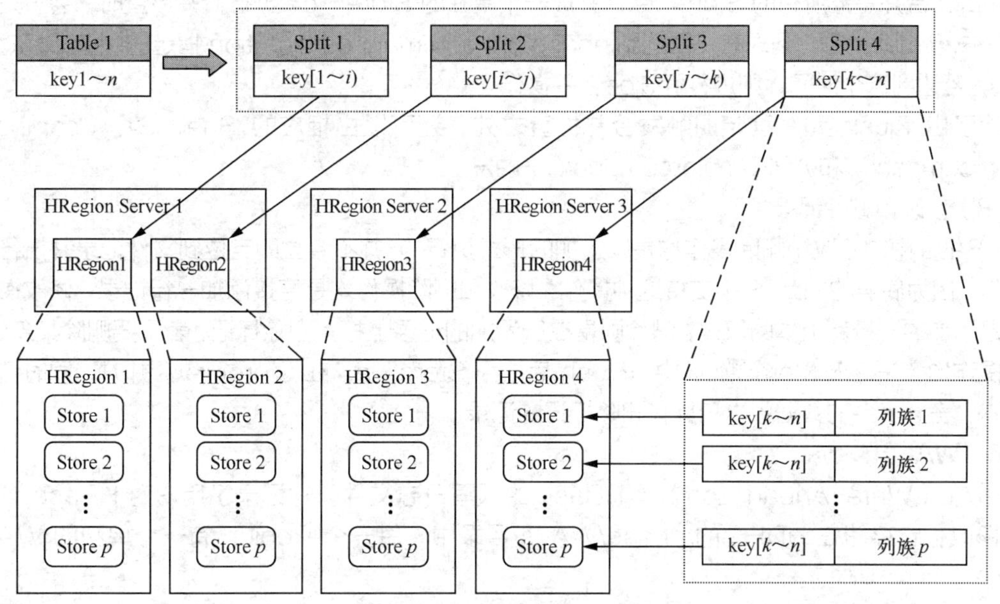

图 7-4 HBase 表的列族存储特性

Store 的存储过程是 HBase 存储的核心过程，每个 Store 包含一个 MemStore 和多个 StoreFile，MemStore 为内存中的缓存，StoreFile 则对应磁盘上的文件 HFile。在 HBase 中插入一条数据时，会先存入 MemStore 中；查询数据时，也会先从 MemStore 中寻找，找不到再到 HFile 中寻找，若在 HFile 中找到了查询结果，也会缓存到 MemStore 中，当 MemStore 中的数据累计到一定阈值时，HRegionServer 便执行 Flush 操作，把 MemStore 中的所有数据写成一个单独的 StoreFile。而当 StoreFile 的数量达到一定阈值时，又会触发压缩操作，将多个小的 StoreFile 合并成一个大的 StoreFile。

MemStore 中的记录与 StoreFile 中的记录一样，均是按行键排序，这样在查询时有更快的响应速度。

（2）合并

StoreFile 的合并有两种方式，分别是 minor 和 major。minor 合并是把最新生成的几个 StoreFile 合并，每次执行 Flush 操作之后，都会触发合并检查，或者由单独的进程定期触发合并检查。minor 合并的文件由以下 4 个参数决定。

① hbase.hstore.compaction.min：最小合并文件数，必须大于 1，默认为 3。

② hbase.hstore.compaction.max：最大合并文件数，默认为 10。

③ hbase.hstore.compaction.min.size：最小合并文件大小，设置为 Flush 阈值。

④ hbase.hstore.compaction.max.size：最大合并文件大小。

合并检查时，会查看当前的 StoreFile 是否符合条件，如果符合就运行合并过程，不符合则继续运行。最小合并文件数不要设置得过大，否则不仅会延迟 minor 合并操作，还会增加每次合并时的资源消耗和执行时间。最小合并文件大小设置为 MemStore Flush 的阈值，这样每个新生成的 StoreFile 都符合条件，因为设置了最大合并文件大小，所以当合并后的文件大于这个大小时，再执行合并检查就会被排除在外，这样设计的好处是，每次进行 minor 合并的文件都是比较新和比较小的文件。

major 合并是把所有的 StoreFile 合并成一个单独的 StoreFile，进行合并检查时，会事先检查从上次执行 major 合并到现在是否达到 hbase.hregion.majorcompaction 指定的阈值（默认为 24 小时），若达到这个时间，则进行 major 合并操作。

除了由 Flush 和线程定期触发合并检查之外，还可以由相应的 Shell 命令（compact、major_compact）和 API（majorcompact()）触发。

（3）修改和删除记录

HBase 中的修改和删除操作均是以追加的形式执行的，并不会立即定位到文件记录并执行相应的操作，因为底层的 HDFS 不支持这种操作。修改和删除操作均是直接添加一行记录，修改操作其实就是添加的一行新版本的数据，删除则是在所添加的记录上打上删除标记，表示要删除某条记录，这些操作均会先存入 MemStore 中，Flush 后成为 StoreFile，在 StoreFile 合并时，同时合并数据版本，舍弃多余的数据版本和具有删除标记的记录。

6. WAL

WAL（Write-Ahead Log）是 HBase 的预写日志文件，它记录了用户对 HBase 数据的所有修改，它存储在 HDFS 的/hbase/WALs/目录中，每一个 Region 有一个单独的 WAL 存放目录。

在正常情况下不需要 WAL，因为写入 MemStore 的数据会不停地持久化到 StoreFile 中，但如果 HRegionServer 突然死掉或由于各种原因变得不可用时，MemStore 中的数据就极有可能出现丢失，而 WAL 的存在就是为了使意外丢失的数据能够得到恢复，起到灾难恢复的作用。

一般一个 RegionServer 会服务多个 Region，但是一个 RegionServer 中的所有 Region 都会共用一个活跃的 WAL，如图 7-5 所示，来自客户端的所有操作都会由 RegionServer 交给相应的 Region 处理，但在记录写入 Store 的 MemStore 之前，必须先由 RegionServer 写入 WAL 中，如果 RegionServer 写入失败，整个写入操作也就失败，MemStore 中不会得到相应的更新记录。

WAL 文件在磁盘中的实际存储格式称为 HLogFile，它其实就是一个普通的 Hadoop Sequence File，无论哪个 Region 来了数据，都直接以追加的形式写入这个 Sequence File 中，其目的是单独操作一个文件，对比同时写入多个文件而言，减少了机械硬盘的寻址次数，加快了数据处理速度。不过这样做也有一个缺点，那就是当 RegionServer 出现问题需要恢复数据时，需要先把 Log 中属于各 Region 的操作记录划分出来成为单独的数据集，才能分发给其他 RegionServer 进行数据恢复。

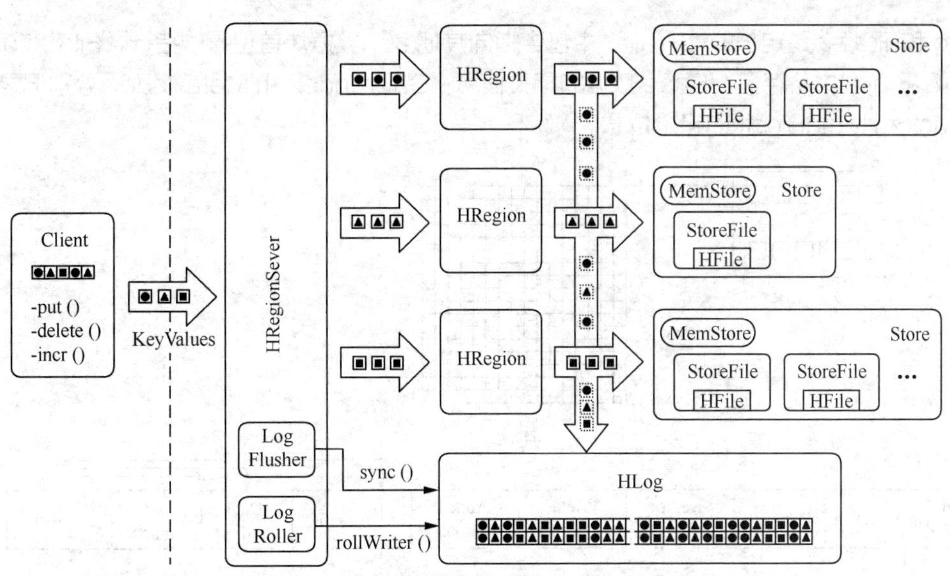

图 7-5　所有修改操作都会先写入 WAL

因为所有的 Region 共用一个 WAL，所以在向 HLogFile 写入数据时，需要以特定格式写入，为每一操作记录添加相应的归属信息。HLogFile 的存储格式如图 7-6 所示，每一个存储单元均包含两部分，即 HLogKey 和 KeyValue。HLogKey 中记录了写入数据所录属的表（Table）、Region、写入时间戳（TimeStamp）及序列编号（SequenceNumber）；KeyValue 对应 StoreFile 的物理存储 HFile 中的 KeyValue 元数据。

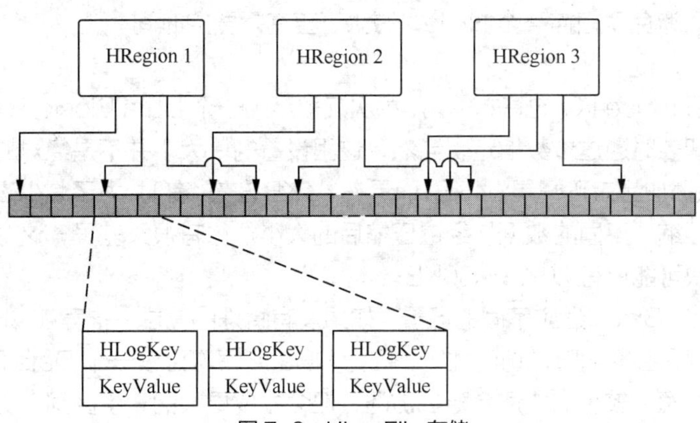

图 7-6　HLogFile 存储

7. HFile

HFile 是 HBase 数据文件的实际存储格式，它由 HFile 类实现。HFile 文件的大小是不定的，它只是简单的由数据块（Data or Meta）和追踪块（Trailer）组成，如图 7-7 所示。数据块中存储实际的数据、追踪块存放、文件块相关信息和对数据块的索引。HFile 的底层实现是 HDFS，当一个 HFile 大于 HDFS 块时，存储时会对应多个 HDFS 数据块，然后由 HDFS 冗余备份到其他节点，实现数据的分布式存储。

HFile 数据块有两种，即 DataBlock 和 MetaBlock。DataBlock 用于保存表中的数据，MetaBlock 用于保存用户自定义的 KeyValue 对，这两种类型的数据块都可以以块为单位压缩存储；追踪块包含 4 部分，如图 7-7 所示，分别为 File Info、Data Index、Meta Index 和 Trailer，其中

File Info 和 Trailer 是定长的，Trailer 中包含指向其他 3 个数据块首位置的指针，File Info 记录当前 HDFS Block 中所存储 HBase 数据的相关信息，Data Index 和 Meta Index 分别记录了所有 DataBlock 和 MetaBlock 的起始位置。

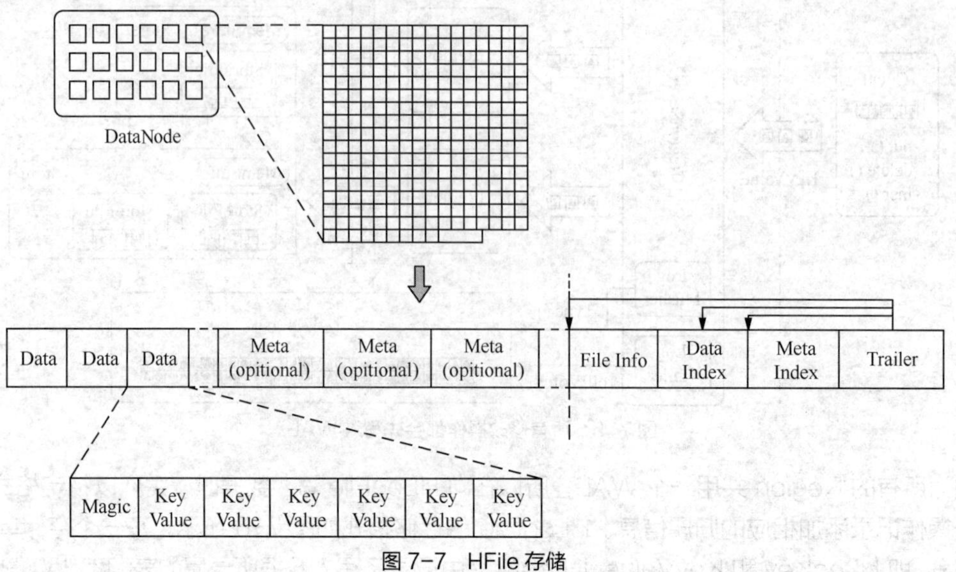

图 7-7　HFile 存储

在查询时，往往先读取 Trailer，由 Trailer 找到 Data Index 的位置，然后将 Data Index 缓存到内存中，直接在内存中定位到所查询 Key 所在的 Data Block，缓存整个 Data Block，然后找到需要的 Key。这样，避免了扫描整个 HFile，减少了查询需要的时间。

（1）Data Block

Data Block 是 HBase I/O 的基本单元，每次读取至少一个 Data Block。Block 默认为 64KB，也可以由用户在创建表时通过参数指定，当然，这里设置的块大小并不是绝对的，因为并不能保证 Data 块中存储的数据加起来正好是 64KB，而是在 64KB 左右；有时，为了减少磁盘 I/O 和网络 I/O，在存储时还会开启压缩，不同的数据块经过压缩后的大小往往有很大差异，这时根本不能确定存储时的块大小，最小块可能只有 20KB～30KB。

不同大小的 Data Block 适应不同的场景，如果没有特殊的需求，推荐在 8KB～1MB。较大的块适合顺序访问，但是会影响随机访问性能，因为 HBase 每次必读一个 Data Block，更大的块必然消耗更多的计算资源；较小的块适合随机访问，但会生成更大的索引区间，更多的数据压缩流刷写次数，使创建速度变得更慢。

Data Block 中的数据格式如图 7-7 所示，每个 Data 块包含一个 Magic 头部和一定数量的序列化的 KeyValue 实例，Magic 段只是一个随机数字，在数据块写入时随机产生，并同时记录在索引中，这样在读取数据时可以进行安全检查。

（2）KeyValue 结构

KeyValue 存储一条记录，其内部结构如图 7-8 所示，可以看出，KeyValue 结构可以简单分为 3 个部分。第一部分为两个固定长度的数值，分别记录第二部分 Key 和第三部分 value 的长度，相当于整条 KeyValue 的索引。第二部分为 Key 段，包含当前记录的所有表头信息，首先是一个固定长度的数值，记录了紧接其后的行键（RowKey）的长度，行键之后又是一个固定长度的数值，记录紧接其后的列族（ColumnFamily）的长度，列族之后为 Column Qualifier，即当前记录所属的列，最后为两个固定长度的数值，分别为时间戳（TimeStamp）和 KeyType（Put/Delete），因为 Column Qualifier 的长度可由 Key 段总长度减去其他数据块的长度计算出来，所以不需要单独开辟一个空间来存放它的长度。第三部分为 Value 段，Value 段没有什么复杂的结构，就是简单的序列化的二进制数据，记录插入的内容。

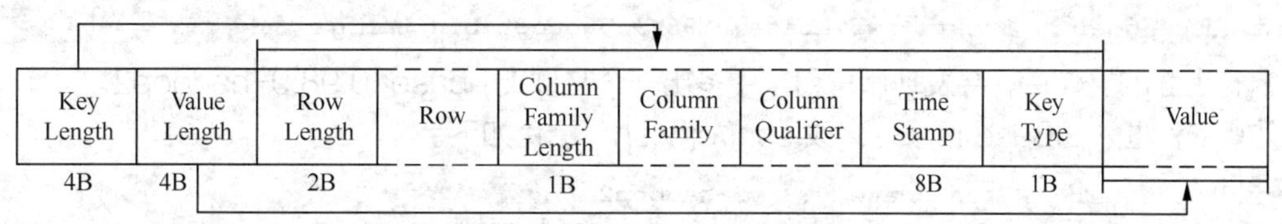

图 7-8　KeyValue 内部结构

7.4　安装 HBase

HBase 的部署安装有 3 种模式，分别是单节点模式、伪分布式模式和完全分布式模式。

（1）单节点模式即只在一个节点上配置 HBase，直接使用 Linux 本地文件系统存储相关文件，所有服务运行在一个 JVM 中，该模式的配置比较简单。

（2）伪分布式模式和单节点模式比较类似，同样只需要在一个节点上配置，既可使用本地文件系统，也可以使用 Hadoop 的 HDFS 作为底层存储，有一点不同的是，伪分布式模式的所有服务是单独运行的。

（3）完全分布式模式的配置比较复杂，在单节点做好相应配置之后，还需要把配置好的 HBase 文件分发到所有节点，因为必须使用 HDFS 作为底层存储系统，所以必须有一个可以正常使用的 Hadoop 环境。此外，可能还需要设置 SSH 及时间同步等。

因为 HBase 需要使用 ZooKeeper 作为协同运行组件，所以 HBase 一般都会自带 ZooKeeper，在配置时进行相应设置即可。

7.4.1　HBase 单节点安装

从官网下载 HBase 安装文件。首先，进入官网 HBase 安装页面，单击 stable，出现最新的稳定版本，然后选择需要的版本即可，如图 7-9 所示。

Index of /apache/hbase/stable

Name	Last modified	Size	Description
Parent Directory		-	
hbase-0.98.9-hadoop1-bin.tar.gz	24-Dec-2014 00:37	68M	
hbase-0.98.9-hadoop1-bin.tar.gz.mds	24-Dec-2014 00:37	1.2K	
hbase-0.98.9-hadoop2-bin.tar.gz	24-Dec-2014 00:37	81M	
hbase-0.98.9-hadoop2-bin.tar.gz.mds	24-Dec-2014 00:37	1.2K	
hbase-0.98.9-src.tar.gz	24-Dec-2014 00:37	7.3M	
hbase-0.98.9-src.tar.gz.mds	24-Dec-2014 00:37	1.1K	

Apache/2.0.64 (Unix) Server at mirrors.cnnic.cn Port 80

图 7-9　HBase 稳定版本

在图 7-9 中，hbase 后面的数字代表 HBase 的版本号，紧跟在后的 Hadoop x 表示支持的

Hadoop 版本，本书的 Hadoop 为 2.7.7，所以这里选择 hbase-0.98.9-hadoop2-bin.tar.gz 版本，并下载。HBase 的安装步骤如下。

步骤 1，上传 hbase-0.98.9-hadoop2-bin.tar.gz 到主节点并解压。本书所用的解压方法是上传到用户目录下并直接解压到该用户目录下，命令如下。

```
[hadoop@node1 ~]$ tar -zxf hbase-0.98.9-hadoop2-bin.tar.gz
```

执行上面的操作后，会发现用户目录中多出一个文件夹 hbase-0.98.9-hadoop2。

步骤 2，进入 HBase 目录，修改 conf/env.sh，示例如下。

```
[hadoop@node1 ~]$ cd hbase-0.98.9-hadoop2
[hadoop@node1 hbase-0.98.9-hadoop2]$ vim conf/hbase-env.sh
```

这里主要有两步。

① 找到 JAVA_HOME 配置项，取消注释，并把 JAVA_HOME 的值改为节点上的 Java 安装位置，该项大概在第 29 行的位置，如图 7-10 所示。

② 找到 ZooKeeper 的 HBASE_MANAGES_ZK 配置项，取消注释，并设置其值为 true，该项大概在文件第 124 行，如图 7-10 所示。该项表示是否使 HBase 使用其自带的 ZooKeeper，true 表示使用自带的 ZooKeeper，这样就不需要单独下载 ZooKeeper 并做相应配置了。

```
28 # The java implementation to use.  Java 1.6 required.
29 export JAVA_HOME=/opt/java/jdk1.7.0_67/
```

```
123 # Tell HBase whether it should manage it's own instance of Zookeeper or not.
124 export HBASE_MANAGES_ZK=true
```

图 7-10　env.sh 文件的修改项

步骤 3，修改 conf/hbase-site.xml，示例如下。

```
[hadoop@node1 hbase-0.98.9-hadoop2]$ vim conf/hbase-site.xml
```

这是 HBase 的主要配置文件，在单节点模式中，只需要配置 HBase 和 ZooKeeper 的文件存储位置即可。在默认情况下，文件存储位置为/tmp/hbase-${user.name}，因为操作系统会在重启时清理/tmp 目录下的数据，所以需要把目录设置为其他位置。hbase-site.xml 和 Hadoop 的配置文件一样，初始是没有配置项的，需要在<configuration>标签之后添加配置信息，具体内容如下。

```
<configuration>
<property>
<name>hbase.rootdir</name>
<value>file:///home/hadoop/hbase</value>
</property>
<property>
<name>hbase.zookeeper.property.dataDir</name>
<value>/home/hadoop/zookeeper</value>
</property>
</configuration>
```

注意，不要创建上面配置的文件夹，HBase 启动后会自动创建；如果创建了，HBase 为了保证数据的一致性反而要做迁移操作，这并不是人们想要的。

步骤 4，查看当前 HBase 所基于的 Hadoop 版本，并做版本适配，示例如下。

```
[hadoop@node1 hbase-0.98.9-hadoop2]$ ls lib | grep '^hadoop-'
```

输出结果如下。

```
hadoop-annotations-2.7.7.jar
hadoop-auth-2.7.7.jar
```

```
hadoop-client-2.7.7.jar
hadoop-common-2.7.7.jar
hadoop-hdfs-2.7.7.jar
hadoop-mapreduce-client-app-2.7.7.jar
hadoop-mapreduce-client-common-2.7.7.jar
hadoop-mapreduce-client-core-2.7.7.jar
hadoop-mapreduce-client-jobclient-2.7.7.jar
hadoop-mapreduce-client-shuffle-2.7.7.jar
hadoop-yarn-api-2.7.7.jar
hadoop-yarn-client-2.7.7.jar
hadoop-yarn-common-2.7.7.jar
hadoop-yarn-server-common-2.7.7.jar
hadoop-yarn-server-nodemanager-2.7.7.jar
```

可以看出，因为 Hadoop 的相关文件均是 2.7.7 的，所以这个版本的 HBase 是基于 Hadoop 2.7.7，如果 Hadoop 版本不是 2.7.7，则为了避免出现匹配错误，应该把相应的 Hadoop jar 包复制到 HBase 的 lib 文件夹下，需要做如下操作。

```
[hadoop@node1 hbase-0.98.9-hadoop2] $ ls lib | grep '^hadoop-' | \
sed 's/2.7.7/[你的 Hadoop 版本号]/' | \
xargs -i find $HADOOP_HOME -name {} | \
xargs -i cp {} /home/hadoop/hbase-0.98.9-hadoop2/lib/
[hadoop@node1 hbase-0.98.9-hadoop2] $ rm -rf lib/hadoop-*2.7.7.jar
```

从上可看出，第一步为将相应的 Hadoop jar 包复制到 HBase 的 lib 文件夹，第二步为删除 lib 文件夹下 Hadoop 2.7.7 相关的 jar 包。输入命令时，注意将第一步中的下画线部分修改为相应的值，这两步的执行顺序不能颠倒。

步骤 5，启动 HBase，示例如下。

```
[hadoop@node1 hbase-0.98.9-hadoop2]$ bin/start-hbase.sh
```

输入上述命令，如果没有意外的话，会有相应的输出日志显示 HBase 启动成功，可以输入 jps 命令查看是否有相应的 HMaster 进程。在单节点模式中，HBase 的所有服务均运行在一个 JVM 中，包括 HMaster、一个 HRegionServer 和 ZooKeeper 服务，所以只会看到一个 HMaster。

7.4.2 HBase 伪分布式安装

HBase 的伪分布式运行也是在单节点上运行所有服务，分别是 HMaster、HRegionServer 和 ZooKeeper，与单节点模式不同的是，它们均运行在单独的进程中，HMaster 和 ZooKeeper 依然在同一个 JVM 中。

经过单节点的配置过程之后，相信读者对 HBase 的配置有了一定的了解，现在可以直接在前面单节点配置的基础之上做相应修改，使 HBase 以伪分布式模式运行，确保配置时，HBase 已停止运行。HBase 伪分布式安装如下。

步骤 1，配置 hbase-site.xml，示例如下。

```
[hadoop@node1 hbase-0.98.9-hadoop2]$ vim conf/hbase-site.xml
```

这里主要进行两项设置，一是开启 HBase 的分布式运行模式，二是设置文件存储位置为 HDFS 的/hbase 目录，修改后的完整配置代码如下，添加或修改部分已用粗体标识。

```
<configuration>
   <property>
   <name>hbase.rootdir</name>
   <value>hdfs://192.168.237.130:9000/hbase</value>
   </property>
```

```
    <property>
    <name>hbase.zookeeper.property.dataDir</name>
    <value>/home/hadoop/zookeeper</value>
    </property>
    <property>
    <name>hbase.cluster.distributed</name>
    <value>true</value>
    </property>
</configuration>
```

注意，hbase.rootdir 的值要与 Hadoop 配置文件 core_site.xml 中的 fs.defaultFS 的值对应，否则 HBase 将无法访问 HDFS。和前面一样，配置的存储目录不需要用户建立，HBase 启动时会自动建立相应文件夹。

步骤 2，启动 HBase，示例如下。

```
[hadoop@node1 hbase-0.98.9-hadoop2]$ bin/start-hbase.sh
```

如果配置没有问题，HBase 就会以伪分布式运行，使用 jps 应该可以看到有 HMaster 和 HRegionServer 两个服务。

步骤 3，在 HDFS 中检查 HBase 文件。如果一切正常的话，HBase 会在 HDFS 中建立自己的文件，在上述配置文件中，设置的文件位置为/hbase，可以用 hadoop fs 命令查看，如图 7-11 所示。

```
[hadoop@node1 ~]$ hadoop fs -ls /hbase
Found 6 items
drwxr-xr-x   - hadoop supergroup          0 2015-01-29 04:41 /hbase/.tmp
drwxr-xr-x   - hadoop supergroup          0 2015-01-29 04:41 /hbase/WALs
drwxr-xr-x   - hadoop supergroup          0 2015-01-29 04:41 /hbase/data
-rw-r--r--   3 hadoop supergroup         42 2015-01-29 04:41 /hbase/hbase.id
-rw-r--r--   3 hadoop supergroup          7 2015-01-29 04:41 /hbase/hbase.version
drwxr-xr-x   - hadoop supergroup          0 2015-01-29 04:41 /hbase/oldWALs
```

图 7-11　查看 HDFS 中的 HBase 文件

7.4.3　HBase 完全分布式安装

在完全分布式模式中，一个集群含有多个节点，每个节点都将运行一个或多个 HBase 服务，本例将在 4 个节点的 Hadoop 集群中配置 HBase，具体情况如表 7-1 所示。

表 7-1　集群布置信息

主机名	用户名	Master	ZooKeeper	RegionServer
Node1	hadoop	✓	✓	×
Node2	hadoop	backup	✓	✓
Node3	hadoop	×	✓	✓
Node4	hadoop	×	✓	✓

因为要在一个节点上输入命令启动整个集群，所以需要配置所有节点的 SSH 无密码验证，这项在配置 Hadoop 时一般会预先配置，这里不再赘述。集群的配置步骤基于前面的配置进行，如果要完全重新配置，请参照 7.4.1 小节中的步骤 1、步骤 2 和步骤 4 先做相应配置，在此基础之上再进行如下配置。

步骤 1，配置 Node1 上的 hbase-site.xml，示例如下。

```
[hadoop@node1 hbase-0.98.9-hadoop2]$ vim conf/hbase-site.xml
```

修改成如下属性内容。

```
<configuration>
<property>
<name>hbase.rootdir</name>
<value>hdfs://node1:9000/hbase</value>
</property>
<property>
<name>hbase.zookeeper.property.dataDir</name>
<value>/home/hadoop/zookeeper</value>
</property>
<property>
<name>hbase.cluster.distributed</name>
<value>true</value>
</property>
<property>
<name>hbase.zookeeper.quorum</name>
<value>node1,node2,node3,node4</value>
</property>
</configuration>
```

对比伪分布式模式的配置，这里主要是增加了一个属性 hbase.zookeeper.quorum，该属性的值会让 HBase 启动时在相应节点上运行 ZooKeeper 实例。

步骤 2，在 Node1 上配置 Slave 结点列表，示例如下。

```
[hadoop@node1 hbase-0.98.9-hadoop2]$ vim conf/regionservers
```

删掉默认的 localhost，并添加想要运行 RegionServer 的节点名，一个节点一行，如下所示。

```
node2
node3
node4
```

删掉 localhost 的原因是并不想在 Hadoop 的 NameNode 上运行 RegionServer，因为 NameNode 上并不存储 HDFS 数据，运行 RegionServer 需要远程调用数据，同时也会加重 NameNode 的负担。如果一定要在 NameNode 上运行 RegionServer，也应该把 localhost 换成相应的机器名，如 Node1，因为 HBase 也可以在其他节点上运行 start-hbase.sh 脚本启动（这时会把输入命令的节点作为 Master 节点），这时 localhost 指的是本机节点而不是 NameNode。

步骤 3，设置 Node2 为运行 HMaster 的备用节点，示例如下。

```
[hadoop@node1 hbase-0.98.9-hadoop2]$ vim conf/backup-masters
```

注意该文件并不存在，使用上述命令设置保存后会生成该文件。这里直接添加一行填上相应的主机名即可，这里为 Node2。

步骤 4，从 Node1 将 HBase 文件复制到其他节点，命令如下。

```
[hadoop@node1 hbase-0.98.9-hadoop2]$ cd ..
[hadoop@node1 ~]$ scp -r ./hbase-0.98.9-hadoop2 node2:~/
[hadoop@node1 ~]$ scp -r ./hbase-0.98.9-hadoop2 node3:~/
[hadoop@node1 ~]$ scp -r ./hbase-0.98.9-hadoop2 node4:~/
```

步骤 5，在 Node1 上启动 HBase，示例如下。

```
[hadoop@node1 ~]$ hbase-0.98.9-hadoop2/bin/start-hbase.sh
```

输出信息如下。

```
node3: starting zookeeper, logging to /home/hadoop/hbase-0.98.9-hadoop2/bi
n/../logs/hbase-hadoop-zookeeper-node3.out
node4: starting zookeeper, logging to /home/hadoop/hbase-0.98.9-hadoop2/bi
n/../logs/hbase-hadoop-zookeeper-node4.out
node2: starting zookeeper, logging to /home/hadoop/hbase-0.98.9-hadoop2/bi
```

```
n/../logs/hbase-hadoop-zookeeper-node2.out
node1: starting zookeeper, logging to /home/hadoop/hbase-0.98.9-hadoop2/bi
n/../logs/hbase-hadoop-zookeeper-node1.out
starting master, logging to /home/hadoop/hbase-0.98.9-hadoop2/bi
n/../logs/hbase-hadoop-master-node1.out
node4: starting regionserver, logging to /home/hadoop/hbase-0.98.9-hadoop2
/bin/../logs/hbase-hadoop-regionserver-node4.out
node3: starting regionserver, logging to /home/hadoop/hbase-0.98.9-hadoop2
/bin/../logs/hbase-hadoop-regionserver-node3.out
node2: starting regionserver, logging to /home/hadoop/hbase-0.98.9-hadoop2
/bin/../logs/hbase-hadoop-regionserver-node2.out
node2: starting master, logging to /home/hadoop/hbase-0.98.9-hadoop2/bin/
../logs/hbase-hadoop-master-node2.out
```

如果没有问题，则在各节点上执行 jps 命令，查看相应服务是否都正常启动。本文测试时的运行情况如图 7-12 所示。

node1 jps output:	node2 jps output:
[hadoop@node1 ~]$ jps 21199 HMaster 21104 HQuorumPeer 21476 Jps 14565 SecondaryNameNode 19277 ResourceManager 14382 NameNode	[hadoop@node2 ~]$ jps 13579 HQuorumPeer 13050 NodeManager 13689 HRegionServer 13793 HMaster 14021 Jps 10778 DataNode
node3 jps output:	**node4 jps output:**
[root@node3 ~]# jps 15777 HQuorumPeer 15896 HRegionServer 16155 Jps 15252 NodeManager 13071 DataNode	[root@node4 ~]# jps 16157 Jps 13073 DataNode 15780 HQuorumPeer 15259 NodeManager 15891 HRegionServer

图 7-12 测试时的运行情况

上面的 HQuorumPeer 进程为 ZooKeeper 的实例，它由 HBase 控制和启动，以这种方式运行的 ZooKeeper 将被限制为一个节点运行一个服务进程；如果 ZooKeeper 是单独配置启动的，则它的运行进程名为 QuorumPeer，没有前面的 H。还可以发现，Node2 的输出中也有一个 HMaster，因为本文将 Node2 设为 HMaster 运行的备用节点，所以也有相应的服务，当 NameNode 的 HMaster 出现问题时，将及时由 Node2 的 HMaster 接管集群。

7.5 HBase Shell

本节主要讲解 HBase Shell 的各种操作，首先介绍 HBase Shell 的命令，然后重点介绍 HBase 的 general、数据定义语言（Data Definition Language，DDL）、数据操纵语言（Data Manipulation Language，DML）的操作。

7.5.1 HBase Shell 的命令

HBase 是典型的 NoSQL 数据库，不支持 SQL 查询语句，提供了自带的查询语言 HQL，可以在 HBase 的 Shell 中使用 HQL 语句进行查询。HQL 浅显易懂，即使是初学者，也能很快掌握。

此外，可以通过 Native Java API、Pig、Hive 等接口或工具访问和操作 HBase，读者可以查阅相关书籍学习。

HBase 集群配置好，启动后，就可以使用 HBase 的 Shell 对 HBase 进行各种操作，如建表、添加记录、添加列族、删除列族和删除表等。需使用 HBase 的 bin 目录下的 HBase 命令才能进入 HBase 的 Shell 界面，具体操作如下。

```
[hadoop@node1 hbase-0.98.9-hadoop2]$ bin/hbase shell
HBase Shell; enter 'help<RETURN>' for list of supported commands.
Type "exit<RETURN>" to leave the HBase Shell
Version  0.98.9-hadoop2,  r96878ece501b0643e879254645d7f3a40eaf101f,  Mon  Dec  15
23:00:20 PST 2018
hbase(main):001:0>
```

输出以上信息，表示 HBase Shell 启动成功，接下来可以使用 HBase Shell 中的 help 命令，查看 HBase Shell 提供哪些功能，示例如下。

```
hbase(main):001:0>help
HBase Shell, version 0.98.9-hadoop2, r96878ece501b0643e879254645d7f3a40eaf1 01f, Mon
Dec 15 23:00:20 PST 2018
Type 'help "COMMAND"', (e.g. 'help "get"' -- the quotes are necessary) for he lp on
aspecific command.
Commands are grouped. Type 'help "COMMAND_GROUP"', (e.g. 'help "general"') f or helpon
a command group.

COMMAND GROUPS:
  Group name: general
  Commands: status, table_help, version, whoami

  Group name: ddl
  Commands: alter, alter_async, alter_status, create, describe, disable,
  disable_all, drop, drop_all, enable, enable_all, exists, get_table,
is_disabled, is_enabled, list, show_filters

  Group name: namespace
  Commands: alter_namespace, create_namespace, describe_namespace,
drop_namespace, list_namespace, list_namespace_tables

  Group name: dml
  Commands: append, count, delete, deleteall, get, get_counter, incr,
put, scan, truncate, truncate_preserve

  Group name: tools
  Commands: assign, balance_switch, balancer, catalogjanitor_enabled,
catalogjanitor_run, catalogjanitor_switch, close_region, compact,
compact_rs, flush, hlog_roll, major_compact, merge_region, move,
split, trace, unassign, zk_dump

  Group name: replication
  Commands: add_peer, disable_peer, enable_peer, list_peers,
list_replicated_tables, remove_peer, set_peer_tableCFs,
show_peer_tableCFs

  Group name: snapshots
  Commands: clone_snapshot, delete_all_snapshot, delete_snapshot,
list_snapshots, restore_snapshot, snapshot

  Group name: security
  Commands: grant, revoke, user_permission

  Group name: visibility labels
  Commands: add_labels, clear_auths, get_auths, list_labels, set_auths,
```

```
set_visibility

SHELL USAGE:
Quote all names in HBase Shell such as table and column names.  Commas delimit
command parameters.  Type <RETURN> after entering a command to run it.
Dictionaries of configuration used in the creation and alteration of tables are
Ruby Hashes. They look like this:
  {'key1' => 'value1', 'key2' => 'value2', ...}
and are opened and closed with curley-braces.  Key/values are delimited by the
'=>' character combination.  Usually keys are predefined constants such as
NAME, VERSIONS, COMPRESSION, etc.  Constants do not need to be quoted.  Type
'Object.constants' to see a (messy) list of all constants in the environment.

If you are using binary keys or values and need to enter them in the shell, use
double-quote'd hexadecimal representation. For example:
  hbase> get 't1', "key\x03\x3f\xcd"
  hbase> get 't1', "key\003\023\011"
  hbase> put 't1', "test\xef\xff", 'f1:', "\x01\x33\x40"
The HBase shell is the (J)Ruby IRB with the above HBase-specific commands added.
For more on the HBase Shell, see http://hbase.apache.org/book.html
```

可以看出，HBase Shell 提供了很多操作命令，并且按组进行管理，主要分为以下几个组：general、DDL、namespace、DML、tools、repication、snapshots、security、visibility lables，如果不知道如何使用某个命令，可以使用 help “command_name”命令查询，如果输入 help “group_name”，将一次性显示 group 中所有命令的帮助信息。下面对部分组的命令进行简单讲解。

7.5.2 general 操作

general 是查询 HBase 相关信息的操作，如运行状态、版本信息等。general 相关命令基本没有什么格式，直接输入即可。

1. 查看 HBaseRegionServer 运行状态

```
hbase(main):001:0>status
 3 servers, 0 dead, 0.6667 average load
```

输入 help “status”，可以看到 status 总共有 3 个选项，分别如下。

```
status 'simple'
status 'summary'
status 'detailed'
```

在默认情况下，status 的选项为 summary，在 summary 选项下的输出最简洁，另外两个选项都会输出更加详细的信息，读者可以自己测试。

2. 查看 HBase 版本

```
 hbase(main):003:0>version
 0.98.9-hadoop2, r96878ece501b0643e879254645d7f3a40eaf101f, Mon Dec 15 23:00:   20
PST 2014
```

3. 查看当前用户

```
hbase(main):004:0>whoami
hadoop (auth:SIMPLE)
groups: hadoop
```

4. table_help 命令

由于篇幅限制，这里不再演示该命令。该命令主要用于显示操作表的帮助信息，如使用 create 命令创建表，然后使用 put、get 命令进行相应操作等。最重要的是 table_help 命令说明了在 HBase

中可以为表添加“引用”，然后直接使用这个引用操作相应的表。引用可以在创建表时设置，示例如下：

```
hbase> m = create 'member', 'address'
```

如果已经创建了某个表，则也可以使用命令为它创建引用。

```
hbase> m = get_table 'member'
```

这时，m 代表 member 表，如果要在 member 表中添加一行数据，可以使用如下命令。

```
hbase> m.put '201411245''address:home''SiChuan'
```

这时，会在 member 表中插入一行数据，行键为 201411245，列族为 address，列为 home，值为 SiChuan。

如果不使用引用，则插入数据要使用如下命令。

```
hbase> put 'member''201411245''address:home''SiChuan'
```

引用除了可以使用 put 外，还有很多其他命令可以使用，很显然，使用引用将更加方便，对于习惯面向对象程序开发的人来说，也更加亲切和熟悉。值得一提的是，Shell 关闭后，所有的引用都将丢失。

微课 7-1　HBase 的 DDL 操作演示

7.5.3　DDL 操作

DDL 操作主要是以表为对象进行的操作，如创建表、修改表、删除表等。这里设计一个 student 表来进行相关演示，其结构如表 7-2 所示。

表 7-2　student 表结构

行键	basic_info					school_info		
	name	gender	birthday	connect	adress	college	class	subject

该表有两个列族 basic_info 和 school_info，分别用来存储基本信息和学校信息。basic_info 包含 5 列 name、gender、birthday、connect、adress，分别代表姓名、性别、出生年月、联系方式、住址；school_info 包含 3 列 college、class、subject，分别代表所属学院、班级、专业。

1. 创建表 student

创建表 student，格式如下。

hbase>create '表名' '列族 1','列族 2',…,'列族 n'

```
hbase(main):004:0>create 'students','stu_id','basic_info','school_info'
0 row(s) in 1.5590 seconds
=> Hbase::Table - students
```

2. 查看所有的表

```
hbase(main):005:0>list
TABLE
member
students
t
3 row(s) in 0.0220 seconds
=> ["member", "students", "t"]
```

这里显示有 3 个表，students 为第一步创建的表，member 和 t 是笔者之前测试创建的表。

3. 查看表结构

```
hbase(main):006:0> describe 'students'
Table students is ENABLED
COLUMN FAMILIES DESCRIPTION
{NAME => 'basic_info', DATA_BLOCK_ENCODING => 'NONE', BLOOMFILTER => 'ROW',
REPLICATION_SCOPE => '0', VERSIONS => '1', COMPRESSION => 'NONE', MIN_VERSIO    NS => '0',
TTL => 'FOREVER', KEEP_DELETED_CELLS => 'FALSE', BLOCKSIZE => '65    536', IN_MEMORY =>
'false', BLOCKCACHE => 'true'}
{NAME => 'school_info', DATA_BLOCK_ENCODING => 'NONE', BLOOMFILTER => 'ROW',
REPLICATION_SCOPE => '0', VERSIONS => '1', COMPRESSION => 'NONE', MIN_VERSIO    NS => '0',
TTL => 'FOREVER', KEEP_DELETED_CELLS => 'FALSE', BLOCKSIZE => '65    536', IN_MEMORY =>
'false', BLOCKCACHE => 'true'}
{NAME => 'stu_id', DATA_BLOCK_ENCODING => 'NONE', BLOOMFILTER => 'ROW', REPL
ICATION_SCOPE => '0', VERSIONS => '1', COMPRESSION => 'NONE', MIN_VERSIONS =    > '0',
TTL => 'FOREVER', KEEP_DELETED_CELLS => 'FALSE', BLOCKSIZE => '65536',    IN_MEMORY =>
'false', BLOCKCACHE => 'true'}
3 row(s) in 0.0560 seconds
```

首先第一行的 ENABLED 显示该表正在使用中，接下来一行显示下面开始描述表的列族，然后使用 3 个段分别描述相应的列族。

4. 删除列族 stu_id

按照关系型数据库的使用习惯，一般会在建表时使用一个列作为主索引，而在 HBase 中则不必如此，因为 HBase 提供行键作为索引，人们只需要将作为索引的值写入行键中就可以了。

删除列族要使用 alter 命令，用 alter 命令删除列族的格式有如下几种。

```
hbase> alter '表名', NAME=>'列族名', METHOD=>'delete'
hbase> alter '表名', {NAME=>'列族名', METHOD=>'delete'}
hbase> alter '表名', 'delete' => '列族名'
```

（1）删除列族 stu_id，示例如下。

```
hbase(main):036:0>alter 'students', 'delete' => 'stu_id'
Updating all regions with the new schema…
0/1 regions updated.
1/1 regions updated.
Done.
0 row(s) in 2.2180 seconds
```

使用 alter 还可以对表的各列族进行详细的配置，具体请用命令 help 'alter'查看。在本版本 HBase 中，删除一个表的列族不需要使表在非使用状态，可以直接进行操作，在之前的某些版本中则不行，直接删除会出现以下错误。

```
ERROR: Table memberis enabled. Disable it first before altering.
```

这时需要先 disable 要操作的表，之后再进行 enable 操作，格式为：

```
hbase>disable/enable '表名'
```

（2）查看列族 stu_id 删除是否成功，示例如下。

```
hbase(main):037:0>describe 'students'
Table students is ENABLED
COLUMN FAMILIES DESCRIPTION
{NAME => 'basic_info', DATA_BLOCK_ENCODING => 'NONE', BLOOMFILTER => 'ROW',
REPLICATION_SCOPE => '0', VERSIONS => '1', COMPRESSION => 'NONE', MIN_VERSIO    NS => '0',
TTL => 'FOREVER', KEEP_DELETED_CELLS => 'FALSE', BLOCKSIZE => '65    536', IN_MEMORY =>
'false', BLOCKCACHE => 'true'}
```

```
{NAME => 'school_info', DATA_BLOCK_ENCODING => 'NONE', BLOOMFILTER => 'ROW', REPLICATION_SCOPE => '0', VERSIONS => '1', COMPRESSION => 'NONE', MIN_VERSIO NS => '0', TTL => 'FOREVER', KEEP_DELETED_CELLS => 'FALSE', BLOCKSIZE => '65 536', IN_MEMORY => 'false', BLOCKCACHE => 'true'}
2 row(s) in 0.0410 seconds
```

5. 删除一个表

删除一个表必须先 disable，否则会出现错误，删除表使用 drop 命令，格式如下。

```
hbase> drop '表名'
hbase(main):041:0>disable 't'
0 row(s) in 1.5000 seconds
hbase(main):042:0>drop 't'
0 row(s) in 0.1810 seconds
```

6. 查询一个表是否存在

```
hbase(main):045:0>exists 't'
Table t does not exist
0 row(s) in 0.0450 seconds
hbase(main):046:0>exists 'students'
Table students does exist
0 row(s) in 0.0330 seconds
```

7. 查询一个表的使用状态

```
hbase(main):047:0>is_enabled 'students'
true
0 row(s) in 0.0520 seconds
hbase(main):048:0>is_disabled 'students'
false
0 row(s) in 0.0660 seconds
```

7.5.4 DML 操作

微课 7-2 HBase 的 DML 操作演示

DML 操作主要是对表的记录的操作，如插入记录、查询记录等。

（1）使用 put 命令向 students 表插入记录，put 命令的格式如下。

```
hbase> put '表名' '行键','列族:列', '值'
```

这里插入如下记录。

```
hbase>stu = get_table 'students'
hbase>stu.put '2013101001', 'basic_info:name', 'YangMing'
hbase>stu.put '2013101001', 'basic_info:gender', 'male'
hbase>stu.put '2013101001', 'basic_info:birthday', '1988-05-23'
hbase>stu.put '2013101001', 'basic_info:connect', 'Tel:13911111111'
hbase>stu.put '2013101001', 'basic_info:address', 'SiChuan-Chengdu'
hbase>stu.put '2013101001', 'school_info:college', 'ChengXing'
hbase>stu.put '2013101001', 'school_info:class', 'class 1 grade 2'
hbase>stu.put '2013101001', 'school_info:object', 'Software'
```

注意，第一步创建了 students 表的引用 stu，这样操作更加方便。

（2）使用 get 获取数据，get 命令的格式如下。

```
hbase> get '表名' '行键'[, '列族[:列]']
```

其中，[ ]内的内容为可选内容。

获取一个行键的所有数据，如下所示。

```
hbase(main):010:0>stu.get '2013101001'
COLUMN                     CELL
 basic_info:address        timestamp=1422613121249, value=SiChuan-Chengdu
 basic_info:birthday       timestamp=1422613042438, value=1988-05-23
 basic_info:connect        timestamp=1422613086908, value=Tel:13911111111
 basic_info:gender         timestamp=1422612998952, value=male
 basic_info:name           timestamp=1422612962511, value=YangMing
 school_info:class         timestamp=1422613212431, value=class 1 grade 2
 school_info:college       timestamp=1422613188800, value=ChengXing
 school_info:object        timestamp=1422613229429, value=Software
8 row(s) in 0.0350 seconds
```

从以上输出可以看出，各列族的数据是按列排好序的。

获取一个行键某列族的所有数据，如下所示。

```
hbase(main):011:0>stu.get '2013101001', 'basic_info'
COLUMN                     CELL
 basic_info:address        timestamp=1422613121249, value=SiChuan-Chengdu
 basic_info:birthday       timestamp=1422613042438, value=1988-05-23
 basic_info:connect        timestamp=1422613086908, value=Tel:13911111111
 basic_info:gender         timestamp=1422612998952, value=male
 basic_info:name           timestamp=1422612962511, value=YangMing
5 row(s) in 0.0450 seconds
```

获取一个行键某列族的最新数据，如下所示。

```
hbase(main):012:0>stu.get '2013101001', 'basic_info:name'
COLUMN                     CELL
 basic_info:name        timestamp=1422612962511, value=YangMing
1 row(s) in 0.0380 seconds
```

（3）为某条数据增加一个版本，如下所示。

```
hbase(main):013:0>stu.put '2013101001', 'basic_info:connect', 'Tel:13901602375'
0 row(s) in 0.0260 seconds
hbase(main):014:0>stu.get '2013101001', 'basic_info:connect'
COLUMN                     CELL
 basic_info:connect       timestamp=1422614959332, value=Tel:13901602375
1 row(s) in 0.0490 seconds
```

（4）通过时间戳获取两个版本的数据，如下所示。

```
hbase(main):018:0>stu.get   '2013101001',   {COLUMN=>'basic_info:connect',   TIME
STAMP=>1422613086908}
COLUMN                     CELL
 basic_info:connect       timestamp=1422613086908, value=Tel:13911111111
1 row(s) in 0.0130 seconds
hbase(main):019:0>stu.get   '2013101001',   {COLUMN=>'basic_info:connect',   TIME
STAMP=>1422614959332}
COLUMN                     CELL
 basic_info:connect       timestamp=1422614959332, value=Tel:13901602375
1 row(s) in 0.0320 seconds
```

（5）全表扫描，如下所示。

```
hbase(main):025:0>stu.scan
ROW                COLUMN+CELL
 2013101001        column=basic_info:address, timestamp=1422613121249, value=
                   SiChuan-Chengdu
 2013101001        column=basic_info:birthday, timestamp=1422613042438, value
                   =1988-05-23
 2013101001        column=basic_info:connect, timestamp=1422614959332, value=
                   Tel:13901602375
 2013101001        column=basic_info:gender, timestamp=1422612998952, value=male
```

```
 2013101001        column=basic_info:name, timestamp=1422612962511, value=YangMing
 2013101001        column=school_info:class, timestamp=1422613212431, value=c
                   lass 1 grade 2
 2013101001        column=school_info:college, timestamp=1422613188800, value
                   =ChengXing
 2013101001        column=school_info:object, timestamp=1422613229429, value=
                   Software
1 row(s) in 0.0730 seconds
```

（6）删除某行键类的某列，如下所示。

```
hbase(main):028:0>stu.delete '2013101001', 'basic_info:connect'
0 row(s) in 0.1870 seconds
hbase(main):029:0>stu.get '2013101001', 'basic_info'
COLUMN                    CELL
 basic_info:address       timestamp=1422613121249, value=SiChuan-Chengdu
 basic_info:birthday  timestamp=1422613042438, value=1988-05-23
 basic_info:gender        timestamp=1422612998952, value=male
 basic_info:name          timestamp=1422612962511, value=YangMing
4 row(s) in 0.0250 seconds
```

（7）以行键为单位，查询表有多少行，如下所示。

```
hbase(main):030:0>stu.count
1 row(s) in 0.3230 seconds
=> 1
```

（8）清空整张表，如下所示。

```
hbase(main):035:0>truncate 'students'
Truncating 'students' table (it may take a while):
 - Disabling table…
 - Truncating table…
0 row(s) in 1.9460 seconds
```

truncate 操作其实是先 disable 某张表，然后删除表，再根据表结构重新创建同名称的表。

HBase Shell 操作就介绍到这里。本章只是介绍了最常使用的相关操作，如创建表、修改表、给表添加记录等，当然 HBase Shell 的功能不仅仅是这些，还可以创建名字空间，对表进行安全管理等，这些需要读者自己学习，本文不再赘述。

从本节给表插入记录的操作可以看出，HBase 插入一行记录是根据行键逐值进行插入的，这其实和 HBase 的设计初衷有关，希望 HBase 中的一行只在某一个列族中存在数据，这样更适合做 KeyValue 的查询。

习题

1. HBase 和一般关系型数据库有什么不同？

2. HBase 的一张表的物理结构是什么？

3. ZooKeeper 在 HBase 中有什么作用？

4. 因为 HBase 的表由多个列族构成，所以记录也分散在多个列族中，那么在完全分布式的 HBase 中，一条记录是存储在一个数据节点中还是在一个列族中呢？

5. HBase 中对删除的记录是如何处理的？

6. 在 Hadoop 集群中安装 HBase，然后自己设计一个表，并在 HBase 中执行创建表，添加、修改数据等操作。

第8章 ZooKeeper技术

前面介绍 HBase 时，已经知道 HBase 自带集成的 ZooKeeper。开启 ZooKeeper 时，会先开启 ZooKeeper 的 QuorumPeerMain 进程，再开启 HBase 中的 HmasterRegion 和 HserverRegion 进程。集群中就可以启动多个 HMaster，而 ZooKeeper 存储所有 Region 寻址入口，通过 ZooKeeper 的 Master Election 机制保证总有一个 Master 处于运行状态。

Hadoop 的软件生态链中除了 Hadoop 自身外，还有像 Hive、Pig 之类的数据分析和处理工具，对这些"动物"进行统一管理的就是"动物管理员"——ZooKeeper，它是一种为分布式应用设计的高可用、高性能且一致的开源协调服务，它提供了一项基本服务：分布式锁服务。由于 ZooKeeper 的开源特性，之后的开发者在分布式锁的基础上，摸索出了其他使用方法：配置维护、组服务、分布式消息队列、分布式通知/协调等。ZooKeeper 提供服务的目的在于加强集群稳定性、持续性、有序性和高效性。

8.1 分布式协调技术及其实现者

为了确保分布式系统的多个进程间互不干扰，需要一种分布式协调技术来对这些进程进行调度，分布式协调技术的核心是实现分布式锁。目前，在分布式协调技术方面做得比较好的是 Google 的 Chubby 和 Apache 的 ZooKeeper，它们都是分布式锁的实现者。

微课 8-1 Chubby 和 ZooKeeper 的区别与联系

8.1.1 分布式协调技术

分布式协调技术主要用来解决分布式环境中多个进程之间的同步控制，让它们有序地访问某种临界资源，防止产生"脏数据"，单机环境下可以利用简单的读写锁机制来实现。把问题放到分布式环境下就需要分布式锁，这个分布式锁也就是分布式协调技术实现的核心内容。

分布式锁面临的问题是网络的不可靠性：拜占庭将军问题[1]。例如，在单机环境中，进程对一个资源的获取要么成功，要么失败。但在分布式环境中，对一个资源的访问或者一个服务的调用，即使返回失败消息，但有可能实际上访问成功或者调用成功了，也有可能是时间上不同的两个节点对另外一个节点顺序调用服务，那么调用请求一定是按照顺序到达的吗？这些都涉及网络问题，所以分布式协调远比在同一台机器上对多个进程的调度要难得多，于是 ZooKeeper 这种通用性好、伸缩性好、高可靠、高可用的协调机制应运而生。

[1] 拜占庭将军问题（Byzantine Generals Problem），是由莱斯利兰伯特提出的点对点通信中的基本问题。在分布式计算上，不同的计算机通过信息交换，尝试达成共识；但有时候，系统上协调计算机或成员计算机可能因系统错误并交换错的信息，导致影响最终系统的一致性。

8.1.2 实现者

ZooKeeper 是 Apache 基金会的一个开源项目，是 Google 的 Chubby 核心技术的开源实现，图 8-1 所示为 Chubby 与 ZooKeeper 的 Logo。Chubby 算法的核心是微软研究院的莱斯利兰伯特提出的 Paxos 算法。原先雅虎模仿 Chubby 开发出了 ZooKeeper，后来将 ZooKeeper 作为一种开源的程序捐献给了 Apache，成为 Hadoop 下的一个子项目，后来发展成顶级项目。它在分布式领域久经考验，所以在构建一些分布式系统时，就可以以这类系统为起点来构建，这将节省不少成本，而且 bug 也将更少。

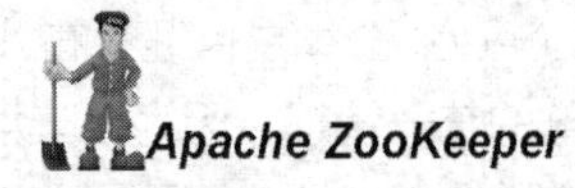

图 8-1　Chubby 与 ZooKeeper 的 Logo

ZooKeeper 包含一个可以基于它实现同步的简单原语集，一般用于分布式应用程序服务、配置维护和命名服务等，它具有如下特性：①ZooKeeper 是简单的；②ZooKeeper 是富有表现力的；③ZooKeeper 具有高可用性；④ZooKeeper 采用松耦合交互方式；⑤ZooKeeper 是一个资源库。

8.2 ZooKeeper 基本架构

ZooKeeper 是一个分布式应用程序，也是分布式系统的协调服务，是客户端/服务器模型。ZooKeeper 客户端利用服务和服务器提供服务，应用程序通过客户端库调用 ZooKeeper。

8.2.1 角色

在 ZooKeeper 集群中有 Leader 和 Follower 两种角色。Leader 可以接收 Client 请求，也接收其他 Server 转发的写请求，负责更新系统状态。Follower 也可以接收 Client 请求，如果是写请求，则将该请求转发给 Leader 来更新系统状态，读请求则由 Follower 的内存数据库直接响应。ZooKeeper 集群如图 8-2 所示。

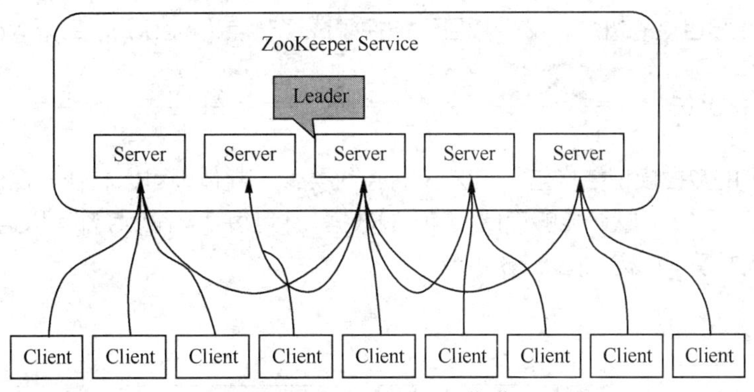

图 8-2　ZooKeeper 集群

改变 Server 状态的写请求，需要通过一致性协议来处理，这个协议就是 Zab（ZooKeeper atomic broadcast）协议，用来作为其一致性复制的核心。简单来说，Zab 协议规定：来自 Client 的所有写请求，都要转发给 ZooKeeper 服务中唯一的 Server，即 Leader。由 Leader 根据该请求发起一个 Proposal。然后，其他 Server 对该 Proposal 进行投票。之后，Leader 收集投票，当投票数量过半时，Leader 向所有 Server 发送一个通知消息。最后，当 Client 连接的 Server 收到该消息时，会把该操作更新到内存中并对 Client 的写请求做出回应。

8.2.2 选举机制

Leader 选举是保证分布式数据一致性的关键所在，选举出的 Leader/Follower 架构可以实现对集群的统一管理。因为在集群中，只要半数以上机器存活，集群就可用，所以 ZooKeeper 适合安装奇数台服务器。下面以一个简单的例子来说明整个选举的过程。

假设有 5 台服务器组成的 ZooKeeper 集群，它们的编号为 1~5，依序启动，它们的选举过程如下。

（1）服务器 1 启动，给自己投票，然后发投票信息，由于其他机器还没有启动，所以它收不到反馈信息，服务器 1 的状态一直属于 Looking（选举状态）。

（2）服务器 2 启动，给自己投票，同时与之前启动的服务器 1 交换结果，由于服务器 2 的编号大，所以服务器 2 胜出，此时服务器 2 获得两票（即服务器 1 将票投给了服务器 2），但此时投票数没有大于半数，所以两个服务器的状态依然是 Looking。

（3）服务器 3 启动，给自己投票，同时与之前启动的服务器 1、2 交换信息，由于服务器 3 的编号最大，所以服务器 3 胜出，此时投票数正好大于半数，所以服务器 3 成为 leader，服务器 1、2 成为 Follower。

（4）服务器 4 启动，给自己投票，同时与之前启动的服务器 1、2、3 交换信息，尽管服务器 4 的编号大，但之前服务器 3 已经胜出，所以服务器 4 只能成为 Follower。

（5）服务器 5 启动，成为 Follower。之后的过程与服务器 4 的后续过程相同。

8.3 ZooKeeper 数据模型

ZooKeeper 数据模型是树形结构，类似于前端的 tree.js 组件，也类似于 Linux 操作系统的文件系统。严格来说 ZooKeeper 是一棵多叉树，每个节点都可以存储数据，每个节点还可以拥有 *N* 个子节点；最上层是根节点，以“/”代表。与文件系统不同的是，ZooKeeper 的数据存储是结构化存储，没有文件和目录的概念，文件和目录被抽象成了节点（Node），每个 Node 称为 Znode。

8.3.1 Znode

ZooKeeper 的数据模型结构与 UNIX 文件系统类似，整体上可以看作一棵树，每个节点称为一个 Znode。每个 Znode 默认能够存储 1MB 的数据，并且每个 Znode 都可以通过路径唯一标识。ZooKeeper 的数据模型结构如图 8-3 所示。

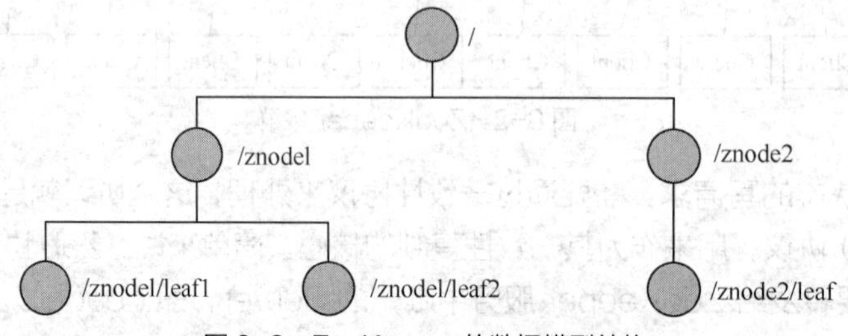

图 8-3　ZooKeeper 的数据模型结构

Znode 具有文件和目录两种特点，既像文件一样维护着数据、元信息、ACL、时间戳等数据结构，又像目录一样可以作为路径标识的一部分。每个 Znode 都由 3 部分组成：①stat，此为状态信息，描述该 Znode 的版本、权限等信息；②data，与该 Znode 关联的数据；③children，该 Znode 下的子节点。

ZooKeeper 虽然可以关联一些数据，但并没有被设计为常规的数据库或者大数据存储，而是应用于管理调度数据，如分布式应用中的配置文件信息、状态信息、汇集位置等。这些数据的共同特性就是它们都是很小的数据，通常以 KB 为单位。虽然 ZooKeeper 的服务器和客户端都被设计为严格检查并限制每个 Znode 的数据至多 1MB，但常规使用中应该远小于此值。

ZooKeeper 中的节点有临时节点（Ephemeral Nodes）和永久节点（Persistent Nodes）两种。节点的类型在创建时即被确定，并且不能改变。

（1）临时节点。该节点的生命周期依赖于创建它们的会话。一旦会话（Session）结束，临时节点就被自动删除，当然也可以手动删除。虽然每个临时的 Znode 都会绑定到一个客户端会话，但它们对所有的客户端是可见的。另外，ZooKeeper 的临时节点不允许拥有子节点。

（2）永久节点。该节点的生命周期不依赖于会话，并且只有在客户端显示执行删除操作时，它们才能被删除。

为了保证子节点名称的唯一性和顺序性，ZooKeeper 引入了顺序节点（Sequence Nodes），前面的临时节点和永久节点只要在路径后缀加上 10 位数字就可以有顺序性了。这个数字由内部计数器（Counter）实现，格式为%010d，即 10 位整数，不满 10 位左边补 0。计数范围不能超过整数类型（4 字节）表示的最大值 2 147 483 647，否则会溢出。

客户端可以在节点上设置 watch，称为监视器。当节点状态发生改变（Znode 的增、删、改）时，将触发 watch 对应的操作。当 watch 被触发时，ZooKeeper 向客户端发送且仅发送一条通知，因为 watch 只能被触发一次，这样可以减少网络流量。

8.3.2 ZooKeeper 中的时间

时间戳表示创建和修改 Znode 的时间，它通常以 ms 为单位。ZooKeeper 有多种记录时间的形式，其中包含以下两个主要属性。

1. Zxid

ZooKeeper 节点状态改变的每一个操作都将使节点接收到一个 Zxid 格式的时间戳，并且这个时间戳全局有序。也就是说，每个对节点的改变都将产生一个唯一的 Zxid。如果 Zxid1 的值小于 Zxid2 的值，那么 Zxid1 对应的事件发生在 Zxid2 对应的事件之前。实际上，ZooKeeper 的每个节点维护着 3 个 Zxid 值，为别为 cZxid、mZxid、pZxid。

（1）cZxid：是节点的创建时间对应的 Zxid 格式时间戳。

（2）mZxid：是节点的修改时间对应的 Zxid 格式时间戳。

（3）pZxid：是最近一次子节点修改时间对应的 Zxid 格式时间戳。

Zxid 是一个 64 位的数字。它的高 32 位是 Leader 周期 epoch，用来标识 leader 关系是否改变，每次一个 leader 被选出来，Leader 周期 epoch 加 1，计数器从 0 开始。低 32 位则代表一个单调递增的计数器。

2. 版本号

ZooKeeper 中的每个 Znode 节点都会存储数据，对应于每个 Znode，ZooKeeper 都会维护一个叫作 stat 的数据结构，stat 中记录了这个 Znode 的 3 个数据版本，它们分别如下。

（1）version：当前 Znode 的版本号。

（2）cversion：当前 Znode 子节点的版本号。

（3）aversion：当前 Znode 的插入控制列表（Access Control Lists，ACL）版本号。

8.3.3 ZooKeeper 节点属性

通过 get <path>命令可以获取该路径的 Znode 节点属性结构，如图 8-4 所示。

```
[zk: localhost:2181(CONNECTED) 3] get /hbase

cZxid = 0x1200000009
ctime = Wed Dec 10 19:52:41 CST 2014
mZxid = 0x1200000009
mtime = Wed Dec 10 19:52:41 CST 2014
pZxid = 0x1700000081
cversion = 31
dataVersion = 0
aclVersion = 0
ephemeralOwner = 0x0
dataLength = 0
numChildren = 13
```

图 8-4 Znode 节点属性结构

Znode 的属性描述如表 8-1 所示。

表 8-1 Znode 的属性描述

属性	描述
cZxid	创建节点时的事务 ID
mZxid	数据节点最后更新的事务 ID
ctime	数据节点创建的时间
mtime	数据节点最后更新的时间
dataVersion	数据节点的版本号
pZxid	数据节点最后更新子节点列表时的事务 ID
cversion	数据节点子节点的版本号
aclVersion	数据节点的 ACL 版本号
ephemeralOwner	如果为临时节点，则该属性值为该节点拥有者的 Session ID；否则，该属性值为 0
dataLength	数据节点的数据长度
numChildren	数据节点当前的子节点数

8.3.4 watch 触发器

ZooKeeper 可以为所有的读操作设置 watch，这些读操作包括 exists()、getChildren()及 getData()。watch 事件是一次性的触发器，当 watch 的对象状态发生改变时，将会触发此对象上 watch 对应的事件。watch 事件将被异步地发送给客户端，并且 ZooKeeper 为 watch 机制提供了有序的一致性保证。理论上，客户端接收 watch 事件的时间要快于其看到 watch 对象状态变化的时间。

1. watch 类型

ZooKeeper 管理的 watch 可以分为两类。

（1）数据 watch(data watches)：getData 和 exists 负责设置数据 watch。

（2）孩子 watch(child watches)：getChildren 负责设置孩子 watch。

可以通过操作返回的数据来设置不同类型的 watch。

（1）getData 和 exists：返回关于节点的数据信息。

（2）getChildren：返回孩子列表。

因此，一个成功的 setData 操作将触发 Znode 的数据 watch，即一个成功的创建或删除操作将触发 Znode 的数据 watch 以及孩子 watch。

2. watch 注册与触发

watch 设置操作及相应的触发器如表 8-2 所示。

表 8-2　watch 设置操作及相应的触发器

设置 watch	watch 触发器				
	create		delete		setDate
	Znode	child	Znode	child	Znode
exists	NodeCreated		NodeDeleted		NodeDataChanged
getdata			NodeDeleted		NodeDataChanged
getChildren		NodeChildrenChanged	NodeDeleted	NodeDeleted Changed	

exists 操作中的 watch，由被监视的 Znode 创建、删除或数据更新时触发。getdata 操作上的 watch，由被监视的 Znode 删除或数据更新时触发；它在创建时不能触发，因为只有 Znode 存在时，getdata 操作才会成功。getChildren 操作上的 watch，由被监视的 Znode 的子节点创建或删除，或是该 Znode 自身被删除时触发。可以查看 watch 事件类型来区分是 Znode，还是它的子节点被删除：NodeDelete 表示 Znode 被删除，NodeDeletedChanged 表示子节点被删除。

watch 由客户端连接的 ZooKeeper 服务器在本地维护，因此 watch 可以非常容易地设置、管理和分派。当客户端连接到一个新的服务器时，任何会话事件都将可能触发 watch。另外，从服务器断开连接时，watch 将不会被接收。但是，当一个客户端重新建立连接时，任何先前注册过的 watch 都会被重新注册。

3. watch 主要应用

监视是一种简单的机制，客户端可以在读取特定 Znode 时设置多个 watch。watch 会向注册的客户端发送任何 Znode（客户端注册表）更改的通知。Znode 更改是指与 Znode 相关的数据的修改或 Znode 的子项中的更改，只触发一次 watch。如果客户端想要再次收到通知，则必须通过另一个读取操作来完成。当连接会话过期时，客户端将与服务器断开连接，相关的 watch 也将被删除。ZooKeeper 的 watch 实际上要处理如下两类事件。

（1）连接状态事件(type=None, path=null)，这类事件不需要注册，也不需要连续触发，只要处理就行了。

（2）节点事件，包括节点的建立、删除和数据的修改。它是 one time trigger，需要不停地注册触发，还可能发生事件丢失的情况。

上面两类事件都在 watch 中处理，通过函数 exists、getData 或 getChildren 来处理这类事件，有双重作用，即注册触发事件和实现函数本身的功能。函数本身的功能又可以用异步的回调函数来实现，在重载 processResult()过程中，处理函数本身的功能。

8.4 ZooKeeper 集群安装

ZooKeeper 通过复制来实现高可用性，只要集合体中半数以上的机器处于可用状态，它就能够保证服务继续。为什么一定要超过半数呢？这与 ZooKeeper 的复制策略有关：ZooKeeper 确保对 Znode 树的每一个修改都会被复制到集合体中超过半数的机器上。

在实验时，可以先使用少量数据在集群伪分布模式下进行测试。当测试可行时，再将数据移植到集群模式进行真实的数据实验。这样不但保证了它的可行性，而且大大提高了实验的效率。这种搭建方式，比较简便，成本比较低，适合测试和学习，如果机器不足，就可以在一台机器上部署 3 个服务器。

1. 安装步骤

步骤 1，在相关网站下载 ZooKeeper。

步骤 2，解压：tar -zxvf zookeeper-3.4.10.tar.gz。

步骤 3，将解压后的文件夹移动到/usr/local 目录下，并重命名为 zk：mv zookeeper-3.4.10/usr/local/zk。

步骤 4，在 zookeeper 的主文件目录下创建 data 文件夹：mkdir /usr/local/zk/data。

步骤 5，①创建 myid。在 data 目录下，创建文件 myid：touch /usr/local/zk/data/myid。②设置 myid 值为 0。可以通过 vi 编辑器的命令“vi myid”，输入内容为 0。其余节点分别为 1 和 2。

步骤 6，配置文件：在 conf 目录下删除 zoo_sample.cfg 文件，创建一个配置文件 zoo.cfg。配置内容如下。

```
# The number of milliseconds of each tick
tickTime=2000
# The number of ticks that the initial
# synchronization phase can take
initLimit=10
# The number of ticks that can pass between
# sending a request and getting an acknowledgement
syncLimit=5
# the directory where the snapshot is stored.
dataDir=/usr/local/zk/data
# the port at which the clients will connect
clientPort=2181
#the location of the log file
dataLogDir=/usr/local/zk/log
server.0=hadoop:2888:3888
server.1=hadoop0:2888:3888
server.2=hadoop1:2888:3888
```

2. 最低配置要求中必须配置的参数

（1）clientPort：监听客户端连接的端口。

（2）tickTime：基本事件单元，这个时间是作为 ZooKeeper 服务器之间或客户端与服务器之间维持心跳的时间间隔，每隔 tickTime 时间就会发送一个心跳；最小的 session 过期时间为两倍 tickTime。

（3）dataDir：存储内存中数据库快照（Snapshot）的位置。默认情况下，事务日志也会存储到这里。使用专用的日志存储设备能够大大提高系统的性能，如果将日志存储在比较繁忙的存储设备上，那么将会在很大程度上影响系统性能，所以建议同时配置参数 dataLogDir。

3. 可选配置参数

下面是高级配置参数中的可选配置参数，用户可以使用下面的参数来更好地规定 ZooKeeper

的行为。

（1）dataLogDir

配置这个参数是让管理机器把事务日志写入 dataLogDir 指定的目录中，而不是 dataDir 指定的目录。这将允许使用一个专用的日志设备，帮助人们避免日志和快照的竞争。配置如下。

```
# the directory where the snapshot is stored
dataLogDir=/usr/local/zk/log
```

（2）maxClientCnxns

配置这个参数是限制连接到 ZooKeeper 的客户端数量，并限制并发连接的数量，通过 IP 来区分不同的客户端。此配置选项可以阻止某些类别的 Dos 攻击。将它设置为零或忽略不设置，将取消对并发连接的限制。例如，此时将 maxClientCnxns 的值设为 1，示例如下。

```
# set maxClientCnxns
 maxClientCnxns=1
```

启动 ZooKeeper 之后，首先用一个客户端连接到 ZooKeeper 服务器。之后如果有第二个客户端尝试对 ZooKeeper 进行连接，或者有某些隐式的对客户端的连接操作，将会触发 ZooKeeper 的上述配置。

（3）minSession 和 maxSession

这两个参数分别设置最小的会话超时和最大的会话超时时间。在默认情况下，minSession=2*tickTime；maxSession=20*tickTime。

4. 集群配置

（1）initLimit：此配置表示允许 Follower（相对于 Leaderer 而言的“客户端”）连接并同步到 Leader 的初始化连接时间，以 tickTime 为单位。当初始化连接时间超过该值时，表示连接失败。

（2）syncLimit：此配置项表示 Leader 与 Follower 之间发送消息时，请求和应答时间长度。如果 Follower 在设置时间内不能与 leader 通信，那么此 Follower 将会被丢弃。

（3）server.A=B:C:D。其中 A 是一个数字，表示这个是服务器的编号；B 是这个服务器的 IP 地址；C 是 Leader 选举的端口；D 是 ZooKeeper 服务器之间的通信端口。

（4）myid 和 zoo.cfg。除了修改 zoo.cfg 配置文件，集群模式下还要配置一个文件 myid，该文件在 dataDir 目录中，这个文件中有一个数据是 A 的值，ZooKeeper 启动时会读取这个文件，拿到 mvid 里面的数据与 zoo.cfg 中的配置信息比较，从而判断是哪个服务器。

配置完成后，可以通过下面命令对 ZooKeeper 进行操作。①在 3 个节点上分别执行命令 zkServer.sh start 启动 ZooKeeper。②在 3 个节点上分别执行命令 zkServer.sh status 检验节点状态。③在 3 个节点上分别执行命令 zkServer.sh stop 关闭 ZooKeeper。

8.5 ZooKeeper 的主要 Shell 操作

启动 ZooKeeper 服务之后，输入以下命令，连接到 ZooKeeper 服务。

```
zkCli.sh -server localhost:2181
```

连接成功后，系统会输出 ZooKeeper 的相关环境及配置信息，并在屏幕输出“welcome to ZooKeeper!”等信息。输入 help 之后，屏幕输出可用的 ZooKeeper 客户端命令，如图 8-5 所示。

使用 ls 命令查看当前 Znode 包含的内容。

```
[zk: localhost:2181(CONNECTED) 1] ls
[ZooKeeper]
```

创建一个新的 Znode 节点 zk 及与它相关的字符，执行如下命令。

```
[zk: localhost:2181(CONNECTED) 2] create /zk myData
Created /zk
```

再次使用 ls 命令查看现在 ZooKeeper 包含的内容。

```
[zk: localhost:2181(CONNECTED) 3] ls
[zk , ZooKeeper]
```

使用get命令确认此前创建的Znode节点是否包含创建的字符串，执行如下命令。

```
[zk: localhost:2181(CONNECTED) 0] help
ZooKeeper -server host:port cmd args
        stat path [watch]
        set path data [version]
        ls path [watch]
        delquota [-n|-b] path
        ls2 path [watch]
        setAcl path acl
        setquota -n|-b val path
        history
        redo cmdno
        printwatches on|off
        delete path [version]
        sync path
        listquota path
        rmr path
        get path [watch]
        create [-s] [-e] path data acl
        addauth scheme auth
        quit
        getAcl path
        close
        connect host:port
```

图 8-5　ZooKeeper 客户端命令

```
[zk: localhost:2181(CONNECTED) 4] get /zk
myData
cZxid = 0x170000008b
ctime = Thu Dec 25 22:12:15 CST 2014
mZxid = 0x170000008b
mtime = Thu Dec 25 22:12:15 CST 2014
pZxid = 0x170000008b
cversion = 0
dataVersion = 0
aclVersion = 0
ephemeralOwner = 0x0
dataLength = 6
numChildren = 0
```

通过 set 命令设置 zk 关联的字符串，执行如下命令。

```
[zk: localhost:2181(CONNECTED) 5] set /zk trucyData
cZxid = 0x170000008b
ctime = Thu Dec 25 22:12:15 CST 2014
mZxid = 0x170000008c
mtime = Thu Dec 25 22:12:51 CST 2014
pZxid = 0x170000008b
cversion = 0
dataVersion = 1
aclVersion = 0
ephemeralOwner = 0x0
dataLength = 9
numChildren = 0
```

再次使用 get 命令查看上次修改的内容，执行如下命令。

```
[zk: localhost:2181(CONNECTED) 6] get / zk
trucyData
cZxid = 0x170000008b
ctime = Thu Dec 25 22:12:15 CST 2014
mZxid = 0x170000008c
mtime = Thu Dec 25 22:12:51 CST 2014
pZxid = 0x170000008b
cversion = 0
dataVersion = 1
aclVersion = 0
ephemeralOwner = 0x0
dataLength = 9
numChildren = 0
```

将刚才创建的 Znode 删除，执行如下命令。

```
[zk: localhost:2181(CONNECTED) 7] delete / zk
```

最后再次使用 ls 命令查看 ZooKeeper 中的内容，执行如下命令。

```
[zk: localhost:2181(CONNECTED) 8] ls /
[ZooKeeper]
```

经过验证，zk 节点已经删除。

8.6 典型运用场景

ZooKeeper 是一个高可用的分布式数据管理与系统协调框架。基于对 Paxos 算法的实现，使该框架保证了分布式环境中数据的强一致性，也正是基于这样的特性，使得 ZooKeeper 能够应用于很多场景。

微课 8-2
ZooKeeper 的典型运用场景介绍

8.6.1 数据发布与订阅

1. 典型场景描述

数据发布与订阅（Data Publication and Subscription），是将数据发布到 ZooKeeper 节点上，供订阅者动态获取数据，实现配置信息的集中式管理和动态更新。如全局的配置信息、地址列表等就非常适合使用。集中式的配置管理在应用集群中是非常常见的，一般商业公司内部都会实现一套集中的配置管理中心，应对不同的应用集群对于共享各自配置的需求，并且在配置变更时，能够通知到集群中的每一个机器。

2. 应用

（1）索引信息和集群中机器节点状态存储在 ZooKeeper 的一些指定节点，供各个客户端订阅使用。

（2）系统日志（经过处理后的）存储，这些日志通常 2～3 天后被清除。

（3）应用中用到的一些配置信息集中管理，在应用启动时主动获取一次，并且在节点注册一个 Watcher，以后每次配置有更新，实时通知到应用，获取最新配置信息。

（4）业务逻辑中需要用到的一些全局变量，如一些消息中间件的消息队列通常有个 offset，这个 offset 存储在 ZooKeeper 上，这样集群中的每个发送者都能知道当前的发送进度。

（5）系统中有些信息需要动态获取，并且还存在人工手动修改这个信息的情况。以前通常是暴露出接口，如 JMX 接口，有了 ZooKeeper 后，只要将这些信息存储到 ZooKeeper 节点即可。

3. 应用举例

同一个应用系统需要多台 PC Server 运行，但是它们运行的应用系统的某些配置项是相同的，要修改这些相同的配置项，就必须同时修改每台运行这个应用系统的 PC Server，这样非常麻烦而且容易出错。将配置信息保存在 ZooKeeper 的某个目录节点中，然后监控所有需要修改的应用机器配置信息的状态，一旦配置信息发生变化，每台应用机器就会收到 ZooKeeper 的通知，然后从 ZooKeeper 获取新的配置信息应用到系统中。ZooKeeper 配置管理结构图如图 8-6 所示。

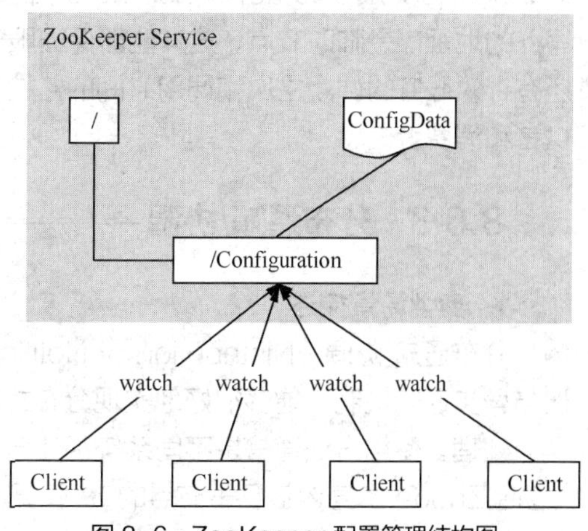

图 8-6 ZooKeeper 配置管理结构图

ZooKeeper 很容易实现这种集中式的配置管理，

例如，将需要的配置信息保存到/Configuration节点上，集群中的所有机器一启动就会通过客户端对/Configuration节点进行监控，监控命令如下：[zk.exist("/Configuration",true)]，并且实现Watcher回调方法process()，那么在ZooKeeper上的/Configuration节点下的数据发生变化时，每个机器都会收到通知，执行Watcher回调方法，各个节点再取回修改数据，即可实现配置同步，取回修改数据命令如下：[zk.getData("/Configuration",false,null)]。

8.6.2 统一命名服务

1. 场景描述

分布式应用中，通常需要有一套完整的命名规则，既能够产生唯一的名称，又便于人识别和记住，通常情况下，树形的名称结构是一个理想的选择，树形的名称结构是一个有层次的目录结构，既对人友好，又不会重复。说到这里可能会想到Java命名和目录接口（Java Naming and Directory Interface，JNDI），ZooKeeper的统一命名服务（Name Service）与JNDI完成的功能差不多，它们都是将有层次的目录结构关联到一定资源上，但是ZooKeeper的Name Service更多的是广泛意义上的关联，有时不需要将名称关联到特定资源上，可能只需要一个不会重复的名称，就像数据库中产生一个唯一的数字主键一样。

2. 应用

在分布式系统中，使用命名服务，客户端应用能够根据指定的名称来获取资源服务的地址、提供者等信息。被命名的实体通常可以是集群中的机器、提供的服务地址和进程对象等，这些都可以统称它们为名称（Name）。其中较为常见的就是一些分布式服务框架中的服务地址列表。调用ZK提供的创建节点的API，可以很容易地创建一个全局唯一的path，这个path可以作为一个名称。Name Service已经是ZooKeeper内置的功能，只要调用ZooKeeper的API就能实现。例如，调用create接口可以很容易地创建一个目录节点。

3. 应用举例

阿里开源的分布式服务框架Dubbo中使用ZooKeeper来作为其命名服务，维护全局的服务地址列表。在Dubbo实现中，服务提供者在启动时，在ZooKeeper上的指定节点/dubbo/${serviceName}/providers目录写入自己的URL地址，这个操作就完成了服务发布。服务消费者启动时，订阅/dubbo/${serviceName}/providers目录下的提供者URL地址，并向/dubbo/${serviceName}/consumers目录写入自己的URL地址。注意，所有在ZooKeeper上写入的地址都是临时节点，这样能够保证服务提供者和消费者自动感应资源的变化。另外，Dubbo还有针对服务的调用主次和调用时间的监控，方法是订阅/dubbo/${serviceName}目录下的所有提供者和消费者信息。

8.6.3 分布通知/协调

1. 典型场景描述

分布通知/协调（Distribution of Notification/Coordination）是ZooKeeper特有watcher注册与异步通知机制，能够很好地实现分布式环境下不同系统之间的通知与协调，实现对数据变更的实时处理。使用方法通常是不同系统都注册ZooKeeper上的同一个Znode，监听Znode的变化（包括Znode本身内容及子节点的），只要其中一个系统update了Znode，另一个系统就能够收到通知，并做出相应处理。

2. 应用

（1）另一种心跳检测机制。检测系统和被检测系统之间并不直接关联起来，而是通过 ZooKeeper 上的某个节点关联，大大减少系统的耦合性。

（2）另一种系统调度模式。某系统由控制台和推送系统两部分组成，控制台的职责是控制推送系统进行相应的推送工作。管理人员在控制台做的一些操作，实际上是修改了 ZooKeeper 上某些节点的状态，而 ZooKeeper 把这些变化通知给它们注册 watcher 的客户端，即推送系统，于是做出相应的推送任务。

（3）另一种工作汇报模式。类似于任务分发系统，子任务启动后，在 ZooKeeper 注册一个临时节点，并且定时汇报自己的进度（将进度写回这个临时节点），这样任务管理者能够实时知道任务进度。

总之，使用 ZooKeeper 进行分布式通知和协调能够大大降低系统之间的耦合性。

习题

1. 简述 Chubby 和 ZooKeeper 的关系。
2. 简述 Znode 由哪几部分组成。
3. 简述 Znode 主要分为哪几类。
4. 简述 Watch 主要处理哪几类事件。
5. 尝试搭建一个 ZooKeeper 集群。

第9章 分布式数据仓库技术Hive

Hive 是基于 Hadoop 的数据仓库工具，可以将结构化的数据文件映射为一张数据库表，并提供简单的 SQL 查询功能，可以将 SQL 语句转换为 MapReduce 任务运行。本章主要介绍 Hive 的产生背景及应用目的；其主要服务组成结构和相关功能；Hive 的安装过程、元数据库环境搭建及其配置方法；以及使用 Hive 管理和操作数据的方式。

9.1 Hive 出现的原因

对 SQL 技术比较熟悉的程序员如何在 Hadoop 平台上分析海量数据？如何实现传统数据格式到 Hadoop 平台的迁移，如基于传统关系型数据库的数据格式和 SQL 处理技术的迁移？如何在分布式环境下，采用数据仓库技术从更多的数据中快速获取数据的有效价值？

Hive 正是为了解决这些问题应运而生。Hive 是一种数据仓库技术，用于查询和管理存储在分布式环境下的大数据集，由 Facebook 公司研发并作为开源项目贡献给了 Apache 软件基金会。早在 2010 年 9 月，Hive 就已经成功升级为 Apache 的顶级项目，并获得了全球大多数自由软件爱好者和大型软件公司的源码贡献和功能完善，成为一个应用广泛、可扩展的数据处理平台。Hive 的主要优势在于结合了 SQL 技术和 Hadoop 中 MapReduce 分布式计算的优点，降低了传统数据分析人员使用 Hadoop 平台进入大数据平台开发的障碍。也就是说，Hive 是一个数据仓库服务，它只需要安装到一台普通的 PC 上即可，仅仅对外提供 SQL 服务，与 Hadoop、HBase 这些分布式服务不同，对客户端的 SQL 最终转换成对 HDFS 的操作和 MR 的操作。

Hive 集成了 SQL 技术，提供了类 SQL 的查询语言，称为 HiveQL 或 HQL（Hive Query Language），用于查询存储在 Hadoop 集群中的数据。假设读者已具备 SQL 的实际使用经验，对传统常用关系型数据库的体系结构基本掌握，当涉及介绍 Hive 特有的功能时，将会对其与传统关系型数据库进行相应的对比说明。若读者想更深入地了解 Hive，可访问 Hive Wiki 上的官方文档。

9.2 Hive 服务的组成

Hive 的存储是建立在 Hadoop 之上的，本身并没有特定的数据存储格式，也不会为数据建立索引，数据能以任意形式存储在 HDFS 上，或者以特定分类形式存储在 HBase 中。用户可以灵活根据自己对数据特定部分进行分析应用的需求组织相应的 Hive 表，在创建 Hive 表时，指明数据的列分隔符和行分隔符即可解析存储在 HDFS 或 HBase 上的数据。Hive 本身建立在 Hadoop 体系之上，主要是提供 SQL 解析过程，把外部 SQL 命令解析成一个 MapReduce 作业计划，并把按照该计划生成的 MapReduce 任务交给 Hadoop 集群处理，因此，必须确保 Hadoop 集群环境及其 MapReduce 组件已启动且运行正常，否则相关 Hive 操作会执行失败。Hive 可分为 Hive 服务端和 Hive 客户端两部分。Hive 服务端提供了 Hive Shell 命令行接口、Hive Web 接口和为不同应用程序（包括上层 Thrift 应用程序、JDBC 应用程序以及 ODBC 应用程序）提供多种服务的 Hive Server，实现上述 Hive 服务操作与存储在 Hadoop 上的数据之间的交互。Hive 客户端提供了 Thrift、JDBC、ODBC 应用程序驱动工具，可以方便地编写使用 Thrift、JDBC 和 ODBC 驱动的 Python、Java 或 C++程序，使用 Hive 分析存储在 Hadoop 上的海量数据。Hive 体系结构如图 9-1 所示。

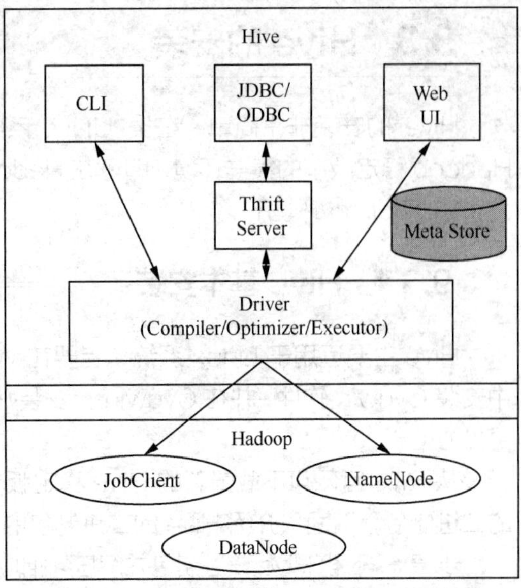

图 9-1　Hive 体系结构

（1）命令行接口（Command Line Interface，CLI）。提供在 Hive Shell 下执行类似 SQL 命令的相关 HQL 操作，也是 Hive 提供的标准接口，可以使用一条 HQL 命令返回存储在 Hadoop 上的数据。

（2）JDBC/ODBC。Hive 提供了纯 Java 的 JDBC 驱动，该类定义在 org.apache.hadoop.hive.jdbc.HiveDriver 中。当在 Java 应用程序配置方法中使用 jdbc:hive://host:port/ dbname 形式的 JDBC URI 时，Java 应用程序将连接以独立进程形式运行在 host:port 上的 Hive 服务端。若指定 JDBC URI 为 jdbc:hive://，则 Java 应用程序将连接运行在本地 JVM 上的 Hive 服务端（如果本地配置了 Hive 服务的话）。同样也允许支持 ODBC 协议的应用程序访问 Hive 服务端执行相关的操作。

（3）Web UI（User Interface）。通过浏览器访问和操作 Hive 服务端，可以查看 Hive 数据库模式，执行 HQL 相关操作命令。

（4）Thrift Server。为 Thrift（是 Facebook 开发的一个软件框架，用来进行可拓展且跨语言的服务）客户端应用、JDBC 驱动应用、ODBC 驱动应用提供 Thrift 服务，即将用其他语言编写的程序转换为 Java 应用程序（因为 Hadoop 是用 Java 语言编写的），为编写 Python、C++、PHP、Ruby 等应用程序使用 Hive 操作提供了方便。

（5）Driver。实现 Hive 服务操作到 MapReduce 分布式应用的任务转化，主要包含编译器（Compiler）、优化器（Optimizer）和执行器（Executor）。

（6）Meta Store。Hive 采用类 SQL 语法模式的 HQL 操作存储在 Hadoop 分布式环境上的数据，因此需要在 Hive 与 Hadoop 之间提供一层抽象接口，实现 Hive 与 Hadoop 之间不同数据格式的转换，接口属性包括表名、列名、表分区名以及数据在 HDFS 上的存储位置，接口属性内容又称为 Hive 表元数据，以元数据内容形式存储在数据库中，用来限定 Hive 如何进行格式化操作，从 Hadoop 中获取任何非结构化数据。

（7）JobClient。是执行 MapReduce 分布式任务的作业调度器。

（8）NameNode 和 DataNode。NameNode 主要负责管理 HDFS 文件系统，主要包括 NameSpace 管理（其实就是目录结构）、Block 管理。NameNode 提供的始终是被动接收服务的 Server。DataNode 主要用来存储数据文件并负责读写实际底层的文件。

9.3 Hive 的安装

Hive 的安装非常简单，在类 UNIX 系统上预先安装好 Java 8 及其后期版本，并部署完成 Hadoop 稳定版本的集群环境，即可在 Hadoop 平台上运行 Hive，也可以把 Hive 部署在本地或伪分布式 Hadoop 环境下。

9.3.1 Hive 基本安装

Hive 主要运用于 Linux 系统，若要在 Windows 环境下使用 Hive，则需要在 Windows 系统中安装 Cygwin 软件，并在 Cygwin 上安装好 Hadoop。值得一提的是，在 Linux 系统下使用 Hive 更加方便。

从 Hive 官网可下载最新的 Hive 稳定版本。Hive 的 Apache 发行包分为源码包和已经编译好的二进制包，下面只介绍 Hive 的二进制包的安装方法。

步骤 1，下载 Hive 二进制包并解压到相应安装目录，解压后会生成子目录 apache-hive-1.2.2-bin（本文以 apache-hive-3.1.1 版本为例）。

```
$ tar -xzf apache-hive-3.1.1-bin.tar.gz
```

步骤 2，把 apache-hive-3.1.1-bin 目录移动到 hive-3.1.1 目录。

```
$ mv apache-hive-3.1.1-bin/ hive-3.1.1/
```

步骤 3，设置环境变量，编辑文件~/.bashrc 或~/.bash_profile，把 Hive 的安装路径添加到 PATH 变量中，方便 Hive 的使用和管理。

```
$ export HIVE_HOME=/home/trucy/hive-3.1.1
$ export PATH=$PATH:$HIVE_HOME/bin
```

9.3.2 MySQL 的安装

由于 Hive 元数据存储（Metastore）根据不同用户的应用需求不同差异很大，并且 Metastore 内容需要的存储容量很小，甚至可能需要经历频繁的更新、修改和读取操作，显然不适合使用 Hadoop 文件系统来存储。目前，Hive 将元数据存储在 RDBMS 中，如 MySQL、Derby。

1. Hive 元数据存储模式

Hive 有 3 种模式可以访问数据库中的元数据存储内容。

（1）单用户本地模式（Embedded Metastore），该模式可以使用简单的基于内存（In-Memory）的数据库 Derby，简单、快速，一般用于单元测试。

（2）多用户本地模式（Local Metastore），使用本地更复杂、功能更完善的独立数据库，如 MySQL，提供多用户并发访问元数据。

（3）远程服务器模式（Remote Metastore），使用单独机器部署功能强大的数据库，专门用来提供元数据存储服务，任何经授权访问的用户都可以远程连接使用其提供的服务。

在默认情况下，Hive 使用内置的 Derby 数据库存储元数据，但 Derby 只支持在任何时刻仅存在一条会话连接于 Derby 之间，即不支持多用户使用 Hive 访问存储在 Derby 中的元数据。因此，通常采用第三方独立的数据库来存储元数据。MySQL 数据库可支持多个用户同时使用 Hive 连接 MySQL 数据库，共享使用元数据存储中的内容访问 Hive，并且 MySQL 本身具有成熟的分布式特性，可以采用多台 MySQL 机器提供元数据内容服务，因此本书使用 MySQL 数据库存储元数据内容。

2. MySQL 的基本安装

从 MySQL 官网下载特定系统的最新 MySQL 版本，MySQL-server 和 MySQL-client，MySQL 分发包有 RPM（RedHat 系列）和 TAR 包，用户可以根据习惯选择相应类型包。若在操作系统（Operating System，OS）中配置了相应的软件自动安装源，则可以采用自动安装方式。下面介绍在不同 OS 中安装 MySQL 的方法。

（1）Red Hat Linux 可以采用 rpm 命令安装（假设当前用户为 root 用户，"#" 为 Linux 提示符，MySQL 相应软件包已下载到本地，x.y.z 为版本号）。

```
# rpm  -ivh  MySQL-server-x.y.z.rpm
# rpm  -ivh  MySQL-client-x.y.z.rpm
```

（2）Ubuntu Linux 采用 apt-get install 方式进行自动化安装（假设当前用户为 root 用户）。

```
#apt-get  install  MySQL-server-x.y.z.rpm
#apt-get  install  MySQL-client-x.y.z.rpm
```

（3）Linux 采用 yum install 方式进行自动化安装。

```
#yum  install  MySQL-server-x.y.z.rpm
#yum  install  MySQL-client-x.y.z.rpm
```

（4）把连接 MySQL 的 JDBC 驱动文件 mysql-connector-java-x.y.z-bin.jar（该文件可在安装 MySQL 的 lib 目录下找到，x.y.z 为版本号）复制到 Hive 的 classpath 环境变量指示的路径中，一般为 Hive 的 lib 目录。

3. 创建数据库实例

安装完 MySQL 后，需要创建一个存储 Hive 元数据的数据库实例，创建过程如下。

（1）使用 root 用户登录 MySQL 数据库。

```
$ mysql-u root -p
```

输入 root 用户密码，创建数据库实例 hiveDB。

```
mysql> create database hiveDB;
```

（2）使用 root 用户登录 MySQL 数据库，创建用户 bee，密码为 123456。

```
$ mysql-u root -p
mysql>create user 'bee' identified by '123456';
```

（3）授权用户 bee 拥有数据库实例 hiveDB 的所有权限。

```
mysql>grant all privileges on hiveDB.* to 'bee'@'%' identified by '123456';
```

（4）刷新系统权限表。

```
mysql>flush privileges;
```

多个用户可以共享一个数据库中的元数据内容，也可以为多个用户设定其私有的元数据。针对前一类用户选择策略，多个用户使用相同的数据库名连接 MySQL；后一类用户选择策略，多个用户使用其私有的数据库名连接 MySQL，不同用户之间的元数据内容互不可见。

此外，连接 MySQL 的 JDBC 驱动文件 mysql-connector-java-x.y.z-bin.jar（x.y.z 为版本号）必须位于 Hive 的 classpath 环境变量指示的路径中，一般为 Hive 的 lib 目录。

9.3.3 Hive 的配置

Hive 启动时会读取相关配置信息，默认的相关配置信息存储在 conf 目录下，并以 XML 形式存储的 template 文件中（当然也可以修改 HIVE_CONF_DIR 属性值指向包含相关配置文件的其他目录），为了适应特定需求，可以修改 Hive 的默认配置文件。涉及 Hive 的配置文件主要有两个，分别为 hive-site.xml 和 hive-env.sh。文件 hive-site.xml 内保存 Hive 运行时所需的相关配置信息，而由于 Hive 是一个基于 Hadoop 分布式文件系统的数据仓库架构，主要运行在 Hadoop 分布式环境下，因此需要在文件 hive-env.sh 中指定 Hadoop 相关配置文件的路径，用于 Hive 访问 HDFS（读取 fs.defaultFS 属性值）和 MapReduce（读取 mapreduce.jobhistory.address 属性值）等 Hadoop 相关组件。下面说明这两类主要配置文件的内容。

1. hive-site.xml 文件内容

hive-site.xml 文件中的属性如下。

（1）hive.exec.scratchdir：执行 Hive 操作访问 HDFS 时，用于存储临时数据的目录，默认为/tmp/目录，通常设置为/tmp/hive/，目录权限设置为 733。

（2）hive.metastore.warehouse.dir：执行 Hive 数据仓库操作的数据存储目录，设置为 HDFS 存储路径 hdfs://master_hostname:port/hive/warehouse。

（3）javax.jdo.option.ConnectionURL：设置 Hive 通过 JDBC 模式连接 MySQL 数据库存储元数据内容，属性值为 jdbc:mysql://host/database_name?createData base IfNotExist =true。

（4）javax.jdo.option.ConnectionDriverName：设置 Hive 连接 MySQL 的驱动名称，属性值为 com.mysql.jdbc.Driver。

（5）javax.jdo.option.ConnectionUserName：Hive 连接存储元数据内容的数据库的用户名。

（6）javax.jdo.option.ConnectionPassword：Hive 连接存储元数据内容的数据库的密码。

（7）javax.jdo.option.Multithreaded：是否允许 Hive 与 MySQL 之间存在多条连接，设置为 true，表示允许。

因此 hive-site.xml 文件的主要内容如下。

```
<configuration>
   <property>
      <name>hive.exec.scratchdir</name>
      <value>/tmp/hive</value>
   </property>
   <property>
      <name>hive.metastore.warehouse.dir</name>
      <value>hdfs://master_hostname:9000/hive/warehouse</value>
      <description>location of default database for the warehouse</description>
   </property>
   <property>
      <name>javax.jdo.option.ConnectionURL</name>
      <value>
            jdbc:mysql://hostname:port/hiveDB?createDatabaseIfNotExist=true
      </value>
      <description>Hive access metastore using JDBC connectionURL </description>
   </property>
   <property>
      <name>javax.jdo.option.ConnectionDriverName </name>
      <value>com.mysql.jdbc.Driver </value>
   </property>
   <property>
      <name>javax.jdo.option.ConnectionUserName</name>
      <value>bee</value>
      <description>username to access metastore database</description>
   </property>
   <property>
      <name>javax.jdo.option.ConnectionPassword</name>
```

```
        <value>123456</value>
        <description>password to access metastore database </description>
    </property>
    <property>
        <name>javax.jdo.option.Multithreaded</name>
        <value>true</value>
    </property>
</configuration>
```

2. 编辑 hive-env.sh 文件，在文件末尾添加变量指向 Hadoop 的安装路径

```
HADOOP_HOME=/home/trucy/hadoop
```

经过上述 Hive 的基本安装和配置步骤后，在 Linux 命令提示符下输入 hive 命令，即可进入 Hive Shell 交互模式环境中进行 Hive 相关的操作，示例如下。

```
$ hive
hive>
```

此时还不能在 Hive Shell 下面创建表，必须执行下述操作（假设 Hadoop 相关操作命令所在的路径已经添加进 PATH 环境变量中）。

3. 创建数据仓库操作过程中，临时数据在 HDFS 上的转存目录

```
$ hdfs  dfs  -mkdir      /tmp/hive
```

4. 创建数据仓库操作过程中，数据文件在 HDFS 上的存储目录

```
$ hdfs  dfs  -mkdir      /user/hive/warehouse
```

5. 分别对刚创建的目录添加组可写权限，允许同组用户进行数据分析操作

```
$ hdfs  dfs  -chmod g+w   /tmp
$ hdfs  dfs  -chmod g+w   /user/hive/warehouse
```

此时可以在 Hive Shell 下面执行与 Hive 表相关的操作。

用户可以针对特定会话修改在上述文件中配置的相关属性信息，在进入 Hive 会话之前，使用带-hiveconf 选项的 hive 命令。例如，设置 Hive 在当前整个持续会话中运行于伪分布式环境下。

```
$ hive -hiveconf  fs.default.name=localhost -hiveconf mapred.job.tracker=localhost:
8021
```

设置 Hive 当前持续会话中，Hive 的日志运行级别为 DEBUG，日志信息输出到终端。

```
$ hive -hiveconf  hive.root.logger=DEBUG,console
```

此外，Hive 还支持使用 SET 命令在 Hive 特定会话中修改相关配置信息，这个行为称为运行时配置（Runtime Configuration）。该功能针对特定的查询需求修改 Hive 或 MapReduce 作业运行时配置非常有用，如设定 Hive 运行方式为本地模式。

```
hive> SET mapred.job.tracker=local;
```

若要在当前 Hive 会话中查看任何属性的值，则仅在 SET 命令后指定属性名。

```
hive> SET mapred.job.tracker;
mapred.job.tracker=local
```

若在当前 Hive 会话中，SET 命令后不带任何参数，则输出所有与 Hive 相关的属性名及其对应属性值，以及 Hadoop 中被 Hive 修改的相关默认属性及属性值。若在当前 Hive 会话中输入 SET–v 命令，则输出当前系统中的所有属性及其属性值，包括与 Hadoop 和 Hive 相关的所有属性。

设置与 Hive 相关属性的方法列举如下，优先级由高到低，即前面的属性值修改操作会覆盖后面的属性值。

（1）输入 Hive SET 命令。

（2）进入 Hive 会话，输入-hiveconf，设置选项。

（3）读 hive-site.xml 文件。

（4）读 hive-default.xml 文件。

（5）读 hadoop-site.xml 文件及其相关文件（如 core-site.xml、hdfs-site.xml、mapred-site.xml）。

（6）读 hadoop-default.xml 文件及其相关文件（如 core-default.xml、hdfs-default.xml、mapred-default.xml）。

9.4 Hive Shell

Hive Shell 运行在 Hadoop 集群环境上，是 Hive 提供的命令行接口，在 Hive 提示符下输入 HQL 命令，Hive Shell 把 HQL 查询转换为一系列 MapReduce 作业对任务进行并行处理，然后返回处理结果。Hive 采用 RDBMS 表（table）形式组织数据，并为存储在 Hadoop 上的数据提供附属的展示数据的结构描述信息，该描述信息称为元数据（Metadata）或表模式，以元数据形式存储在 RDBMS 数据库中。Hive Shell 下的大多数操作与 MySQL 命令一致，熟悉 MySQL 的用户会察觉两者的语法操作基本一样。

微课 9-1 Hive Shell 命令介绍

在初次接触 Hive 前，首先输入一条命令显示所有已创建的表，命令必须以分号；结束，通知 Hive 开始执行相应的操作。

```
hive> SHOW  TABLES;
OK
Time taken: 10.425 seconds
```

此处输出结果为 0 行，因为还未创建任何表。与 SQL 一样，HQL 对大小写不敏感（除了进行字符串比较相关操作），因此，命令“show tables;”将产生与“SHOW TABLES;”相同的输出结果。Hive Shell 支持 Tab 键命令自动补全功能。例如，在 hive>提示符下输入 SH 或 SHO，按 Tab 键会自动补齐为 SHOW，输入 SHOW TA 按 Tab 键会显示所有可能的命令。

```
hive> SHOW  TA（按下 Tab 键）
TABLE        TABLES        TABLESAMPLE
```

输出结果显示 show ta 命令在按 Tab 键时，自动补全 3 种可能的命令。

安装完 Hive 后，初次在 Hive Shell 下执行命令需要一定时间，因为需要在执行命令操作的机器上创建元数据存储数据库（数据库在运行 hive 命令的相应路径下创建一个名为 metastor_db 目录用于存储数据描述文件）。

Hive Shell 还可以运行于非交互模式下，指定-f 选项执行保存于特定文件内的命令。例如，show_tables_script.q 文件内有一条命令为 SHOW TABLES，在非交互模式下执行该文件内的命令。

```
$ hive -f show_tables_script.q
OK
Time taken: 6.425 seconds
```

show_tables_script.q 文件内的 HQL 命令末尾可以有分号“;”，也可以不加“;”，执行的输出结果一样。

在非交互模式下，还可以指定-e 选项执行简单的 HQL 命令，命令末尾的分号；可以省略。

```
$ hive -e 'SHOW TABLES'
OK
Time taken: 6.567 seconds
```

在 Hive 的交互模式和非交互模式下，执行 HQL 操作都会输出执行过程信息，如执行查询操作所用时间，指定-S 选项可以禁止输出此类信息，只输出 HQL 执行结果。例如：

```
$ hive -S 'SHOW TABLES'
```

只输出当前数据库模式下的表名，不会输出该命令的执行过程信息。

9.5 HQL

本节主要介绍 HQL 的相关特性和功能，如何使用 Hive Shell 创建表、操作表以及怎样将数据导入表中。

9.5.1 认识 HQL

Hive SQL 也称为 HQL，采用工业标准 SQL 类似的语法功能，并不完全支持 SQL-92 规范，而是开发人员根据特定应用需求添加额外的功能扩展，包括从诸如 MySQL 数据库借鉴而来的语法，以及针对分布式应用支持 MapReduce 化的多表插入（Multitable insert）和实现在 Hive Shell 中调用外部脚本文件的 Transform、Map、Reduce 功能。Hive 也支持创建多个不同的命名空间，使不同的用户或应用程序可以分别位于不同的命名空间或模式中执行各自的操作而互不影响。例如，Hive 支持 CREATE DATABASE dbname、USE dbname、DROP DATABASE dbname 等操作，可以使用表全局名称 dbname.tablename 访问特定的表。若在创建 Hive 表的过程中未指定任何数据库名，则 Hive 表属于 default 数据库实例。HQL 与 SQL 的差异比较如表 9-1 所示。

表 9-1　HQL 与 SQL 的差异比较

功能	HQL	SQL
修改操作	INSERT	UPDATE, INSERT, DELETE
事务操作	支持（表级事务、分区级事务）	支持
建立索引	支持	支持
延迟	分钟级	亚秒级
数据类型	整型、浮点型、布尔型、文本串类型、二进串类型、时间戳、数组、图、结构体	整型、浮点型、定点型、文本串类型、二进串类型
多表插入	支持	不支持
使用 select 子句创建表	支持	非 SQL-92 标准，大多数数据库支持
select	位于单表或视图的 FROM 子句中，局部有序，返回满足条件的行	SQL-92 标准
表连接（joins）	支持内连接、外连接、半连接和 map 连接	支持 FROM 子句表连接，支持 WHERE 子句条件连接
子查询	支持位于任何子句中的子查询	仅支持位于 FROM 子句中的子查询
视图	只读	可修改
扩展功能	用户自定义函数、MapReduce 脚本	用户自定义函数、存储过程

Hive 表逻辑上包括两部分，分别为数据和用于描述数据在表中如何布局的元数据，数据存储在

Hadoop 文件系统中，元数据存储在关系数据库中。

9.5.2 Hive 管理数据方式

如前所述，Hive 并不存储数据，而是管理存储在 HDFS 上的数据，通过 Hive 表导入数据只是简单地将数据移动（如果数据是在 HDFS 上）或复制（如果数据是在本地文件系统中）到表所在的 HDFS 目录中。Hive 管理数据的方式主要包括内部表（Managed Table）、外部表（External Table）、分区（Partition）和桶（Bucket）。

1. 内部表

内部表和关系型数据库中的表在概念上很类似，每个表在 HDFS 中都有相应的目录用来存储表的数据，这个目录可以通过${HIVE_HOME}/conf/hive-site.xml 配置文件中的 hive. metastore. warehouse.dir 属性配置（默认值是 HDFS 上的目录/user/hive/warehouse）。假如修改 hive. metastore.warehouse.dir 属性值为/hive/warehouse，当前创建一个 users 表，则 Hive 会在/hive/warehouse 目录下创建一个子目录 users，users 表中的所有数据都存储在/hive/warehouse/users 目录下。

假设当前数据仓库目录为 hdfs://hive/warehouse/，如创建一个名为 managed_table 的内部表，并关联表与其对应的数据源。

```
hive> CREATE TABLE managed_table (user_name STRING);
```

执行 CREATE TABLE 命令后，会在 hdfs://hive/warehouse/目录下创建一个 managed _table 目录。假设存在一个文件 hdfs://hadoop/user_info.txt，执行 LOAD DATA 命令会将文件 user_info.txt 移动（即会删除 hdfs://hadoop/目录下的文件 user_info.txt）到数据仓库目录。

```
hive>LOAD DATA INPATH '/hadoop/user_info.txt' INTO TABLE managed_table;
```

若文件 user_info.txt 位于本地文件系统（即 Linux 文件系统）的/home/hadoop/目录下，执行 LOAD DATA 命令需要指定 LOCAL 关键字，执行结果是将文件 user_info.txt 复制（即不会删除/home/ hadoop/目录下的 user_info.txt 文件）到数据仓库目录。

```
hive>LOAD DATA LOCAL INPATH '/home/hadoop/user_info.txt' INTO TABLE managed_table;
```

上述 LOAD DATA 操作以追加的方式把数据从文件添加到 managed_table 表中，若指定 OVERWRITE 关键字，则使用现有数据覆盖原表中的数据。

```
hive>LOAD DATA LOCAL INPATH '/home/hadoop/user_info.txt' OVERWRITE INTO TABLE
managed_table;
```

使用 DROP TABLE 命令可以删除表，如执行下述命令将删除内部表 managed_table 的元数据和相应数据仓库目录下的数据。

```
hive>DROP TABLE managed_table;
```

内部表即由 Hive 管理表和与表相关的数据组成的表，LOAD 操作会把数据移动或复制到数据仓库的指定表目录中，DROP 操作会删除相应表及与其相关的数据内容。

2. 外部表

Hive 中的外部表和内部表相似，但是其数据不是存储在自己表所属的目录中，而是存储到别处，这样的好处是如果要删除这个外部表，则该外部表指向的数据不会被删除，它只会删除外部表对应的元数据；而如果要删除内部表，则该表对应的所有数据包括元数据和表数据都会被删除。由此可见，内部表中的数据是由Hive管理的。

创建外部表使用EXTERNAL关键字，告知Hive不需要其管理外部表操作的数据，该操作不会在数据仓库目录下自动创建以表名命名的目录，数据存储位置由用户在创建表时使用LOCATION关键字指定（该操作甚至不会检查用户指定的外部存储位置是否存在）。

```
hive>CREATE EXTERNAL TABLE external_table(user_name STRING) LOCATION '/hive/external_table';
```

执行LOAD DATA命令后，外部表操作的数据会存储在HDFS的/hive/external_table目录下。假设数据文件user_info.txt位于HDFS的/hadoop/目录下，执行下述命令将/hadoop/user_info.txt文件移动到/hive/external_table目录下。

```
hive>LOAD DATA INPATH '/hadoop/user_info.txt' INTO TABLE external_table;
```

若数据文件user_info.txt位于本地文件系统（Linux文件系统）中的/home/hadoop目录下，则执行下述命令将/home/hadoop/user_info.txt文件复制到/hive/external_table目录下。

```
hive>LOAD DATA LOCAL INPATH '/home/hadoop/user_info.txt' INTO TABLE external_table;
```

使用DROP TABLE命令可以删除外部表，但只会删除外部表存储在关系数据库（如MySQL）中的元数据，不会删除外部表操作的数据源。

```
hive>DROP TABLE external_table;
```

3. 内部表与外部表之间的抉择

内部表与外部表唯一的区别在于Hive管理表和数据集（DataSet）的方式，因此，应该根据特定的应用需求选取不同类型的表。如果所有在数据集上进行的处理都是使用Hive完成的，则采用内部表管理方式；如果对数据集的操作是由几种不同类型的操作协同完成，或多个用户之间共享同一数据集，则可以采用外部表的管理方式。内部表的优势在于表保存有特定的私有数据，不会出现数据访问瓶颈；外部表的优势在于数据的统一呈现。

4. 分区

在Hive中，表的每一个分区对应表目录下相应的一个子目录，所有分区的数据都存储在对应的子目录中。例如，users表有state（国家）和city（城市）两个分区，则分区state=China, city=Beijing对应users表的目录为/hive/warehouse/users/state=China/city=Beijing，所有属于这个分区的数据都存储在这个目录中。

有关表分区的介绍参见9.5.3节中的“Alter表/分区/列”。

5. 桶

计算指定列值的hash，再根据hash值切分数据，目的是并行，每个桶对应一个文件（注意和分区的区别）。例如，将users表的id列分散至16个桶中，首先计算id列值的hash，对应hash值为0的数据存储在/hive/warehouse/users/part-00000；hash值为1的数据存储在/hive/warehouse/users/part-00001，以此类推。

有关表桶的介绍本书不再讲解，感兴趣的读者可以参考Hive分桶的相关资料。

微课9-2 Hive表的DDL操作演示

9.5.3 Hive表的DDL操作

Hive数据定义语言（Data Definition Language，DDL）包括Create/Drop/Alter数据库、Create/Drop/Truncate表、Alter表/分区/列、Create/Drop/Alter

视图、Create/Drop/Alter 索引、Create/Drop 函数、Create/Drop/Grant/Revoke 角色和权限等内容。

1. Create/Drop/Alter 数据库

数据库本质上是一个目录或命名空间，用于解决表命名冲突。

（1）创建数据库（create database）的语法

```
CREATE (DATABASE|SCHEMA) [IF NOT EXISTS] database_name
            [COMMENT database_comment]
            [LOCATION hdfs_path]
            [WITH DBPROPERTIES (property_name=property_value, …)];
```

参数说明如下。

① DATABASE|SCHEMA：用于限定创建数据库或数据库模式。

② IF NOT EXISTS：只有目标对象不存在时，才执行创建操作（可选）。

③ COMMENT：起注释说明作用。

④ LOCATION：指定数据库位于 HDFS 上的存储路径。若未指定，则使用${hive. metastore. warehouse.dir}定义值作为其上层路径位置。

⑤ WITH DBPROPERTIES：为数据库提供描述信息，如创建 database 的用户或时间。

假设创建一个名为 shopping 的数据库，位于 HDFS 的/hive/shopping 下，创建人为 Bush，创建日期为 2019-06-18，示例如下。

```
hive> CREATE DATABASE shopping
    > LOCATION '/hive/shopping'
    > WITH DBPROPERTIES('creator'='Bush','date'='2019-06-18');
OK
Time taken: 0.154 seconds
```

使用命令 hdfs dfs -ls 查看 HDFS 上的/hive 目录，可以看出上述 CREATE 操作在 HDFS 的/hive 目录下创建了一个 shopping 目录，示例如下。

```
$ hdfs dfs -ls /hive
Found 1 items
drwxr-xr-x  - trucy  supergroup 0 2019-06-18 19:34 /hive/shopping
```

使用命令 DESCRIBE DATABASE EXTENDED 查看数据库 shopping 的信息（若不指定关键字 EXTENDED，则不会输出{}中的内容），示例如下。

```
hive> DESCRIBE DATABASE EXTENDED shopping;
OK
shopping hdfs://TLCluster/hive/shopping trucy USER {date=2015-01-01, creator=Bush}
Time taken: 0.01 seconds, Fetched: 1 row(s)
```

（2）修改数据库的 DBPROPERTIES key-value 对描述信息的语法

```
ALTER (DATABASE|SCHEMA) database_name SET DBPROPERTIES (property_name= property_
value, …);
```

修改数据库的所属用户或角色信息的语法为：

```
ALTER (DATABASE|SCHEMA) database_name SET OWNER [USER|ROLE] user_or_role;
```

（3）使用数据库的语法

```
USE database_name;
```

USE 命令用于设定当前所有数据库对象操作所处的工作数据库，类似于 Linux 文件系统中的切换当前工作目录操作。若返回 default 数据库，则使用下述命令。

```
hive>USE DEFAULT;
```

（4）删除数据库的语法

```
DROP (DATABASE|SCHEMA) [IF EXISTS] database_name [RESTRICT|CASCADE];
```

参数说明如下。

① DATABASE|SCHEMA：用于限定删除的数据库或数据库模式。

② IF EXISTS：只有目标对象存在时，才执行删除操作（可选）。

③ RESTRICT|CASCADE：RESTRICT 为 Hive 默认操作方式，只有 database_name 中不存在任何数据库对象时，才能执行 DROP 操作；CASCADE 采用强制 DROP 方式，会连同存在于 database_name 中的任何数据库对象和 database_name 一起删除（可选）。

例如，删除（1）中创建的 shopping 数据库，会删除其位于 HDFS 上的 shopping 目录，示例如下。

```
hive> DROP DATABASE shopping;
OK
Time taken: 0.171 seconds
```

2. Create/Drop/Truncate 表

（1）创建表的语法

按一般语法格式创建 Hive 表。

```
CREATE [TEMPORARY] [EXTERNAL] TABLE [IF NOT EXISTS] db_name.]table_name
  [(col_name data_type [COMMENT col_comment], …)]
  [COMMENT table_comment]
  [PARTITIONED BY (col_name data_type [COMMENT col_comment], …)]
  [CLUSTERED BY (col_name, col_name, …) [SORTED BY (col_name [ASC|DESC], …)]
INTO num_buckets BUCKETS]
  [SKEWED BY (col_name, col_name, …) ON ([(col_value, col_value, …), …|col
_value, col_value, …]) [STORED AS DIRECTORIES] ]
  [
     [ROW FORMAT DELIMITED [FIELDS TERMINATED BY char [ESCAPED BY char]] [CO
LLECTION ITEMS TERMINATED BY char] [MAP KEYS TERMINATED BY char] [LINES
TERMINATED BY char] [NULL DEFINED AS char]
 | SERDE serde_name [WITH SERDEPROPERTIES (property_name=property_value, prop
erty_name=property_value, …)]
 ]
    [STORED AS file_format]
     | STORED BY 'storage.handler.class.name' [WITH SERDEPROPERTIES (…)]
  ]
  [LOCATION hdfs_path]
  [TBLPROPERTIES (property_name=property_value, …)]
  [AS select_statement];
```

参数说明如下。

① TEMPORARY：创建临时表，若未指定，则创建的是普通表。

② EXTERNAL：创建外部表，若未指定，则创建的是内部表。

③ IF NOT EXISTS：只有表不存在时才创建，若未指定，则当目标表存在时，创建操作抛出异常。

④ db_name 前缀：指定表所属的数据库。若未指定且当前工作数据库非 db_name，则使用 default 数据库。

⑤ COMMENT：添加注释说明，注释内容位于单引号内。

⑥ PARTITIONED BY：针对存储有大量数据集的表，根据表内容具有的某些共同特征定义一个标签，将这类数据存储在该标签所标识的位置，可以提高表内容的查询速度。PARTITIONED BY 中的列名为伪列或标记列，不能与表中的实体列名相同，否则 Hive 表创建操作报错。

⑦ CLUSTERED BY：根据列之间的相关性将指定列聚类在相同桶中，可以对表内容按某一列进行升序（ASC）或降序（DESC）排列（SORTED BY 关键字）。

⑧ SKEWED BY：用于过滤特定列 col_name 中包含值 col_value（ON(col_value, …)关键字指定的值）的记录，并单独存储在指定目录（STORED AS DIRECTORIES）下的单独文件中。

⑨ ROW FORMAT：指定 Hive 表行对象（Row Object）数据与 HDFS 数据之间进行传输的转换方式（HDFS files -> Deserializer -> Row object 以及 Row object -> Serializer -> HDFS files），以及数据文件内容与表行记录各列的对应。在创建表时，可以指定数据列分隔符（FIELDS TERMINATED BY 子句）、对特殊字符进行转义的特殊字符（ESCAPED BY 子句）、复合数据类型值分隔符（COLLECTION ITEMS TERMINATED BY 子句）、MAP 类型 key-value 分隔符（MAP KEYS TERMINATED BY）、数据记录行分隔符（LINES TERMINATED BY）、定义 NULL 字符（NULL DEFINED AS），也可以指定自定义的序列化和反序列化（Serializer 和 Deserializer，SerDe），还可以指定默认的 SerDe。如果 ROW FORMAT 未指定或指定为 ROW FORMAT DELIMITED，则使用内部默认 SerDe。

⑩ STORED AS：指定 Hive 表数据在 HDFS 上的存储方式。file_format 值包括 TEXTFILE（普通文本文件，默认方式）、SEQUENCEFILE（压缩模式）、ORC（ORC 文件格式）和 AVRO（AVRO 文件格式）。

⑪ STORED BY：创建一个非本地表，如创建一个 HBase 表。

⑫ LOCATION：指定表数据在 HDFS 上的存储位置。若未指定，则 db_name 数据库会存储在${hive.metastore.warehouse.dir}定义位置的 db_name 目录下。

⑬ TBLPROPERTIES：为创建的表设置属性（如创建时间和创建者，默认为当前用户和当前系统时间）。

⑭ AS select_statement：使用 select 子句创建一个复制表（包括 select 子句返回的表模式和表数据）。

例如，使用前面创建的 shopping 数据库创建一张商品信息表（items_info）。

```
    hive> CREATE TABLE IF NOT EXISTS shopping.items_info (
        > name          STRING  COMMENT 'item name',
        > price         FLOAT   COMMENT 'item price',
        > category      STRING  COMMENT 'item category',
        > brand         STRING  COMMENT 'item brand',
        > type          STRING  COMMENT 'item type',
        > stock         INT     COMMENT 'item stock',
        > address       STRUCT<street:STRING, city:STRING, state:STRING, zip:INT>
COMMENT 'item sales address')
        > COMMENT 'goods information table'
        > TBLPROPERTIES ('creator'='Bush', 'date'='2015-01-01');
```

items_info 表包括商品名称（name）、商品价格（price）、商品分类（category）、商品品牌（brand）、商品类型（type）、商品库存量（stock）和商品销售地址（address）等信息。表的每一列都添加了注释说明（COMMENT），最后添加了表的说明信息。

按已存在的表或视图定义一个相同结构的表或视图（使用 LIKE 关键字，只复制表定义，不复制表数据）。

```
CREATE [TEMPORARY] [EXTERNAL] TABLE [IF NOT EXISTS] [db_name.]table_name
  LIKE existing_table or view_name  [LOCATION hdfs_path];
```

相关参数的含义参照“按一般语法格式创建 Hive 表”。

假设当前操作位于 shopping 数据库，使用 LIKE 关键字创建一个与 items_info 表结构相同的表 items_info2。

```
hive> USE shopping;
hive> CREATE TABLE IF NOT EXISTS items_info2
    > LIKE items_info;
```

使用 LIKE 关键字创建的表可以修改特定的 LOCATION 参数，但不能修改其他参数，其他参数由原表确定。例如，在本例中，只能修改 items_info2 表的 LOCATION 属性，其他属性与 items_info 表相同，不能修改。

使用 SHOW TABLES 命令查看当前数据库（shopping）中的所有表对象。

```
hive> SHOW TABLES;
OK
items_info
items_info2
Time taken: 0.03 seconds, Fetched: 2 row(s)
```

输出显示刚刚创建的两张表 items_info 和 items_info2。

使用命令 DESC(DESCRIBE) EXTENDED table_name 可以输出表的详细信息，使用关键字 FORMATTED 替换 EXTENDED 可以获得输出格式更清晰的信息。

（2）删除表的语法

```
DROP TABLE [IF EXISTS] table_name;
```

IF EXISTS 关键字可选，若未指定且表 table_name 不存在，则 Hive 返回错误。

例如，删除刚刚创建的 items_info2 表。

```
hive> DROP TABLE IF EXISTS items_info2;
```

（3）截断表（删除表中的所有行）

```
TRUNCATE TABLE table_name [PARTITION partition_spec];
partition_spec:
  (partition_column=partition_col_value,partition_column=partition_col_value, …)
```

删除一张表或分区（partition）中的所有行，当前只支持内部表，否则会抛出异常。使用 partition_spec 可以一次性删除指定的分区，若省略 partition_spec，则一次性删除所有分区。

3. Alter 表/分区/列

修改操作可以改变现有表、分区或列的结构信息，包括增加列/分区、修改 SerDe、重命名表、修改特定分区或列的属性信息等。

（1）重命名表

```
ALTER TABLE table_name RENAME TO new_table_name;
```

针对内部表会同时修改其位于 HDFS 上的路径。

（2）修改表的属性信息

```
ALTER TABLE table_name SET TBLPROPERTIES table_properties;
table_properties:
(property_name = property_value, property_name = property_value, … )
```

该操作会改变存储在 RDBMS 中的表元数据信息。例如，修改表的注释说明。

```
hive>ALTER TABLE table_name SET TBLPROPERTIES ('comment' = new_comment);
```

（3）修改表的 SerDe 属性

```
ALTER TABLE table_name SET SERDE serde_class_name [WITH SERDEPROPERTIES serde_properties];
```

或者：

```
ALTER TABLE table_name SET SERDEPROPERTIES serde_properties;
serde_properties:
  (property_name = property_value, property_name = property_value, … )
```

修改表所读数据的域的分隔符为“,”，注意 property_name 和 property_value 位于单引号内。

```
hive>ALTER TABLE table_name SET SERDEPROPERTIES ('field.delim' = ',');
```

（4）修改表的物理存储属性

```
ALTER TABLE table_name CLUSTERED BY (col_name, col_name, … ) [SORTED BY (col_name, …)] INTO num_buckets BUCKETS;
```

（5）添加表分区

```
ALTER TABLE table_name ADD [IF NOT EXISTS] PARTITION partition_spec
[LOCATION 'location1'] partition_spec [LOCATION 'location2'] …;
partition_spec:
(partition_column = partition_col_value, partition_column = partition_col_value, …)
```

分区的 value 值如果是字符序列，则必须位于单引号内。LOCATION 属性参数的值必须为 HDFS 目录，用于存储数据。ADD PARTITION 操作仅改变表的元数据，并不会加载数据，如果源数据集中不包含值 partition_col_value，则查询操作不会返回任何结果。

例如，使用 shopping 数据库创建一张商品信息分区表 items_info2，按商品品牌和商品分类进行分区。

```
hive> USE shopping;
hive> CREATE TABLE IF NOT EXISTS items_info2(
    > name     STRING    COMMENT 'item name',
    > price     FLOAT    COMMENT 'item price',
    > category  STRING    COMMENT 'item category',
    > brand    STRING    COMMENT 'item brand',
    > type     STRING    COMMENT 'item type',
    > stock    INT       COMMENT 'item stock',
    >address   STRUCT<street:STRING, city:STRING, state:STRING, zip:INT> COMMENT 'item sales address')
    > COMMENT 'goods information table'
    > PARTITIONED BY (p_category STRING, p_brand STRING)
    >ROW FORMAT DELIMITED
    > FIELDS TERMINATED BY '\t'
    > COLLECTION ITEMS TERMINATED BY ','
    > TBLPROPERTIES('creator'='Bush', 'date'='2015-01-02');
```

注意，PARTITIONED BY 中的 p_category 和 p_brand 列为伪列，不能与表中的实体列同名，否则 Hive 表创建操作报错（p_category 和 p_brand 分别对应表中的实体列 category、brand）。

```
hive> ALTER TABLE items_info2 ADD PARTITION (p_category='clothes', p_brand='playboy') LOCATION '/hive/shopping/items_info2/playboy/clothes'
 >PARTITION(p_category='shoes',p_brand='playboy')LOCATION'/hive/shopping/items_info2/playboy/shoes';
```

该操作会在HDFS路径/hive/warehouse/下创建两个子目录playboy/clothes和playboy/shoes，用于存储属于特定分区的数据。

（6）重命名表分区

```
ALTER TABLE table_name PARTITION partition_spec RENAME TO PARTITION partition_spec;
```

该操作用于重命名 partition_spec 为新的 partition_spec。

（7）交换表分区

```
ALTER TABLE table_name_1 EXCHANGE PARTITION (partition_spec) WITH TABLE table_name_2;
```

该操作将 table_name_1 表中特定分区下的数据移动到具有相同表模式且不存储在相应分区的 table_name_2 中。

（8）表分区信息持久化

```
MSCK REPAIR TABLE table_name;
```

该操作用于将table_name表在HDFS上的分区信息同步到Hive位于RDBMS的元数据存储中。

（9）删除表分区

```
ALTER TABLE table_name DROP [IF EXISTS] PARTITION partition_spec, PARTITION
partition_spec…;
```

该操作会删除与特定分区相关的数据以及元数据。

例如，删除 items_info2 表中的 playboy/shoes 分区。

```
hive>ALTER TABLE items_info2 DROP PARTITION (p_category='shoes', p_brand='playboy');
```

（10）修改表列

```
ALTER TABLE table_name [PARTITION partition_spec] CHANGE [COLUMN] col_old_name
col_new_name column_type [COMMENT col_comment] [FIRST|AFTER column_name] [CASCADE|
RESTRICT];
```

修改表列操作可以修改表的列名、列数据类型、列存储位置以及注释说明。FIRST、AFTER 用于指定是否交换列的前后顺序，该操作只改变表的元数据（RESTRICT 方式，即默认方式），CASCADE 关键字用于限定修改操作，并同步到表的元数据和分区的元数据。

（11）增加表列、删除和替换表列

```
ALTER TABLE table_name [PARTITION partition_spec] ADD|REPLACE COLUMNS (col_name
data_type [COMMENT col_comment], …) [CASCADE|RESTRICT]
```

ADD COLUMNS 操作用于在表中已存在的实体列（existing columns）之后且分区列（partition columns，或伪列）之前添加新的列。REPLACE COLUMNS 操作的实现方式为删除表中现有的全部列，添加新的列集合。REPLACE COLUMNS 操作仅支持使用内部 SerDe（DynamicSerDe、MetadataTypedColumnsetSerDe、LazySimpleSerDe 和 ColumnarSerDe）的表，前面已说明，SerDe（serialization，deserialization）用于实现表数据与 HDFS 数据之间的转换方式。

4. Create/Drop/Alter 视图

Hive 支持 RDBMS 视图的所有功能，包括创建、删除、修改视图。

（1）创建视图

```
CREATE VIEW [IF NOT EXISTS] view_name [(column_name
[COMMENT column_comment], …) ]
```

```
[COMMENT view_comment]
[TBLPROPERTIES (property_name = property_value, …)]
 AS SELECT …;
```

视图的属性含义与表的属性相同。视图是只读的，视图结构在创建之初就确定，后续对与视图相关的表结构的修改不会反映到视图上，不能以视图作为目标操作对象执行 LOAD/INSERT/ALTER 相关命令。SELECT 子句执行失败，CREATE VIEW 操作也会失败。

（2）删除视图

```
DROP VIEW [IF EXISTS] view_name;
```

（3）修改视图

```
ALTER VIEW view_name AS select_statement;
```

5. Create/Drop/Alter 索引

Hive 支持 RDBMS 索引的所有功能，包括创建、删除、修改索引。

（1）创建索引

```
CREATE INDEX index_name  ON TABLE base_table_name (col_name, …)
AS index_type
[WITH DEFERRED REBUILD]
[IDXPROPERTIES (property_name=property_value, …)]
[IN TABLE index_table_name]
[ [ ROW FORMAT …] STORED AS …      | STORED BY …  ]
[LOCATION hdfs_path]  [TBLPROPERTIES (…)]  [COMMENT "index comment"];
```

属性说明如下。

WITH DEFERRED REBUILD：用于构建一个空索引。

（2）删除索引

```
DROP INDEX [IF EXISTS] index_name ON table_name;
```

（3）修改索引

```
ALTER INDEX index_name ON table_name [PARTITION partition_spec] REBUILD;
```

ALTER INDEX…REBUILD 用于重建（1）中创建索引时使用关键字 WITH DEFERRED REBUILD 建立的所有索引或之前建立的索引，若指定关键字 PARTITION，则只针对相应分区建立索引。

6. Create/Drop 函数

Hive 与 MySQL 和 Oracle 一样，也提供了丰富的函数功能。根据实现方式，函数包括 Hive 预定义函数或内置函数（built-in functions）、用户自定义函数（user-defined function，UDF）；根据函数功能，包括普通函数（单输入单输出，如 abs()、lower()）、聚合函数或汇总函数（aggregate functions，多行输入单行输出，如 count()、max()）、表生成函数（table-generating functions，单行多行输入多行输出，如 explode()）。

（1）创建临时函数

```
CREATE TEMPORARY FUNCTION function_name AS class_name;
```

该语句使用 class_name 类创建一个临时函数，class_name 为 Java 实现（因为 Hive 是使用 Java 实现的），若 class_name 非 Java 实现，则可以使用 SELECT TRANSFORM 查询子句实现流式数据通过相应的非 Java 函数进行处理操作获得结果。在使用 class_name 创建函数之前，需要先把 Java 字节码文件打包成 jar 文件，然后进入 Hive 会话中，使用 ADD JAR 命令把 jar 文件添加到 Hive 的类路径中（使用 ADD FILE 命令可以把使用 Python 等非 Java 语言编写的程序添加到 Hive 类路径中）。假设 class_name 的 jar 文件所处绝对路径/full/path/to/typeConversion.jar，typeConversion.jar 包的类名为 org.apache. hadoop.hive.udf.example.IntToString，则创建一个 int_to_str 步骤如下。

```
hive>ADD JAR /full/path/to/typeConversion.jar;
hive>CREATE TEMPORARY FUNCTION int_to_str
    > AS 'org.apache.hadoop.hive.udf.example.IntToString';
```

创建的临时函数只在当前 Hive 会话中可见。

（2）删除临时函数

```
DROP TEMPORARY FUNCTION [IF EXISTS] function_name;
```

（3）创建持久函数

```
CREATE FUNCTION [db_name.]function_name AS class_name
  [USING JAR|FILE|ARCHIVE 'file_uri' [, JAR|FILE|ARCHIVE 'file_uri'] ];
```

根据 class_name 创建持久函数，所涉及的 jar 文件、普通文件、归档文件可以使用关键字 USING 与 class_name 连接在一起，若 Hive 运行在分布式环境下，则 USING 关键字后的文件也必须位于分布式文件系统，如 HDFS 上。所创建的函数存储在 db_name 数据库，或者当前数据库中（若未指定任何数据库，则存储在 default 数据库中）。

（4）删除持久函数

```
DROP FUNCTION [IF EXISTS] function_name;
```

7. Create/Drop/Grant/Revoke 角色和权限

Hive 中的角色和权限与 RDBMS 一样，用于限定用户在特定的数据库对象中执行相应授权的操作。Hive 角色分为 public 和 admin 两种，一般用户都具有 public 角色。

（1）创建角色

```
CREATE ROLE role_name;
```

只有 admin 角色具有创建新角色的权限，角色名 ALL、DEFAULT 和 NONE 为默认的保留角色。

（2）删除角色（只有 admin 角色具有该权限）

```
DROP ROLE role_name;
```

（3）查看当前角色

```
SHOW CURRENT ROLES;
```

（4）设置特定角色

```
SET ROLE (role_name|ALL);
```

设置当前用户的角色为某一特定角色，若该用户未指定相应角色，则该操作错误返回。若角色名为 ALL，则用于刷新该用户的角色信息（若该用户被赋予了新的角色）。

（5）查看 Hive 系统的所有角色（只有 admin 角色具有该权限）

```
SHOW ROLES;
```

普通用户查看某一用户或角色具有的角色，可以使用如下命令。

```
SHOW ROLE GRANT USER user_name | ROLE role_name;
```

（6）授予角色

```
GRANT role_name [, role_name] …TO principal_specification [, principal_specification] …
[ WITH ADMIN OPTION ];
principal_specification:
  USER user | ROLE role
```

授予一个或多个角色给其他角色或用户。若指定 WITH ADMIN OPTION，则被授予角色的用户或角色具有 admin 权限。

（7）撤销角色

```
REVOKE [ADMIN OPTION FOR] role_name [, role_name] …
FROM principal_specification [, principal_specification] … ;
principal_specification:
  USER user | ROLE role
```

撤销 FROM 子句中指定的角色或用户的相应角色。

（8）授予权限

```
GRANT   priv_type [, priv_type ] …  ON table or view_name  TO principal_specification [, principal_specification] …  [WITH GRANT OPTION];
principal_specification:
  USER user | ROLE role
priv_type:
  INSERT | SELECT | UPDATE | DELETE | ALL
```

若指定 WITH GRANT OPTION，则 principal_specification 也具有 GRANT 和 REVOKE 权限。

（9）撤销权限

```
REVOKE [GRANT OPTION FOR] priv_type [, priv_type ] … ON table or view_name
    FROM principal_specification [, principal_specification] … ;
```

若指定 GRANT OPTION FOR（注意这里与上述的 GRANT 权限不同），则撤销 principal_specification 具有的 GRANT 和 REVOKE 权限。

（10）查看某一用户具有的权限

```
SHOW GRANT [principal_name] ON (ALL| ([TABLE] table_or_view_name)
principal_specification:
USER user| ROLE role
```

9.5.4 Hive 表的 DML 操作

Hive 表的 DML 操作包括将文件中的数据导入 Hive 表中、select 操作、将 select 查询结果插入 Hive 表中、将 select 查询结果写入文件和 Hive 表的 ACID（Atomic，原子性；Consistency，一致性；Isolation，隔离性；Durability，持久性）事务特性中。

微课 9-3 Hive 表的 DML 操作演示

1. 将文件中的数据导入（LOAD）Hive 表中

LOAD 操作执行 copy/move（复制/移动）命令，把数据文件复制/移动到 Hive 表位于 HDFS 的目录，并不会对数据内容执行格式检查或格式转换操作。LOAD 命令语法为：

```
LOAD DATA [LOCAL] INPATH 'filepath' [OVERWRITE] INTO TABLE tablename [PARTITION (partcol1=val1, partcol2=val2 …)];
```

文件路径 filepath 可以是指向 HDFS 的相对路径或绝对路径，也可以是指向本地文件系统（Linux 文件系统）相对路径（当前工作目录）或绝对路径。若 filepath 指向 HDFS，则 LOAD 执行的是移动操作（即执行 LOAD 后，filepath 中的文件不再存在）；若 filepath 指向本地文件系统，则 LOAD 执行的是复制操作（即执行 LOAD 后，filepath 中的文件仍然存在），但需要指定 LOCAL 关键字。若 filepath 指向一个文件，则 LOAD 会将相应的文件复制或移动到 tablename 表中；若 filepath 指向一个目录，则 LOAD 会将相应目录下的所有文件复制或移动到 tablename 表中。若创建表时指定了分区列，则使用 LOAD 命令加载数据时，也要为所有分区列指定特定值。

在 LOAD 语句中的 LOCAL 关键字，INPATH 参数可以使用下述方式确定。

（1）Hive 会在本地文件系统中查找 filepath。

（2）用户可以设置 filepath 为文件绝对路径，如 file:///user/hive/data。

针对 LOAD 语句中未指明 LOCAL 关键字，INPATH 参数可以使用下述方式确定。

（1）若 filepath 为相对路径，则 Hive 会解析成为/user/<username>/filepath。

（2）若 filepath 未指定模式或文件系统类型（如 hdfs://namenode:9000/），则 Hive 会把${fs.default.name}值作为 NameNode URI。

若语句带 OVERWRITE 关键字，则目标表或分区中的原始数据会被删除，替换成新数据；若未指定 OVERWRITE 关键字，则新数据会以追加的方式被添加到表中。若表或分区中的任何一个文件与 filepath 中的任何一个文件同名，则表或分区中的同名文件会被 filepath 中的同名文件替换。

例如，假设本地文件/home/trucy/wangyc/items_info.txt 内容为：

```
a       368     shoes   playboy xiuxian 323     aaa,dddd,bbb,610
b       434     shoes   playboy xiuxian 343     ccc,dddd,bbb,612
c       434     shoes   playboy xiuxian 433     ccc,dddd,bbb,612
```

使用 LOAD 命令将数据加载到 items_info2 表的相应分区中（PARTITION 关键字指定内容）。

```
hive> LOAD DATA LOCAL INPATH '/home/trucy/wangyc/items_info.txt' OVERWRITE INTO TABLE items_info2
> PARTITION (p_category='shoes', p_brand='playboy');
```

执行 LOAD 命令后，Hive 在 HDFS 的/hive/shopping/items_info2/路径下创建目录 p_category=shoes/p_brand=playboy/，并把 items_info.txt 文件复制到上述创建的目录下。

2. select 操作

Hive select 操作的语法与 SQL-92 规范几乎没有区别，其语法格式为：

```
SELECT [ALL | DISTINCT] select_expr, select_expr, … FROM table_reference
[WHERE where_condition] [GROUP BY col_list] [CLUSTER BY col_list  | [DISTRIBUTE BY col_list] [SORT BY col_list] ] [LIMIT number]
```

下面介绍 select 操作与各种属性的组合。

（1）简单 select 查询操作

例如，下面的查询操作返回 students 表中的所有行和列。

```
hive> SELECT * FROM students;
```

（2）带 WHERE 子句的 select 条件查询操作，返回满足 WHERE 指定条件的行

例如，下面的查询操作返回用户信息表 users 中的年龄大于“10 岁”且国籍为“中国”的所有用户。

```
hive> SELECT * FROM users WHERE age > 10 AND state = "China";
```

（3）带 ALL 和 DISTINCT 关键字的查询操作

用于确定是否返回重复的行，默认为 ALL，即 select 查询返回重复的行。

```
hive> SELECT col1, col2 FROM t1;
        1 3
        1 3
        1 4
        2 5
hive> SELECT DISTINCT col1, col2 FROM t1;
        1 3
        1 4
        2 5
hive> SELECT DISTINCT col1 FROM t1;
        1
        2
```

（4）带 HAVING 关键字的查询操作

用于代替复杂的子查询操作，如查询操作：

```
hive> SELECT col1 FROM (SELECT col1, SUM(col2) AS col2sum FROM t1 GROUP BY col1) t2
WHERE t2.col2sum > 10;
```

可以替换为：

```
hive> SELECT col1 FROM t1 GROUP BY col1 HAVING SUM(col2) > 10;
```

（5）带 LIMIT 关键字的查询操作

用于返回指定数目的满足条件的行（常用于返回 Top k 问题）。例如，返回满足条件的 5 条记录，返回结果为从满足条件的记录中随机选取 5 条。

```
hive> SELECT * FROM t1 LIMIT 5;
```

Top k 问题，返回满足条件的按 col1 列降序排列的前 5 条记录。

```
hive> SET mapred.reduce.tasks = 1;
hive> SELECT * FROM t1 SORT BY col1 DESC LIMIT 5;
```

3. 将 select 查询结果插入表中

使用查询子句从其他表中获得查询结果，然后使用 INSERT 命令把数据插入新表中（Hive 会根据 MapReduce 中的 reduce 任务数在 HDFS 的新表目录下创建相应的数据文件 000000_0，若有多个 reduce 任务，则依次以 000001_0、000002_0、……类推）。该操作包括单表插入（向一个 Hive 表插入数据）和多表插入（一次性向多个 Hive 表插入数据）。INSERT 命令可以操作在表和特定的分区上，如果表属于分区表，则必须指明所有分区列和其对应的分区列属性值。INSERT 命令在操作表和特定分区的区别说明如下。

（1）单表插入（使用 OVERWRITE 关键字）

```
INSERT OVERWRITE TABLE tablename [PARTITION (partcol1=val1, partcol2=val2 …) [IF NOT
EXISTS]] SELECT select_statement FROM from_statement;
```

该方法会覆盖表或分区中的数据（若对特定分区指定 IF NOT EXISTS，则不执行覆盖操作）。

例如，查询上述创建的 items_info 表，把查询结果存储到 items_info2 表中。

```
hive> INSERT OVERWRITE TABLE items_info2
    >     PARTITION (p_category='clothes', p_brand='playboy')
    > SELECT * FROM items_info ii
    >     WHERE ii.category='clothes' AND ii.brand='playboy';
```

（2）单表插入（追加方式）

```
INSERT INTO TABLE tablename [PARTITION (partcol1=val1, partcol2=val2 …)] SELECT select_statement FROM from_statement;
```

该方法以追加的方式把 SELECT 子句返回的结果添加到表或分区中。

（3）多表插入

```
FROM from_statement
INSERT OVERWRITE TABLE tablename1 [PARTITION (partcol1=val1, partcol2=val2 …) [IF NOT EXISTS]] SELECT select_statement1
[INSERT OVERWRITE TABLE tablename2 [PARTITION … [IF NOT EXISTS]] SELECT select_statement2]
[INSERT INTO TABLE tablename2 [PARTITION …] SELECT select_statement2] …;
```

该操作的第一条命令，即 FROM from_statement 指定所有表执行的 SELECT 命令对应的 FROM 子句，针对同一个表，既可以执行 INSERT OVERWRITE 操作，也可以执行 INSERT INTO 操作（如表 tablename2）。

多表插入操作可以降低源表的扫描次数，Hive 可以仅扫描一次数据源表，然后针对不同的 Hive 表应用不同的查询规则，从扫描结果中获取目标数据，并插入不同的 Hive 表中。

例如，把从 items_info 中扫描的结果根据不同的查询规则插入表的不同分区中。

```
hive> FROM items_info ii
    > INSERT INTO TABLE items_info2
    >     PARTITION (p_category='clothes', p_brand='playboy')
    > SELECT * WHERE ii.category='clothes' AND ii.brand='playboy'
    >     INSERT OVERWRITE TABLE items_info2
    >     PARTITION (p_category='shoes', p_brand='playboy')
    > SELECT * WHERE ii.category='shoes' AND ii.brand='playboy';
```

4. 将 select 查询结果写入文件

可以把 Hive 查询结果写入或导出到文件中，与把查询结果插入表中类似，将 Hive 表中的数据导出到文件也有两种方法，分别是单文件写入和多文件写入。

（1）单文件写入

```
INSERT OVERWRITE [LOCAL] DIRECTORY directory
  [ROW FORMAT row_format] [STORED AS file_format]
  SELECT select_statement FROM from_statement;
```

若指定 LOCAL 关键字，则查询结果写入本地文件系统中（OS 文件系统），否则查询结果写入 HDFS 中。

```
row_format:
DELIMITED [FIELDS TERMINATED BY char [ESCAPED BY char]] [COLLECTION ITEMS TERMINATED BY char] [MAP KEYS TERMINATED BY char] [LINES TERMINATED BY char]  [NULL DEFINED AS char]
```

row_format 各属性说明参见“9.5.3 节中的 Creat/Drop/Trancate 表”。

（2）多文件写入

```
FROM from_statement
INSERT OVERWRITE [LOCAL] DIRECTORY directory1 SELECT select_statement1
[INSERT OVERWRITE [LOCAL] DIRECTORY directory2 SELECT select_statement2];
```

5. Hive 表的 ACID 事务特性

自 Hive 0.14.0 出现以来，Hive 表支持关系型数据的 ACID 事务操作（Insert、Update、Delete）。

Hive 分别为最初数据和事务操作产生的数据设计了 Base 目录和 Delta 目录，初始数据保存在 Base 目录中，事务操作产生的数据保存在 Delta 目录中，Hive 后台进程不定期合并 Base 目录和 Delta 目录中的数据。

（1）使用 SQL 语法插入表数据（Insert）

Hive 中的 INSERT…VALUES 与 SQL 中的语法格式类似。

```
INSERT INTO TABLE tablename [PARTITION (partcol1[=val1], partcol2[=val2] …)] VALUES values_row [, values_row …];
```

参数说明如下。

① partcol1[=val1]：表示分区列的值 val1 可选。

② values_row：表示针对 tablename 表中的各列对应的所有值（Hive 表不支持类似 SQL 语法只插入某些列值的功能，至少是插入一条记录，但可以为某些列指定 null 值，即为该列指定一个空值），可以在一条 INSERT 命令中指定多个 values_row。

例如，创建一张学生表 students。

```
hive> CREATE TABLE students (name VARCHAR(64), age INT);
```

向 students 表中插入两条记录。

```
hive> INSERT INTO TABLE students
    >  VALUES ('trucy', 24), ('hek', null);
```

（2）更新表列值（Update）

更新操作只适用于支持 ACID 特性的 Hive 表，更新操作执行成功后，由 Hive 自动提交。表分区列不支持更新操作。更新操作的语法格式为：

```
UPDATE tablename SET column = value [, column = value …] [WHERE condition]
```

（3）删除表数据（Delete）

删除操作只适用于支持 ACID 特性的 Hive 表，删除操作执行成功后，由 Hive 自动提交。删除操作的语法格式为：

```
DELETE FROM tablename [WHERE expression]
```

习题

1. 简述 Hive 产生的背景。
2. 简述 Hive 的服务结构组成及其对应的功能。
3. MySQL 数据库针对 Hive 的用途是什么？
4. Hive 是如何操作和管理数据的，其管理数据的方式有哪些？

第10章 分布式数据分析工具Pig

10

Pig 是分析大数据集的平台，拥有完整的数据操作规范——Pig 语言，也称为 Pig Latin。Pig 最初由雅虎研发，后来贡献给 Apache 软件基金会，目前已成为 Apache 的顶级项目。Pig 提供了针对具有一定内部格式的数据进行相关分析操作的强大功能，向上对上层应用提供了丰富的 API 和函数功能，向下充分利用 Hadoop 的 MapReduce 分布式计算框架，既简化了分布式处理操作，也拥有高效的数据处理功能。Pig Latin 包括一系列对数据进行操作的过程，是一种类 SQL 的面向数据流的语言，提供了对数据进行加载、合并、过滤、排序、分组、关联以及支持对数据集使用函数的功能或用户自定义函数功能。本章主要介绍 Pig 的基本安装和相关操作。Pig 的主要优势在于其与 Hadoop 的完美集成，因此操作简易、分布式处理功能强大。正如 MapReduce 一样，Pig 不适合于所有的数据处理任务，它主要是针对大数据集进行批量处理而设计的，若对大数据集的某一小部分进行操作，Pig 产生的效果并不好。

10.1 Pig 的安装和配置

Pig 既可以运行在单机环境下（此时所有的 Pig 进程运行在一个单独的本地 JVM 上），也可以运行在 Hadoop 分布式环境下，Pig 程序根据数据集的大小，被转换成一系列 MapReduce 作业运行在 Hadoop 平台上。

1. Pig 的安装

Pig 的安装过程简单，但需要具备以下条件。

（1）提前安装好类 UNIX 系统，如 Linux。

（2）类 UNIX 系统中已安装好 Java 6 或后期版本，并设置环境变量 JAVA_HOME 指向 Java 安装根目录。

（3）已部署 Hadoop 稳定版本的集群环境，并设置环境变量 HADOOP_HOME 指向 Hadoop 安装根目录。

（4）若使用 Pig 程序操作 Python 编写的流式（Streaming）自定义函数（User Defined Function，UDF），则需要安装 Python。

从官网下载最新的 Pig 稳定版本，下载后解压到相应安装目录，解压后会生成子目录 pig-x.y.z（x.y.z 为版本号），示例如下。

```
$ tar -xzf pig-x.y.z.tar.gz
```

设置环境变量，编辑文件~/.bashrc 或~/.bash_profile，把 Pig 的可执行文件所处路径添加到 PATH 变量中，方便 Pig 的使用和管理，示例如下。

```
$ export  PIG_HOME=/home/trucy/pig-x.y.z
$ export  PATH=$PATH: $ PIG_HOME/bin
```

输入 pig -help 命令获得 pig 相关操作信息。

2. Pig 的配置

Pig 构建于 Hadoop 平台，相比 HDFS 和 MapReduce，Pig 为大型数据集的处理提供了更高层次的抽象，其底层使用 HDFS 做存储支撑，MapReduce 做任务执行器。因此，若 Pig 运行于 Hadoop 集群环境，则只需要知道 NameNode 进程和 JobTracker 进程所在机器，而这两个进程所在位置可以读取 Hadoop 配置文件来获取。在 Hadoop 当前版本中，与 NameNode 进程和 JobTracker 进程相关的配置信息位于 core-site.xml、hdfs-site.xml 和 mapred-site.xml 这 3 个配置文件中，配置文件所在目录为${HADOOP_HOME}/etc/hadoop。因此，修改操作 Pig 命令的用户所属环境变量配置文件~/.bash_profile 或~/.bashrc，执行下述操作。

（1）在文件末尾添加环境变量 PIG_CLASSPATH 或 HADOOP_CONF_DIR，指向$HADOOP_HOME/etc/hadoop，即让 PIG_CLASSPATH 或 HADOOP_CONF_DIR 指向 Hadoop 配置文件所在路径，用于 Pig 获取 NameNode 和 JobTracker 所在位置。

（2）将 Pig 的 bin/目录添加到 PATH 变量中，方便使用 Pig 相关命令。

10.2 Pig 的基本概念

1. Pig Latin 标识符

Pig Latin 标识符用于定义 Pig Latin 中的变量别名，与 C 语言中的变量标识符一样，Pig Latin 标识符以字母开头，后面可以跟任意数目的字母、数字、下画线。

微课 10-1 Pig 相关命令演示

（1）有效的标识符，示例如下。

```
A
A123
abc_123_BeX_
```

（2）无效的标识符，示例如下。

```
_A123
abc_$
A!B
```

2. 大小写规则

Pig Latin 的大小写规则比较复杂，如等号“=”左右的关系表达式名、字段名和函数名区分大小写等，示例如下。

```
grunt> A = LOAD 'data' USING PigStorage() AS (f1:int, f2:int, f3:int);
grunt> B = GROUP A BY f1;
grunt> C = FOREACH B GENERATE COUNT ($0);
grunt> DUMP C;
```

从上例可以看到，等号左边的关系表达式名 A、B、C 区分大小写，如 A 与 a 功能不同。字段名 f1、f2、f3 区分大小写。函数 PigStorage()和 COUNT()区分大小写。Pig Latin 关键字 LOAD、USING、AS、GROUP、BY、FOREACH、GENERATE、DUMP 不区分大小写，如 LOAD 与 load 功能相同。

注意 Grunt Shell 相关命令也不区分大小写，例如，grunt> fs -ls 与 grunt> FS -ls 功能相同，grunt> quit 与 grunt> QUIT 功能相同。

3. 关系（relation）、包（bag）、元组（tuple）、字段（field）

关系、包、元组、字段之间的关系为包含关系，前者依次包含后者。

（1）一个关系就是一个包，确切地说，应该是一个外部包（outer bag）。

（2）一个包（也称袋子）由一系列元组构成。在 Pig 中，包中的所有元素位于大括号{}内。

（3）一个元组是一系列有序字段的集合。在 Pig 中，元组中的所有字段都位于小括号()内。

在 Pig 中，关系是所有元组的一个包，里面包含了所有内容，类似于关系型数据库中的关系表（table），包中的所有元组类似于关系表中的所有行（row），元组中的字段类似于关系表中的列（column）。与关系表不同的是，①关系不要求所有不同元组中的字段数相等，而关系表中的列数是创建表时就确定的；②关系不要求不同元组相应对等位置上字段值的数据类型相同，而关系表中的列类型是创建表时就预先定义好的。

4. Pig Latin 语句

Pig Latin 语句（Pig Latin Statement）是使用 Pig 处理数据的基本单元，其操作对象为关系。Pig Latin 语句可以跨越多行，但必须以分号结束，将输入数据经过处理操作产生输出结果。Pig Latin 的执行过程通常如下。

（1）使用 LOAD 语句从文件系统中读取数据。

（2）使用一系列中间操作语句对数据进行处理。

（3）使用 DUMP 语句将结果输出到用户终端或使用 STORE 语句把结果保存到文件系统中。

其中，第（1）步和第（2）步操作只检查语法的正确性，并不执行相应的操作。第（3）步操作会检查语句的语法，并触发所有语句执行相应操作。

例如，使用 LOAD 语句定义一个关系 A，包含 f1、f2、f3 这 3 个字段（fields）（有关使用 Pig Latin 语句定义关系的方式参见 10.5 节），示例如下。

```
grunt> A = LOAD 'data' USING PigStorage() AS (f1:int, f2:int, f3:int);
```

使用 GROUP…BY 语句对关系 A 中的所有元组按字段 f1 分组，示例如下。

```
grunt> B = GROUP A BY f1;
```

采用索引方式统计关系 B 按第一个字段（$0）分组后所得的组数，示例如下。

```
grunt> C = FOREACH B GENERATE COUNT ($0);
```

输出关系 C 中的处理结果，该操作会触发前面所有操作开始执行，示例如下。

```
grunt> DUMP C;
```

10.3 Pig 的保留关键字

Pig 保留关键字是专门为使用 Pig 相关功能设计的具有特殊含义的别名，不能重新定义，使用 Pig 保留关键字可以方便地使用 Pig 提供的相关功能。Pig 保留关键字包括 Pig 内置数据类型、Pig 相关命令和 Pig 内置函数等。

1. Pig 的数据类型

Pig 数据类型分两种，即简单数值类型和复杂数据类型，用于限定 Pig 相关操作使用数据的方式，Pig 数据类型如表 10-1 所示。

表 10-1　Pig 数据类型

简单数值类型	说明	实例
int	有符号 32 位整型	10
long	有符号 64 位整型	1000000000000L 或 1000000000000l
float	32 位浮点类型	10.5F、10.5f 和 10.5e2f、10.5E2F，分别表示 10.5F 和 1050.0F
double	64 位浮点类型	10.5 和 10.5e2、10.5E2，分别表示 10.5 和 1050.0
chararray	UTF-8 格式的字符序列	hello word
bytearray	字节序列	
boolean	布尔类型	true/false（不区分大小写，如 TRUE/FALSE）
datetime	日期类型	1970-01-01T00:00:00.000+00:00
biginteger	大整型	200000000000
bigdecimal	大小数类型	33.456783321323441233442
复杂数值类型	**说明**	**实例**
tuple	一系列以逗号分隔的有序字段元素集，所有字段元素位于小括号()内。一个 tuple 类似于 SQL 中的一行，可以包含任何类型的字段值。因为 tuple 中的所有字段有序，所以可以通过位置索引方式引用特点字段值	若一个 tuple 变量 A 中包含 3 个字段，值为('bob',19,2)，则下述操作会提取 A 中第一个字段中的值。 grunt> B = FOREACH A GENERATE $0; grunt> DUMP B; 'bob' 详见 10.5 节相关内容
bag	一系列以逗号分隔的无序 tuple 集，所有 bag 元素位于花括号{}内	包含两个 tuple 的 bag：{(19,2)、('bob',19)}，详见 10.5 节相关内容
map	一系列以逗号分隔的键值对（key-value pair）集，key 和 value 之间以符号“#”连接在一起，key 在 map 中必须唯一且数据类型为 chararray，value 可以为任何合法数据类型，默认为 bytearray 类型，所有 value 的类型一致。所有 map 元素位于中括号[]内	['name'#'bob', 'age'#19] 详见 10.5 节相关内容

2. Nulls

Pig 采用与 SQL 类似的 null 定义，即 Pig 中的 null 表示未知或不存在，null 可以与任何类型的数据执行相关运算，得到的结果为 null。例如，执行下面操作：

```
grunt> A = LOAD 'data' AS (a, b, c);
grunt> B = FOREACH A GENERATE a + null;
```

执行结果 B 中的值为 null。

判断一个表达式是否为 null，可以使用子句 is null 或 is not null，详见 10.5 节相关内容。

3. Pig 相关命令

如前所述，Pig 提供了各种 Shell 操作命令和执行相关程序功能的命令，如在 Linux 命令提示符下，可以执行下述操作。

（1）使用 pig -e 命令选项，后面可以跟简单的 Pig 操作命令，如 pig -e fs -ls 可以调用 HDFS 文件系统命令 fs，使用-ls 功能选项列出 HDFS 中的相关文件，pig -e sh ls 可以调用本地 Linux

文件系统 Shell 命令 sh，使用功能选项 ls 列举本地文件系统中的相关文件。

使用 pig -x local（或 pig -x mapreduce、pig）myscript.pig 操作执行脚本文件 myscript.pig 中的 Pig 命令操作。

（2）利用 Pig Latin 提供的交互式 Shell 工具 grunt 可以方便地操作 Pig 命令。例如，在提示符 grunt>下执行与上述（1）中命令 pig -e fs -ls 和 pig -e sh ls 功能相同的命令 fs -ls 和 sh-ls，执行与（2）中运行脚本文件所产生功能相同的操作 exec myscript.pig 或 run myscript.pig。从总体上说，Pig Latin（grunt shell）支持下述 3 类命令。

① 外部相关 Shell 操作命令：fs、sh。

② grunt shell 内部功能命令：clear、exec、run、help、history、kill、quit、set。

③ grunt shell 与 HDFS 交互命令：appendToFile、cat、chgrp、chmod、chown、copyFromLocal、copyToLocal、count、cp、du、dus、expunge、get、getfacl、getfattr、getmerge、ls、lsr、mkdir、moveFromLocal、moveToLocal、mv、put、rm、rmf、rmr、setfacl、setfattr、setrep、stat、tail、test、text、touchz。

有关上述命令的详细介绍参见 File System Shell 官方指南，可登录官网查询。后面会详细介绍上述所有命令。

4. Pig 内置函数（built-in function）

Pig 内置函数主要分为 6 类。

（1）可重入函数（Eval Functions）：AVG、CONCAT、COUNT、SIZE 等。

（2）导入/存储函数（Load/Store Functions）：BinStorage、PigDump、PigStorage、TextLoader 等。

（3）数学计算函数（Math Functions）：ABS、COS、LOG、RANDOM、ROUND、SIN、INDEXOF 等。

（4）字符串处理函数（String Funtions）：UPPER、LOWER、SUBSTRING、TRIM 等。

（5）日期函数（Datetime Functions）：GetDay、GetHour、GetMilliSecond、GetMinute、GetMonth 等。

（6）Tuple、Bag 和 Map 函数：TOTUPLE、TOBAG、TOMAP、TOP。

详见“附录 B 常用 Pig 内置函数简介”中的相关介绍。

10.4 使用 Pig

本节先介绍 Pig 的 Linux 终端命令行选项，接着介绍了 Pig 的两种运行模式，随后介绍 Pig 相关的 Shell 命令、Pig 程序的运行方式、Pig 的输入输出。

10.4.1 Pig 命令行选项

Pig 提供了许多 Linux 终端命令行选项，在 Linux 命令行提示符下输入 pig -h 可以查看完整的选项列表内容。

（1）-e 或-execute 选项：在 Linux 提示符下执行简单 Pig 命令，如$ pig -e fs -ls 列出 HDFS 上的 home 目录下的所有文件。

注：fs 用于调用 FsShell 命令，文件系统 Shell（File System Shell，FsShell）提供了各种与

HDFS 进行直接交互的类 Shell 命令，如 ls、cat、put 等。

（2）-h 或-help 选项：列出所有可用的 Pig 命令行选项。

（3）-h properties 选项：列出当前已设置的与 Pig 相关的所有属性。

（4）-P 或-propertyFile 选项：指定 Pig 从特定文件中读取相关属性。

（5）-version：获取 Pig 的版本信息。

10.4.2 Pig 的运行模式

Pig 运行模式包括本地模式（Local）和 MapReduce 模式两种。在 Linux 命令行中为 Pig 命令指定参数-x 或-exectype，后跟模式类型选择 Pig 特定的运行模式。

1. 本地模式

本地模式环境下，Pig 运行在一个单独的 JVM 上，且只能访问本地文件系统。这种模式只适合于处理小数据集或使用 Pig 进行简单的实验操作。在 Linux 命令行输入如下命令即可进入 Pig 本地模式。

```
$ pig -x local
grunt>
```

grunt 为 Pig 的交互式 Shell，在本地模式下，提供用户与本地文件系统进行交互的接口，允许用户输入 Pig Latin，并实时输出相应结果到用户终端。

输入 quit 命令或 Ctrl+D 组合键退出 grunt。

2. MapReduce 模式

在 MapReduce 模式下，Pig 可以运行在伪分布式集群环境下或完全分布式集群环境下。伪分布式集群环境会在本地机器上，启动多个独立的 JVM 进程，执行分布式相关应用操作，类似于完全分布式集群环境，但处理数据量的能力有限；完全分布式集群环境会在集群内的多个机器节点上执行分布式操作，充分利用多个机器节点的处理能力协同完成相关任务或作业。

运行在 MapReduce 模式下的 Pig 会将相关操作转换成一系列的 MapReduce 作业，然后运行在 Hadoop 集群环境上，协同多个机器节点完成对某一大数据集的分析处理操作。在 Linux 命令行输入如下命令即可进入 Pig 的 MapReduce 模式。

```
$ pig -x mapreduce
grunt>
```

或在 Linux 命令行下直接输入 Pig 命令，该方式默认为 Pig 的 MapReduce 模式。

10.4.3 Pig 相关 Shell 命令

1. 外部相关 Shell 操作命令

（1）fs

微课 10-2 Pig 的 Shell 命令演示

语法：fs subcommand subcommand_parameters

用法：在 grunt shell 或 Pig 脚本文件中调用任何 FsShell 命令，执行与 HDFS 文件系统进行交互的任何相关操作。subcommand 命令为 hadoop fs 或 hdfs dfs 支持的相关命令，包括 put、rm、ls、mkdir 等，见本节后面“3. grunt shell 与 HDFS 交互命令”部分。

实例：

```
grunt> fs -mkdir mydir，在HDFS上创建目录mydir;
grunt> fs -copyFromLocal local_file hdfs_file，复制本地文件到HDFS上。
```

（2）sh

语法：sh subcommand subcommand_parameters

用法：调用执行本地Shell（如Linux Shell），在grunt shell中执行与本地文件系统相关的操作。

实例：

```
grunt> sh ls，在grunt shell下输出位于本地文件系统当前工作目录下（使用Pig命令进入 grunt
shell的目录）的所有文件。
```

2. grunt shell 内部功能命令

（1）clear

语法：clear

用法：在grunt shell下，清除当前屏幕上显示的所有内容，示例如下。

```
grunt> clear
```

（2）exec

语法：exec [-param param_name = param_value] [-param_file file_name] script

用法：以批处理方式执行 Pig 脚本文件中的所有语句，在 grunt shell 中定义的变量名不能在Pig脚本文件中使用（不要与带-param选项传递参数和值混淆），位于Pig脚本文件中的变量值在grunt shell中也不能访问。使用exec方式运行脚本文件，文件中的所有Pig语句在执行exec命令开始之前即被解析，STORE语句并不能触发执行操作。-param选项用于在命令行中为脚本文件中的param_name参数传递值param_value，-param_file选项声明param _name参数及其对应的值param_value定义在file_name文件中，script为exec命令所操作的目标脚本文件。

实例：

① 查看Pig脚本文件myscript.pig的内容，并执行脚本文件中的操作，示例如下。

```
grunt> cat myscript.pig
a = LOAD 'student' AS (name, age, score);
b = LIMIT a 3;
DUMP b;
grunt> exec myscript.pig
(alice, 20, 89)
(luke, 18, 99)
(holly, 24, 90)
```

② 使用-param选项，定义脚本文件的处理结果输出到结果文件myoutput中，示例如下。

```
grunt> cat myscript.pig
a = LOAD 'student' AS (name, age, score);
b = ORDER a BY name;
STORE b into '$out';
grunt> exec -param out=myoutput myscript.pig
```

③ 在普通文件中定义传递给Pig脚本文件的参数及其对应值，示例如下。

```
grunt> cat myparams_file
# my parameters
out = myoutput
grunt> exec -param_file myparams_file myscript.pig
```

此外，还可以指定多个-param选项或-param_file选项，用于向Pig脚本文件传递多个参数或为其指定多个参数文件，示例如下。

```
grunt> exec -param p1=myparam1 -param p2=myparam2 myscript.pig
```

（3）run

语法：run [-param param_name = param_value] [-param_file file_name] script

用法：以交互模式执行 Pig 脚本文件中的所有语句，即在 grunt shell 中定义的变量名可以在 Pig 脚本文件中使用（因此，以 run 方式执行 Pig 脚本文件，文件中的语句或操作可以访问 grunt shell 中的历史操作记录），位于 Pig 脚本文件中的变量值在 grunt shell 中也能访问，在 grunt shell 中执行 run 操作之后，Pig 脚本文件中的所有语句操作都记入历史操作记录，与手动方式在 grunt shell 中输入每一条 Pig 语句产生的功能一样，其中每执行一条 STORE 语句即触发一次完整的执行操作。-param 选项和-param_file 选项的功能与 exec 命令相同。

例如，grunt> run myscript.pig，即运行 myscript.pig 文件，脚本文件中的所有变量类似于全局变量，外部可见。

实例：

① 使用 run 命令实现 grunt shell 与 Pig 脚本文件之间通过交互方式执行整个操作，示例如下。

```
grunt> cat myscript.pig
b = ORDER a BY name;
c = LIMIT b 10;
grunt> a = LOAD 'student' AS (name, age, score);
grunt> run myscript.pig
grunt> d = LIMIT c 3;
grunt> DUMP d;
(alice,20,2.47)
(alice,27,1.95)
(alice,36,2.27)
```

② 使用-param 选项，定义脚本文件的处理结果输出到结果文件 myoutput 中，示例如下。

```
grunt> a = LOAD 'student' AS (name, age, score);
grunt> cat myscript.pig
b = ORDER a BY name;
STORE b into '$out';
grunt> run -param out=myoutput myscript.pig
```

（4）help

语法：help

用法：输出所有 grunt shell 功能操作命令的帮助信息，示例如下。

```
grunt> help
```

或者在 Linux 命令提示符下，执行下述命令输出 Pig 系统相关命令的帮助信息。

① 获取 Pig 系统命令的帮助信息（“$”为 Linux 提示符），示例如下。

```
$ pig -help
```

② 获取 Pig 系统属性设置的帮助信息，示例如下。

```
$ pig -help properties
```

（5）history

语法：history [-n]

用法：显示截至当前操作为止执行的所有历史操作，选项-n 去掉输出列表中的所有行号，示例如下。

```
grunt> history
```

（6）kill

语法：kill jobid

用法：执行 kill 命令会杀死所有与 Pig 作业相关的 mapreduce 作业，jobid 为 Pig 作业号，示例如下。

```
grunt> kill jobid
```

（7）quit

语法：quit

用法：退出当前 grunt shell，示例如下。

```
grunt> quit
```

（8）set

语法：set [key 'value']

用法：在 Pig 脚本文件中或 grunt shell 提示符下，设置 Hadoop 或 Pig 的相关属性值，语法格式为 set [key value]，其中 key 和 value 区分大小写。若不指定 key 和 value，则 Pig 输出当前所有配置信息和系统属性。

实例：

① 在 grunt shell 交互模式下设置启动 reducer 数为 10，开启调试模式，示例如下。

```
grunt> SET default_parallel 10
grunt> SET debug 'on'
```

② 在脚本文件中设置 reducer 数为 20，则 myscript.pig 内容如下。

```
SET default_parallel 20;
A = LOAD 'myfile.txt' USING PigStorage() AS (t, u, v);
B = GROUP A BY t;
C = FOREACH B GENERATE group, COUNT(A.t) AS mycount;
D = ORDER C BY mycount;
STORE D INTO 'mysortedcount' USING PigStorage();
```

3. grunt shell 与 HDFS 交互命令

在 grunt shell 中可以执行与 HDFS 相关的操作，如当前工作位于 Linux Shell 中的/home/trucy 目录下，执行下述操作。

（1）以分布式模式启动 Pig 的 grunt shell（“$”为 Linux 提示符），示例如下。

```
$ pig
```

或

```
$ pig -x mapreduce
```

① 执行 pwd 命令将当前操作输出到 HDFS 的当前工作目录（“grunt>”为 grunt shell 提示符），示例如下。

```
grunt> pwd
```

② 执行 mkdir hdfs_dir 命令会在 HDFS 的当前工作目录下创建目录 hdfs_dir，示例如下。

```
grunt> mkdir hdfs_dir
```

（2）以本地模式启动 Pig 的 grunt shell，示例如下。

```
$ pig -x local
```

① 执行 pwd 命令将当前操作输出到本地文件系统的当前工作目录，示例如下。

```
grunt> pwd
```

② 执行 mkdir local_dir 命令会在本地文件系统的当前工作目录下创建目录 local_dir，示例如下。

```
runt> mkdir local_dir
```

grunt shell 提供了与本地文件系统和 HDFS 相关的所有操作命令。

10.4.4 Pig 程序运行方式

使用 Pig 处理数据的程序根据应用需求分为 3 种方式运行。

1. Pig 脚本文件

可以将相关 Pig 命令存储在后缀名为.pig 的脚本文件中（后缀名.pig 可选，主要用于区分 Pig 文件和其他后缀名文件）。Pig 脚本文件可以位于本地文件系统中，也可以位于分布式集群环境下。例如，当前一个名为 user_name.pig 的脚本文件，用于获取/etc/passwd 文件中第一列的值，即当前 Linux 系统中所有用户的用户名。脚本文件 user_name.pig 的内容如下。

```
/* user_name.pig */
lines = LOAD 'passwd' USING PigStorage(':');  -- load the passwd file
users = FOREACH lines GENERATE $0 AS user_name;  -- extract the user names
STORE users INTO 'user_name.out';  -- write the results to a file name user_name.out
```

代码片段说明：/* …*/为 Pig 脚本文件多行注释；--为 Pig 脚本文件单行注释；LOAD 为 Pig 加载文件命令；USING 为 Pig 调用函数命令；FOREACH … GENERATE 用于提取数据内容的特定部分或获取数据的特定列；$0 为索引变量，用于获取 lines 中第一列的值；AS 为定义索引变量$0 对应的别名；STORE…INTO 为 Pig 存储结果到外部文件的一个命令。

在编写 Pig 脚本文件时，要注意以下 3 点。

（1）类似操作“lines = LOAD 'passwd' USING PigStorage(':');”中，等号“=”左右两边必须由空格隔开，否则运行出错。

（2）Pig 脚本文件中的每一条语句的以分号“;”结束。

（3）上述 Pig 命令不区分大小写，如“LOAD 'passwd' USING PigStorage(':');”与“load 'passwd' using PigStorage(':');”效果相同。后面会介绍相关命令。

下面分别在 Local 模式和 MapReduce 模式下执行脚本文件 user_name.pig。

（1）Pig 命令运行于 Local 模式，passwd 文件位于本地文件系统中当前工作目录。

将文件/etc/passwd 复制到本地文件系统中的当前工作目录，示例如下。

```
$ cp /etc/passwd ./
```

使用 Pig 命令执行脚本文件中的操作，示例如下。

```
$ pig -x local user_name.pig
```

执行结束后，会在当前工作目录（执行 Pig 命令的目录）下创建一个结果输出目录 user_name.out，user_name.out 目录包含输出结果文件 part-m-00000。

（2）Pig 命令运行于 MapReduce 模式，passwd 文件位于 HDFS 文件系统中的当前工作目录。

将（1）中的本地文件 passwd 上传到 HDFS，示例如下。

```
$ hdfs dfs -put passwd /user/root/
```

使用 Pig 命令执行脚本文件中的操作，示例如下。

```
$ pig -x mapreduce user_name.pig
```

或：

```
$ pig user_name.pig
```

Pig 在 HDFS 上的当前工作目录为/user/${username}，如果此处当前工作用户为 root，则 Pig 在 HDFS 上的当前工作目录为/user/root。执行上述命令后，Pig 会在/user/root 下创建一个目录 user_name.out，并把处理结果输出到该目录下的 part-m-00000 文件中。

2. Pig 交互式 shell--grunt

grunt 为执行 Pig 命令的交互式 Shell，在 Linux 命令提示符下输入 pig -x local（本地模式）或 pig -x mapreduce（mapreduce 模式，或直接输入 Pig 命令）即可进入 grunt。在 grunt 提示符下，可以执行 Pig 所有相关操作命令。

（1）使用 fs -ls 命令查看 Pig 位于 HDFS 上 home 目录下的所有文件或文件夹。

（2）使用 ls 命令，功能与 fs -ls 命令一样，但显示的是绝对路径。

（3）使用 sh ls 命令可以查看当前工作目录（执行 Pig 命令进入 grunt 的目录）下的所有文件或文件夹。

（4）执行 exec user_name.pig 命令，以批处理方式执行脚本文件中的所有操作。

（5）执行 run user_name.pig 命令，以单独解析文件中每条命令的方式执行每一步操作。

（6）在 grunt 提示符下，以交互式方式执行每一步操作。

```
grunt> lines = LOAD 'passwd' USING PigStorage(':');
grunt> users = FOREACH lines GENERATE $0 AS user_name;
grunt> DUMP users;
```

最后一条 DUMP 命令用于将 users 变量中的结果输出到用户终端。

此外，grunt 还支持 Linux Shell 中命令自动补全、命令历史记录和可编辑功能。例如，在 grunt 提示符下输入“lo”，然后按 Tab 键，在“grunt> lo”下一行输出“load long”等相关命令；在当前 grunt>提示符下，按上下键可以显示历史相关操作命令，并可对历史命令进行手动编辑操作。

输入 quit 命令或 Ctrl+D 组合键可以退出 grunt。

3. 将 Pig 命令嵌入宿主程序

可以将 Pig 操作嵌入 Python、Java 等高级程序语言中，正如在 Java 程序中通过 JDBC 使用 SQL 一样，在 Java 程序中使用 PigServer 类可以执行 Pig 操作，甚至可以使用 PigRunner 访问 grunt。在 Java 程序中嵌入 Pig 操作的步骤如下。

（1）确定 pig-x.y.z.jar 文件（x.y.z 为版本号）位于 classpath 变量中。

（2）创建一个 PigServer 实例。

（3）调用 PigServer 实例的 registerQuery()方法执行 Pig 操作。

（4）调用 PigServer 实例的 openIterator()方法或 store()方法获取处理结果。

（5）若程序需要使用自定义函数，则使用 PigServer 实例的 registerJar()方法声明。如果 myfunc()函数位于/home/pig/test.jar 文件中，则在 Java 程序中使用 myfunc()功能需要使用 pigServer.registerJar("/home/pig/test.jar ")声明，pigServer 为 PigServer 类的实例。

（6）编译 Java 程序，命令为 javac -cp <path>/pig-x.y.z.jar JavaProgram.java。

（7）若 Java 程序编译成功，则运行 Java 程序，命令为 java -cp <path>/pig-x.y.z.jar JavaProgram。

例如，当前一个名为 UserName.java 的程序文件，用于获取/etc/passwd 文件中第一列的值，即当前 Linux 系统中所有用户的用户名。

```
import java.io.IOException;
import org.apache.pig.PigServer;
public class UserName {
```

```
    public static void main(String[] args) {
        try {
         PigServer pigServer = new PigServer("mapreduce");   //run in MapReduce mode
         pigServer.registerQuery("lines = LOAD 'passwd' USING PigStorage(':');");
         pigServer.registerQuery("users = FOREACH lines GENERATE $0 AS user_name;");
         pigServer.store("users", " user_name.out ");
        }
        catch (IOException e) {
          e.printStackTrace();
        }
    }
}
```

在嵌入 Pig 命令到宿主程序时，注意以下三点。

（1）程序中所有与 Pig 有关的操作只有在调用 pigServer.store()方法后才会被执行。

（2）LOAD 操作中的 passwd 文件必须位于 HDFS 上程序路径的指定目录下。

（3）程序运行结果保存到 pigServer.store()方法指定的输出文件中，该文件位于用户在 HDFS 的当前工作目录下。一般为用户在 HDFS 上的/home 目录，默认为${fs.defaultFS} /user/${username}，fs.defaultFS 为 Hadoop 配置 HDFS 的属性，位于 Hadoop 配置文件 core-site.xml 中。

编写完上述程序后，编译 UserName.java 程序文件（假设 pig 的 jar 文件位于当前目录，文件名为 pig-0.13.0.jar），示例如下。

```
javac -cp ./ pig-0.13.0.jar UserName.java
```

若编译成功后，则运行 UserName 程序，示例如下。

```
java -cp ./ pig-0.13.0.jar UserName
```

以上 3 种运行 Pig 程序的方式都可以工作在本地模式和 MapReduce 模式环境下。

10.4.5 Pig 的输入与输出

在处理任何数据之前，都需要加载（Load）数据；处理完数据之后，可以把处理结果输出（dump）到终端，也可以把处理结果保存到文件中。

1. LOAD

LOAD 操作用于从 HDFS 文件系统中加载数据，执行 LOAD 语句时，该操作默认会调用 PigStorage()方法，以 Tab 字符作为分隔符解析数据文件内容，可以在 LOAD 语句中使用 USING 关键字调用 PigStorage()方法来修改并且可以使用不同分隔符解析文件中的数据内容。LOAD 命令加载文件的语法格式和相关参数说明如下。

语法：LOAD 'data' [USING function] [AS schema]

说明：data 为文件或目录名，位于单引号内，若 data 为目录名，则 data 目录下的所有文件都会被加载。USING 关键字用于指定执行文件加载操作的功能方法，可选，若省略 USING 关键字，则 LOAD 操作默认使用 PigStorage()方法，该方法默认解析以 Tab 键分隔的文本文件。function 为执行实际加载操作的功能方法，可以是 Pig 内置方法，也可以是用户自定义方法，参见 10.6 节。AS 关键字用于为加载的数据指定模式 schema，schema 位于小括号( )中，若对应位置的数据与为其指定的模式类型不兼容，则根据 LOAD 处理方式，该位置的值被置为空值 null，或者产生一条错误信息。

若 LOAD 加载的 data 文件不存储在 HDFS 上，如存储在 HBase 表中，则可以使用 HBase Storage()方法，示例如下。

```
A = LOAD 'data' USING HBaseStorage();
```

若 LOAD 加载的 data 文件存储在 HDFS 上，则文件内容各部分以逗号“,”分隔，若使用 PigStorage()方法解析出文件内容的各部分，则可以向 PigStorage()方法传递参数用于说明分隔符类型，示例如下。

```
B = LOAD 'data' USING PigStorage(',');
```

若为加载的数据内容中的各数据字段指定模式，则使用 AS 关键字，示例如下。

```
C = LOAD 'data' USING PigStorage(',') AS (name, age, gender, place);
```

若未指定模式类型，则默认为 bytearray，可以在模式中指定各字段的类型，示例如下。

```
C = LOAD 'data' USING PigStorage(',') AS (name:chararray, age:int, gender:chararray,
place:chararray);
```

若要查看模式，则使用 DESCRIBE 命令或 ILLUSTRATE 命令，示例如下。

```
DESCRIBE C;
```

或:

```
ILLUSTRATE C;
```

执行 LOAD 操作时，可以指定 data 文件在 HDFS 上存储位置的相对路径和绝对路径。相对路径默认为当前工作在 HDFS 上的 home 目录/user/${username}，即 Pig Latin 会在 HDFS 的/user 目录下创建一个以当前登录用户名为名的子目录作为 Pig Latin 在 HDFS 上的 home 目录。若指定绝对路径，则 data 文件的完整路径为${fs.defaultFS}/ user/${username}。

2. STORE

执行完所有数据处理操作后，使用 STORE 操作将处理所得的结果数据保存到文件系统中。执行 STORE 语句时，该操作默认调用 PigStorage()方法，以 Tab 字符作为存储结果中各数据字段的分隔符，可以在 STORE 语句中使用 USING 关键字为 PigStorage()方法传递参数，使用不同字符作为存储结果数据中各字段的分隔符，或使用不同的存储方法，如使用 HBaseStorage()方法把结果数据存储到 HBase 中。STORE 命令存储结果数据的语法格式和相关参数说明如下。

语法：STORE alias INTO 'directory' [USING function]

说明：alias 为关系别名，或存储结果数据的变量。INTO 关键字用于指定存储结果的目标位置。directory 为存储结果数据的目录位置，位于单引号内，若 directory 已存在，则 STORE 操作失败返回。USING 关键字用于指定存储方法，可选，若未指定，则使用默认的 PigStorage()方法。function 为执行实际加载操作的功能方法，可以是 Pig 内置方法，也可以是用户自定义的方法，参见 10.6 节。

3. DUMP

大多数时候，执行完所有数据处理操作后，会把结果持久化存储在文件系统或数据库中。但有时也需要获取中间处理操作的数据结果，用于调试处理逻辑是否正确，最简单的调试方法是将中间处理结果输出到屏幕上，通过查看中间结果数据来分析处理逻辑，DUMP 操作用于把处理结果输出到屏幕上。

语法：DUMP alias

说明：alias 为关系别名，alias 命令可用来存储结果数据。

DUMP 操作使用 run 或 exec 命令执行 Pig Latin 语句，并把结果输出到屏幕上。DUMP 操作运行于交互模式下，可以作为调试工具用于分析处理逻辑是否按预期操作执行。

10.5 Pig 模式（Schemas）

微课 10-3 关系模式的操作与定义

Pig 模式用于为 Pig 所操作目标数据的一个或多个字段（fields，数据字段在文件中默认以 Tab 键作为分隔符，可以使用 USING PigStorage()子句对分隔符进行解析）指定别名和数据类型，便于 Pig 执行。例如，在 LOAD 操作时，对数据类型进行检查并快速做出相应处理，提高操作的执行速度。因为数据指定模式是可选的，所以如果未对数据指定任何模式，则 Pig 默认所有数据为 bytearray 类型。

数据的模式也称为关系模式（relation schema），其定义由 LOAD、STREAM、FOREACH 操作的 AS 子句指定（关系、包、元组、字段之间的关系参见 10.2 节）。

1. 定义关系模式

定义关系模式时，可以为一个关系模式同时指定字段名和字段类型；也可以为一个关系模式只指定字段名，不指定字段类型，此时字段类型默认为 bytearray；字段名和字段类型都不指定，此时字段没有任何别名，字段类型默认为 bytearray。关系模式的定义和使用方法如下。

（1）同时指定字段名称（field name）和字段类型（field type）

```
grunt> lines = LOAD 'passwd' USING PigStorage(':') AS (name:chararray, pass:chararray, uid:int, gid:int);
grunt> DESCRIBE lines;
lines:{name: chararray,pass:chararray,uid:int,gid: int}
```

DESCRIBE 或 describe 命令用于输出关系的模式结构。

上述 LOAD 语句使用 AS 子句为关系（relation）lines 定义的模式中包含 name、pass、uid、gid 四个字段，字段类型分别为 chararray、chararray、int、int。LOAD 语句从 passwd 文件中读取数据，使用 USING 子句调用 PigStorage()方法，对源数据以冒号“:”作为分隔符进行解析，然后使用 AS 子句定义的模式对解析出的数据进行过滤操作，将最终结果保存到定义的关系 lines 中。

输出经处理后的关系 lines 中的内容如下。

```
grunt> DUMP lines
(root,x,0,0)
(bin,x,1,1)
(daemon,x,2,2)
(adm,x,3,4)
(lp,x,4,7)
……
```

passwd 文件的内容如下。

```
grunt> CAT passwd
root:x:0:0:root:/root:/bin/bash
bin:x:1:1:bin:/bin:/sbin/nologin
daemon:x:2:2:daemon:/sbin:/sbin/nologin
adm:x:3:4:adm:/var/adm:/sbin/nologin
lp:x:4:7:lp:/var/spool/lpd:/sbin/nologin
……
```

（2）只指定字段名称，不指定字段数据类型（此时字段类型默认为 bytearray），示例如下。

```
grunt> lines = LOAD 'passwd' USING PigStorage(':') AS (name, pass, uid, gid);
```

使用 DESCRIBE 命令查看关系 lines 的模式结构，示例如下。

```
grunt> DESCRIBE lines;
lines: {name: bytearray,pass: bytearray,uid: bytearray,gid: bytearray}
```

（3）不指定任何模式，此时关系中的字段没有任何别名，字段为 bytearray 类型，示例如下。

```
grunt> lines = LOAD 'passwd' USING PigStorage(':');
grunt> DESCRIBE lines;
Schema for lines unknown.
```

使用 DESCRIBE 命令查看关系 lines 的模式结构，然后显示“输出模式未知”，即关系 lines 中不存在任何模式。

2. 操作关系模式

若为某一关系定义了模式，则可以使用用户在关系相关字段上指定的别名或其索引位置访问特定字段。如果关系中的字段未指定别名，那么只能采用索引方式访问相关位置上的字段。

（1）具有模式的数据访问方式

定义关系 lines，解析 passwd 文件，获取 4 个字段的数据并为其指定模式，示例如下。

```
grunt> lines = LOAD 'passwd' USING PigStorage(':') AS (name:chararray, pass:chararray,
uid:int, gid:int);
```

使用字段名获取 uid 字段和 gid 字段值，执行相关操作，示例如下。

```
grunt> B = FOREACH lines GENERATE uid+gid;
```

或为新定义的关系 B 指定模式，示例如下。

```
grunt> B = FOREACH lines GENERATE uid+gid AS (sum:int);
```

使用索引方式获取 uid 字段和 gid 字段值，执行相关操作，示例如下。

```
grunt> B = FOREACH lines GENERATE $2+$3;
```

（2）不具有模式的数据访问方式

定义关系 lines2，解析 passwd 文件中的数据，不指定模式，示例如下。

```
grunt> lines2 = LOAD 'passwd' USING PigStorage(':');
```

只能使用索引方式获取 uid 字段和 gid 字段值，执行相关操作，示例如下。

```
grunt> C = FOREACH lines2 GENERATE $2+$3;
2019-03-09 10:48:00,273 [main] WARN  org.apache.pig.newplan.BaseOperatorPlan -
Encountered Warning IMPLICIT_CAST_TO_DOUBLE 2 time(s).
```

从关系 C 输出的日志信息可以看出，未定义关系模式时，执行加运算操作会将原数值类型（$2 和$3 对应字段值为 int 型）自动转换为默认的 double 类型，使用 DESCRIBE C 操作检查关系 C 的模式，看到字段类型为 double 类型。

在未对关系定义模式中，对数据进行操作时，要注意以下两点。

① 对数据内容为数值类型的字段执行加、减、乘、除运算时，如果未指定字段数据类型，则为了确保运算操作安全性，Pig 默认的处理方式是将所有参加运算操作的字段类型转换为系统支持的最大数值类型（如 double 类型），并将结果存储为最大数值类型。

② Pig 真正将关系模式应用到数据上是在相关 Pig 操作实际执行时触发的，如执行 DUMP、STORE、RUN 等操作。若未指定关系模式，则 Pig 也是在相关操作实际执行时，才推断数据类型。

若为关系指定了模式，则可以使用类型转换修改某一字段的类型；若未为关系指定模式，则也可以使用类型转换修改字段的默认 bytearray 类型。其中，类型转换分为强制（显示）类型转换和自动（隐式）类型转换。

（3）强制类型转换

强制类型转换方式为在数据前面加“(数据类型)”。

如上述（2）中的关系 C 的内容为:

```
grunt> DUMP C;
(0.0)
(2.0)
(4.0)
(7.0)
(11.0)
……
```

对关系 C 中的第一列（$0）值执行加 100 操作，将结果存储到关系 D 中。

```
grunt> D = FOREACH C GENERATE (int) $0 + 100;
```

输出关系 D 中的结果。

```
grunt> DUMP D;
(100)
(102)
(104)
(107)
(111)
……
```

在强制类型转换过程中，若原始类型代表的数据范围大于转换后类型代表的数据范围，则类型转换操作会丢失数据精度。例如，上述关系 C 中的数据为 double 类型，将其强制转换为 int 类型后会丢失一部分数据精度。

（4）自动类型转换

自动类型转换由算术运算操作自动执行，不需要显式指定类型转换操作。该操作一般是为了方便运算，将小类型转换为大类型，示例如下。

```
grunt> E = FOREACH B GENERATE $0 + 100.0;
```

上述操作将 int 类型的$0 值自动转换为 double 类型。

3. 用 LOAD 和 STREAM 定义关系模式

位于 LOAD 和 STREAM 操作中的模式定义，模式必须位于 AS 子句后的小括号()内，示例如下。

```
grunt> A = LOAD 'data' AS (f1:int, f2:int);
```

4. 用 FOREACH 定义关系模式

（1）位于 FOREACH 操作中的模式定义，单字段模式可以位于 AS 子句后的小括号()内，也可以直接跟在 AS 子句后面（不指定小括号）。例如，使用 LOAD 操作导入 passwd 文件中的数据，示例如下。

```
grunt> lines2 = LOAD 'passwd' USING PigStorage(':');
```

产生单个字段的模式位于 AS 子句后的小括号()内，示例如下。

```
grunt> B = FOREACH lines2 GENERATE $2+$3 AS (sum:int);
```

产生单个字段的模式直接跟在 AS 子句后面（不指定小括号），示例如下。

```
grunt> B = FOREACH lines2 GENERATE $2+$3 AS sum:int;
```

（2）位于 FOREACH 操作中的模式定义，若处理多个感兴趣的字段，则可以使用多个 AS 子句分别为每个字段指定别名或类型。

使用 LOAD 操作导入 passwd 文件中的数据，示例如下。

```
grunt> lines2 = LOAD 'passwd' USING PigStorage(':');
```

此时关系 lines2 模式未知。

FOREACH 获取前 4 个感兴趣的字段并指定别名，示例如下。

```
grunt> B = FOREACH lines2 GENERATE $0 AS name, $1 AS pass, $2 AS uid, $3 AS gid;
```

使用 DESCRIBE 命令查看关系 B 的结构，示例如下。

```
grunt> DESCRIBE B;
B: {name: bytearray,pass: bytearray,uid: bytearray,gid: bytearray}
```

所有字段类型默认为 bytearray。

若为感兴趣的字段指定完整的模式（即包括字段别名和字段类型）且新指定的类型与原类型不同，则需要在获取的值前使用强制类型转换，示例如下。

```
grunt> C = FOREACH lines2 GENERATE (chararray) $0 AS name:chararray, $1 AS pass, $2+$3
AS sum_uid_gid:int;
```

或:

```
grunt> C = FOREACH lines2 GENERATE (chararray) $0 AS (name:chararray), $1 AS pass,
$2+$3 AS (sum_uid_gid:int);
```

使用 DESCRIBE 命令查看关系 C 的结构，示例如下。

```
grunt> DESCRIBE C;
B: {name: chararray,pass: bytearray,sum_uid_gid: int}
```

对比分析关系 B 与关系 C 的模式，关系 B 使用索引方式（因为关系 lines2 未指定任何模式，关系 lines2 为从文件 passwd 中解析出的前 4 个字段值）处理保存在关系 lines2 中的值，为 4 个字段（列）指定的别名分别为 name、pass、uid、gid，字段类型使用默认的 bytearray 类型。关系 C 使用索引方式处理保存在关系 lines2 中的值，为关系 lines2 的第一个字段指定别名 name，字段类型为 chararray（注意，需要先对关系 lines2 的第一个字段值$0 进行强制类型转换）；为关系 lines2 的第二个字段指定别名 pass，字段类型为默认的 bytearray 类型；对关系 lines2 中的第 3 个字段和第 4 个字段执行求和运算，并为求和运算的结果指定别名 sum_uid_gid，字段类型为 int（注意，此处并没有对关系 lines2 中的字段$2 和$3 执行强制类型转换，因为算术运算操作符隐式执行了类型转换操作）。

5. 使用简单数据类型定义模式

Pig 简单数据类型包括 int、long、float、double、chararray、bytearray、boolean、datetime、biginteger 和 bigdecimal，使用简单数据类型定义模式的过程如下。

语法：(alias[:type] [, alias[:type] …])

说明：alias 为字段别名，type 为字段类型，字段别名与字段类型以冒号“:”分隔。类型是可选的，若未指定，则默认使用 bytearray。若包含多个字段，则所有字段位于小括号()内，且以逗号分隔开。

实例：假设当前 HDFS 目录下（可以在 grunt shell 中使用 pwd 命令查看当前工作目录，Pig 相关 Shell 命令参考 10.4.3 节）存在一个 students 文件，则使用 cat 命令输出文件内容如下。

```
grunt> cat students;
John 18  88
Mary 19  98
Bill 20  89
Joe  18  98
```

（1）为所有字段指定别名和类型，示例如下。

```
grunt> A = LOAD 'student' AS (name:chararray, age:int, score:float);
```

使用 DESCRIBE 命令显示模式结构，示例如下。

```
grunt> DESCRIBE A;
A: {name: chararray,age: int,score: float}
```

（2）为前两个字段指定别名和类型，第三个字段只指定别名，不指定类型，示例如下。

```
grunt> A = LOAD 'student' AS (name:chararray, age:int, score);
```

使用 DESCRIBE 命令显示模式结构，示例如下。

```
grunt> DESCRIBE A;
A: {name: chararray,age: int,score: bytearray}
```

从 DESCRIBE 命令输出可以看出第三个字段使用默认的 bytearray 类型。

6. 使用复杂数据类型定义模式

Pig 复杂数据类型包括 tuple、bag 和 map，使用各种复杂数据类型定义的模式和操作不同，复杂数据类型定义的字段差异很大，分别介绍如下。

（1）元组模式

一个元组由一系列有序字段集构成，字段与字段之间以逗号“,”分隔，所有字段位于小括号()内。

语法：(alias: [tuple] (alias[:type] [, alias[:type] …]) [,…])

说明：alias 为元组别名，:tuple 为元组数据类型，可选，tuple 关键字不区分大小写，该关键字为元组类型标志，alias[:type]为元组内字段别名和字段类型，若未指定字段类型，则默认为 bytearray，可以在一个模式中定义多个元组。

实例：

① 包含一个元组的模式

假设当前 HDFS 目录下存在一个 students 文件，使用 cat 命令输出文件内容，示例如下。

```
grunt> cat students;
(John,18,88)
(Mary,19,98)
(Bill,20,89)
(Joe,18,98)
```

使用 LOAD 操作导入数据，示例如下。

```
grunt> A = LOAD 'students' AS (T:tuple (name:chararray, age:int, score:float));
```

或省略 tuple 关键字，示例如下。

```
grunt> A = LOAD 'students' AS (T: (name:chararray, age:int, score:float));
```

使用 DESCRIBE 命令查看关系 A 的模式结构，示例如下。

```
grunt> DESCRIBE A;
A: {T: (name: chararray,age: int,score: float)}
```

查看关系 A 保存的结果如下。

```
grunt> DUMP A
((John,18,88.0))
((Mary,19,98.0))
((Bill,20,89.0))
((Joe,18,98.0))
```

② 包含两个元组的模式

假设当前 HDFS 目录下存在一个 students2 文件，使用 cat 命令输出文件内容（注意第一个元组(John,18,88)与第二个元组(2,7)之间以 Tab 键分隔开），示例如下。

```
grunt> cat students2;
(John,18,88)  (2,7)
(Mary,19,98)  (3,6)
(Bill,20,89)  (4,7)
(Joe,18,98)  (6,2)
```

使用 LOAD 操作导入数据，示例如下。

```
grunt> B = LOAD 'students2' AS (F:tuple (name:chararray,age:int,score:float),
T:tuple(num1:int,num2:int));
```

或省略 tuple 关键字，示例如下。

```
grunt> B = LOAD 'students2' AS (F: (name:chararray,age:int,score:float),T: (num1:
int,num2:int));
```

使用 DESCRIBE 命令查看关系 B 的模式结构，示例如下。

```
grunt> DESCRIBE B;
B: {F: (name: chararray,age: int,score: float),T: (num1: int,num2: int)}
```

查看关系 B 保存的结果如下。

```
grunt> DUMP B
((John,18,88.0),(2,7))
((Mary,19,98.0),(3,6))
((Bill,20,89.0),(4,7))
((Joe,18,98.0),(6,2))
```

（2）包模式

bag 由一系列无序元组集构成，元组之间以逗号分隔开，位于花括号{}内。为 bag 指定模式是可选的，模式分别应用于 bag 内的所有元组。

语法：(alias: [bag] {tuple})

说明：alias 为 bag 别名，bag 为 bag 类型，可选，bag 关键字不区分大小写。{}为 bag 类型标志，tuple 为元组（参见附录 B 中 Map/Bag/Tuple 函数）。

实例：为 bag 指定模式，两种类型的 LOAD 语句功能相同。

假设当前 HDFS 目录下存在一个 students 文件，使用 cat 命令输出文件内容，示例如下。

```
grunt> cat students;
{(John,18,88)}
{(Mary,19,98)}
{(Bill,20,89)}
{(Joe,18,98)}
```

使用 LOAD 操作导入数据，示例如下。

```
grunt> A = LOAD 'students' AS (ST:bag {T:tuple(name:chararray,age:int,score:int)});
```

或省略 bag 关键字，示例如下。

```
grunt> A = LOAD 'students' AS (ST: {T:tuple(name:chararray,age:int,score:int)});
```

使用 DESCRIBE 命令查看关系 A 的模式结构，示例如下。

```
grunt> DESCRIBE A;
A: {ST: {T: (name: chararray,age: int,score: int)}}
```

使用 DUMP 命令查看 A 保存的结果，示例如下。

```
grunt> DUMP A;
({(John,18,88)})
({(Mary,19,98)})
({(Bill,20,89)})
({(Joe,18,98)})
```

（3）map 模式

map 由一系列键值对集合构成，key 必须为 chararray 类型，value 可以为任意合法类型（如 int、tuple、bag 类型），key 和 value 之间以“#”号分隔，位于中括号[]中。

语法：(alias: <map> [<type>])

说明：alias 为 map 别名，map 为 map 类型，可选，map 关键字不区分大小写。[]为 map 类型标志。type 为 value 类型，可选，默认为 bytearray 类型，所有 value 的类型必须一致。

实例：

① 为 value 不指定类型

假设当前 HDFS 目录下存在一个 data 文件，使用 cat 命令输出文件内容，示例如下。

```
grunt> cat data
[DataBase#Oracle]
[NoSQL#HBase]
[Data#Hadoop]
[No.#11111]
```

使用 LOAD 操作导入数据，示例如下。

```
grunt> A = LOAD 'data' AS (M:map []);
```

或省略 map 关键字，示例如下。

```
grunt> A = LOAD 'data' AS (M: []);
```

使用 DESCRIBE 命令查看关系 A 的模式结构，示例如下。

```
grunt> DESCRIBE A;
A: {M: map[]}
```

使用 DUMP 命令查看 A 保存的结果，示例如下。

```
grunt> DUMP A;
([DataBase#Oracle])
([NoSQL#HBase])
([Data#Hadoop])
([No.#11111])
```

② 指定 value 类型为 tuple

假设当前 HDFS 目录下存在一个 students 文件，则使用 cat 命令输出文件内容，示例如下。

```
grunt> cat students;
[John#(18,88)]
[Mary#(19,98)]
[Bill#(20,89)]
[Joe#(18,98)]
```

使用 LOAD 操作导入数据，示例如下。

```
grunt> B = LOAD 'students' AS (M:map [(age:int, score:int)]);
```

或省略 map 关键字，示例如下。

```
grunt> B = LOAD 'students' AS (M: [(age:int, score:int)]);
```

使用 DESCRIBE 命令查看关系 B 的模式结构，示例如下。

```
grunt> DESCRIBE B;
B: {M: map[(age: int,score: int)]}
```

使用 DUMP 命令查看 B 保存的结果，示例如下。

```
grunt> DUMP B;
([John#(18,88)])
```

```
([Mary#(19,98)])
([Bill#(20,89)])
([Joe#(18,98)])
```

（4）包含多种复杂类型的模式

根据数据文件的内容格式，可以为一个关系定义包含多种复杂类型的模式，正如前面为一个关系定义的模式中包含多种简单类型一样。例如，下面定义的模式中包含 tuple、bag、map 3 种复杂类型。

```
  A = LOAD 'mydata' AS (T1:tuple(f1:int, f2:int), B:bag{T2:tuple(t1:float,t2:float)},
M:map[] );
  A = LOAD 'mydata' AS (T1:(f1:int, f2:int), B:{T2:(t1:float,t2:float)}, M:[] );
```

10.6 Pig 相关函数

为了针对不同的应用提出特定的解决方法，Pig 提供了丰富的函数，把一些可复用的技术或功能集中放在一起形成函数，在需要时，直接使用函数名调用即可，不必每次执行数据处理操作都编写重复的代码。Pig 函数包括内置函数和用户自定义函数（User Defined Functions，UDF）。内置函数是针对某一类应用提出通用的解决方案，可直接使用；用户自定义函数在使用中可以根据自己的应用需要编写特定功能的函数，将一些定制功能封装在自定义函数中，为一个或多个应用提供可复用功能。

1．内置函数

内置函数包括可重入函数（Eval Functions）、加载/存储函数（Load/Store Functions）、数学函数（Math Functions）、字符串函数（String Functions）和时间函数（Datetime Functions）、Map/Bag/Tuple 函数等。内置函数不需要登记（Register），可以直接使用；使用内置函数时，不需要指出其完整名称，只需简单地使用函数名即可使用。有关内置函数的功能说明和使用方法参见附录 B。

2．用户自定义函数

Pig 针对用户特定应用需求提供了丰富的用户自定义扩展功能，用户可以用自己熟悉的语言编写 Pig 未实现的函数功能，Pig UDF 实现支持的语言主要有 6 种分别，是 Java、Jython、Python、JavaScript、Ruby、Groovy。目前，Pig UDF 实现语言支持得最好的是 Java，因为 Pig 是用 Java 语言实现的，提供了丰富的 Java 接口操作。Pig 还提供了丰富的 Java UDF 库 Piggy Bank，是 Pig 编程爱好者自由实现，然后经过多次正确性验证通过后贡献给 Piggy Bank 的。用户在实现自己的 UDF 之前，可以先到 Piggy Bank 中查找是否存在相同功能的 UDF，若存在，则可以直接使用而避免做重复的工作，只有不存在，才自己实现。用户也可以把自己实现且测试正确的 UDF 上传到 Piggy Bank 供他人使用或检查正确性。下面介绍如何使用 Java、JavaScript、Python 语言实现 UDF，以及如何使用 Piggy Bank 中现成的 UDF，有关 UDF 的介绍可参考“附录 B”。

（1）使用 Java 语言实现可重入函数（Eval Functions）

Eval 函数为 Pig Latin 中最常用的函数，可以用于 FOREACH 语句中，如下述 myscript.pig 脚本文件内容。

```
-- myscript.pig
REGISTER myudfs.jar;
A = LOAD 'student_data' AS (name: chararray, age: int, gpa: float);
B = FOREACH A GENERATE myudfs.UPPER(name);
DUMP B;
```

文件内容第一行为注释，双端横线--表示单行注释符，说明脚本文件名为 myscript.pig。REGISTER myudfs.jar 语句说明包含 UDF 的 jar 文件所在位置，注意 jar 文件名周围没有任何引号，若指定引号会出现语法错误；为了查找 jar 文件所在位置，Pig 会首先检查 classpath 变量中定义的类路径信息，若 myudfs.jar 文件不存在，则 Pig 在当前工作目录下查找，若仍未找到，则 Pig 抛出异常 java.io.IOException: Can't read jar file: myudfs.jar，说明 myudfs.jar 文件不存在。myudfs.UPPER()用于调用 UDF，注意必须指定包含 UPPER 函数的完整名称，包括所有包名，其中 UPPER 区分大小写，如 UPPER 与 upper 不同。

下面介绍 UPPER 的 Java 具体实现，UPPER 函数的功能为接收 ASCII 字符串作为参数，并将原字符串中的所有字符转换为大写。

UPPER.java 示例如下。

```
package myudfs;
import java.io.IOException;
import org.apache.pig.EvalFunc;
import org.apache.pig.data.Tuple;
public class UPPER extends EvalFunc<String>
{
public String exec(Tuple input) throws IOException {
        if (input == null || input.size() == 0 || input.get(0) == null)
            return null;
      try{
            String str = (String)input.get(0);
          return str.toUpperCase();
       }catch(Exception e){
           throw new IOException("Caught exception processing input row ", e);
     }
   }
}
```

程序第一行指明 UPPER 类所属的包名。UPPER 类继承 EvalFunc 类，EvalFunc 类为所有 Eval 函数的基类，该类包含一个 exec 方法，针对每一个 tuple 类型的输入执行一次调用操作，然后返回 string 类型的结果。

程序实现后，需要编译并打包成 jar 文件，编译 UDF 函数需要 pig.jar 文件，下述命令分别创建 pig.jar 文件和使用 pig.jar 编译 UDF。

使用 svn 命令从 SVN 库中导出代码创建本地的 pig.jar 文件，示例如下。

```
svn co http://svn.apache.org/repos/asf/pig/trunk
cd trunk
ant
```

使用本地 pig.jar 文件编译包含 UDF 函数的类并打包成 jar 文件，示例如下。

```
cd myudfs
javac -cp pig.jar UPPER.java
cd ..
jar -cf myudfs.jar myudfs
```

（2）使用 Java 语言实现 Filter 函数

Filter 函数本质上是 Eval 函数，返回值为 boolean 类型，Filter 函数可以用在 boolean 表达式应用的任何地方，包括 FILTER 操作或三元条件操作。

下述操作实现关系 A 和关系 B 的内连接功能。

```
-- inner join
A = LOAD 'student_data' AS (name: chararray, age: int, gpa: float);
B = LOAD 'voter_data' AS (name: chararray, age: int, registration: chararay, contri:
```

```
float);
  C = COGROUP A BY name, B BY name;
  D = FILTER C BY not IsEmpty(A);
  E = FILTER D BY not IsEmpty(B);
  F = FOREACH E GENERATE flatten(A), flatten(B);
  DUMP F;
```

其中，flatten()函数的功能为将嵌套结构的关系 A 或 B 转换为扁平结构，例如，将 bag 类型的数据转换为 tuple 类型的数据。注意，上述操作使用 IsEmpty 函数时，既没有指定 REGISTER 关键字，也没有使用包含 IsEmpty 函数的包名，因为 IsEmpty 函数为 Pig 内置函数。

下面为 IsEmpty 的 Java 实现，IsEmpty 用于判断 expression 是否为空。

```
import java.io.IOException;
import java.util.Map;
import org.apache.pig.FilterFunc;
import org.apache.pig.PigException;
import org.apache.pig.backend.executionengine.ExecException;
import org.apache.pig.data.DataBag;
import org.apache.pig.data.Tuple;
import org.apache.pig.data.DataType;
/**
 * Determine whether a bag or map is empty.
 */
public class IsEmpty extends FilterFunc {
   @Override
   public Boolean exec(Tuple input) throws IOException {
      try {
         Object values = input.get(0);
         if (values instanceof DataBag)
            return ((DataBag)values).size() == 0;
         else if (values instanceof Map)
            return ((Map)values).size() == 0;
         else {
            int errCode = 2102;
            String msg = "Cannot test a " +
            DataType.findTypeName(values) + " for emptiness.";
            throw new ExecException(msg, errCode, PigException.BUG);
         }
      } catch (ExecException ee) {
         throw ee;
      }
   }
}
```

IsEmpty 类继承 FilterFunc 类，实际上 FilterFunc 类继承自 EvalFunc 类。

（3）使用 JavaScript 语言实现 UDF

Pig 操作使用 JavaScript 语言实现 UDF 函数的步骤如下。

编写 JavaScript 程序，名为 udf.js，实现相应的 js 函数，使用 outputSchema 参数为相应的 js 函数指定返回的结果类型和变量名，实现 Pig 与 js 函数之间的类型转换，示例如下。

```
helloworld.outputSchema = "word:chararray";
function helloworld() {
     return 'Hello, World';
}
complex.outputSchema = "word:chararray,num:long";
function complex(word){
     return {word:word, num:word.length};
}
```

其中，helloworld()返回给 Pig 的值类型为 chararray，值标识符为 word。complex()返回给

Pig 的值包括 word 和 word 的长度，类型分别为 chararray 和 long。

使用 register 语句登记定义在 udf.js 中的函数，JavaScript 指定 Pig Latin 使用 JavaScript 或 JsScriptEngine 解析 JavaScript 程序，AS 关键字为定义在 udf.js 文件中的所有函数指定命令空间，在 Pig Latin 中可以使用 myfuncs.helloworld()，myfuncs.complex()方法直接访问函数，示例如下。

```
register 'udf.js' using javascript as myfuncs;
```

或（两者功能相同）：

```
register ' udf.js' using org.apache.pig.scripting.js.JsScriptEngine as myfuncs;
```

示例如下。

```
A = load 'data' as (a0:chararray, a1:int);
B = foreach A generate myfuncs.helloworld(), myfuncs.complex(a0);
……
```

（4）使用 Python 语言实现 UDF

Pig 操作使用 Python 语言实现 UDF 函数的步骤如下。

编写 Python 程序，名为 udf.py，实现相应 Python 函数的功能，使用 outputSchema 注解为相应的 Python 函数指定返回的结果类型和变量名，实现 Pig 与 Python 函数之间的类型转换，示例如下。

```
from pig_util import outputSchema
@outputSchema("as:int")
def square(num):
    if num == None:
       return None
    return ((num) * (num))
@outputSchema("word:chararray")
def concat(word):
    return word + word
```

square 函数计算数值类型数据的平方值，concat 函数将两个字符串连接成一个字符串。

使用 register 语句登记 udf.py 文件中的所有函数，指定 Pig Latin 使用 streaming_python 或 PythonScriptEngine 解析 Python 程序，并使用名称 myfuncs 访问文件中的函数，示例如下。

```
register 'udf.py' using streaming_python as myfuncs;
```

或（两者功能相同）：

```
register 'udf.py' using org.apache.pig.scripting.streaming.python.PythonScriptEngine
as myfuncs;
```

使用 udf.py 文件中的函数功能，示例如下。

```
b = foreach a generate myfuncs.concat('hello', 'world'), myfuncs.square(3);
```

（5）使用 Piggy Bank 中已实现的 UDF

Piggy Bank 为 Pig 编程人员共享自己编写的 Java UDF 函数的函数库，任何人都可以修正 Piggy Bank 中 UDF 的 bug，或将自己编写的 UDF 函数共享给 Piggy Bank。目前 Piggy Bank 中的所有函数都以源码形式发布，要使用相应的函数功能，必须把源代码下载下来自己编译并打包。

（6）使用 Piggy Bank 提供的 UDF 方法

创建 jar 文件包括所有 Piggy Bank UDF 的方法如下。

下载 Pig 库源代码创建本地的 pig.jar 文件，示例如下。

```
svn co http://svn.apache.org/repos/asf/pig/trunk
cd trunk
ant
```

将 pig.jar 文件添加到 classpath 变量中，示例如下。

```
export CLASSPATH=$CLASSPATH:/path/to/pig.jar
```

将 UDF 源码下载到本地，示例如下。

```
svn co http://svn.apache.org/repos/asf/pig/trunk/contrib/piggybank
```

进入 trunk/contrib/piggybank/java 目录执行 ant 命令，即可产生 piggybank.jar 文件。若要生成 javadoc 文件，则进入 trunk/contrib/piggybank/java 目录运行 ant javadoc 命令，生成的 javadoc 文件位于 trunk/contrib/piggybank/java/build/javadoc 目录下。

现在指定函数及其对应包名，即可使用 Piggy Bank 提供的相应函数功能，如使用 UPPER 函数，示例如下。

```
REGISTER /public/share/pig/contrib/piggybank/java/piggybank.jar ;
TweetsInaug = FILTER Tweets BY
org.apache.pig.piggybank.evaluation.string.UPPER(text)
          MATCHES '.*(INAUG|OBAMA|BIDEN|CHENEY|BUSH).*' ;
STORE TweetsInaug INTO 'meta/inaug/tweets_inaug' ;
```

（7）向 Piggy Bank 贡献自己的 UDF 函数

① 查看 javadoc 文件中的“可用函数”部分，确定 Piggy Bank 中不存在相应功能的函数。

② 下载“可用函数”部分描述的 UDF 源码。

③ 将编写好的 Java 代码放在相应合适的分类目录下。

④ 编写的 Java 代码需要详细地描述该代码的功能。

⑤ 确保代码风格符合 Pig 代码风格。

⑥ 实现的 Java 代码包含完整的测试程序。

⑦ 按 Pig 官网中 HowToContribute 上面的操作方法上传代码。

习题

1. 简要描述 Pig 的功能。
2. Pig 的保留关键字包括哪些?
3. Pig 中的 null 功能是如何定义的?
4. Pig 分为哪几种运行模式，其区别分别是什么?
5. Pig 程序的运行方式分为哪几种?
6. Pig 的输入输出操作分别是什么，其功能分别为什么?
7. Pig 的数据模式是什么，其主要用途是什么?
8. Pig 的函数分为哪几种类型，其功能分别是什么?

第11章 Hadoop与RDBMS数据迁移工具Sqoop

11

Sqoop 是 Hadoop 与关系型数据库（Relational Database Management System，RDBMS）之间进行数据迁移的工具，使用 Sqoop 可以简单、快速地从 MySQL、Oracle 等传统关系型数据库中把数据导入诸如 HDFS、HBase、Hive 等 Hadoop 分布式存储环境下，使用 Hadoop MapReduce 等分布式处理工具对数据进行加工处理，可以将处理结果导出到 RDBMS 中。本章首先介绍 Sqoop 的基本安装，然后介绍了其支持的相关操作，最后对 Hive、Pig 和 Sqoop 三者之间最容易混淆的内容进行了分析和总结，读者可以根据需要选择相关工具进行数据分析操作。

11.1 Sqoop 简介及基本安装

1. Sqoop 简介

Sqoop 最初是作为 Hadoop 的第三方模块于 2009 年 5 月被添加到 Apache Hadoop 中的，2011 年 6 月升级为 Apache 的孵化器项目（Apache Incubator），最终于 2012 年 3 月成功转化为 Apache 顶级开源项目。

目前 Sqoop 主要分为两个版本，分别为 Sqoop 1 和 Sqoop 2，这两个版本因为目标定位不同，体系结构差异很大，因此完全不兼容。Sqoop 1 的主要定位方向为功能结构简单、部署方便，目前只提供命令行操作方式，主要适用于系统服务管理人员进行简单的数据迁移操作。Sqoop 2 的主要定位方向为功能完善、操作简便，支持命令行操作、Web 访问、提供可编程 API，配置专门的 Sqoop Server，安全性更高，但结果复杂，配置部署烦琐。本章只讲解 Sqoop 1，其基本满足数据迁移功能。

Sqoop 利用 Hadoop 分布式存储特性使之具有很好的数据容错功能。Sqoop 导入数据时，操作的目标对象为 RDBMS 表，Sqoop 会按行将表中的所有数据副本读取到 HDFS 上的一系列文件中，根据 Sqoop 操作任务并行度（Parallel Level），被导入的表数据可能会分布在多个文件中，文件类型为以逗号或 tab 符作为表字段分隔符的普通文本文件，或者是以二进制形式存储的 Avro 文件或序列化文件。Sqoop 导出数据时，会以并行的方式从 HDFS 上读取相应的文件，并以新记录的方式添加到目标 RDBMS 表中。

2. Sqoop 的基本安装

Sqoop 的安装非常简单，在类 UNIX 系统上需要预先安装好 Java 6 或其后期版本，并已部署 Hadoop 稳定版本的集群环境。

从 Sqoop 官网下载最新的 Sqoop 稳定版本。Sqoop 的 Apache 发行包分为源码包和已经编译好的二进制包，下面只介绍 Sqoop 的二进制包安装方法。

下载Sqoop二进制包，并解压到相应安装目录，解压后会生成子目录sqoop-x.y.z.bin（x.y.z为版本号）。

```
$ tar  -xzf  sqoop-x.y.z.bin.tar.gz
```

把sqoop-x.y.z.bin目录移动到sqoop-x.y.z目录下。

```
$ mv  sqoop-x.y.z.bin /  sqoop-x.y.z/
```

设置环境变量，编辑文件~/.bashrc或~/.bash_profile，把Sqoop的安装路径添加到PATH变量中，方便Sqoop的使用和管理。

```
$ export  SQOOP_HOME=/home/trucy/sqoop-x.y.z
$ export  PATH=$PATH:$SQOOP_HOME/bin
```

11.2 Sqoop的配置

Sqoop实现了Hadoop分布式存储平台与RDBMS之间的数据传输，因此，只需要在Hadoop平台各相关组件与RDBMS之间搭起桥梁即可实现。Sqoop获取Hadoop平台各相关组件的配置信息是通过读取环境变量实现的，如获取Hadoop相关信息可以读取变量${HADOOP_HOME}的值，获取Hive相关信息可以读取变量${HIVE_HOME}的值等。因此，需要修改文件~/.bashrc或~/.bash_profile配置环境变量，使用export命令将上述工具的根目录添加到文件末尾；同时Sqoop连接RDBMS需要使用相应的数据库驱动工具，如通过JDBC连接MySQL需要用到mysql-connector-java-x.y.z-bin.jar驱动程序（x.y.z为版本号，该驱动工具可以从MySQL官网下载）。本节后面假设Sqoop操作的RDBMS为MySQL，因此需要安装MySQL，相关安装过程参见第9章9.3.2节的MySQL安装，此外，需要将MySQL的JDBC驱动程序mysql-connector-java-x.y.z-bin.jar复制到${ SQOOP_HOME }/lib目录下。

使用sqoop的list-databases命令测试Sqoop连接MySQL是否成功。

```
$ sqoop list-databases --connect jdbc:mysql://mysql.server.ip:3306/ --username root -P
Enter password:（输入MySQL中root用户密码）
information_schema
employees
hiveDB
mysql
test
trucyDB
```

sqoop list-databases命令用于输出MySQL数据库中的所有数据库名，如果输出上述结果，则表示Sqoop连接MySQL成功，mysql.server.ip为运行MySQL数据库服务器的机器名，也可以是机器IP地址，注意不能是localhost或127.0.0.1，因为Sqoop的执行方式为分布式，这就使分布式集群中的每个节点都去访问本地MySQL数据库，实际上有可能MySQL数据库安装在专门的服务器上。

若配置好Hadoop相应环境变量后，使用Sqoop仍无法连接MySQL，则可以执行下述操作。

（1）进入${ SQOOP_HOME }/conf目录（注意第一个$为Linux命令提示符，第二个$为系统变量取值符）。

```
$ cd ${SQOOP_HOME}/conf
```

（2）将Sqoop读取环境变量的模板文件复制到自定义文件。

```
$ cp sqoop-env-template.sh  sqoop-env.sh
```

（3）编辑文件 sqoop-env.sh，修改相应属性值指向相关软件安装目录，例如：

```
#Set path to where bin/hadoop is available
export HADOOP_COMMON_HOME=/usr/local/hadoop
#Set path to where hadoop-*-core.jar is available
export HADOOP_MAPRED_HOME=/usr/local/hadoop
#set the path to where bin/hbase is available
export HBASE_HOME=/usr/local/hbase
#Set the path to where bin/hive is available
export HIVE_HOME=/usr/local/hive
#Set the path for where zookeper config dir is
export ZOOCFGDIR=/usr/local/zk
```

11.3 Sqoop 的相关功能

Sqoop 提供了一系列工具命令（Tools Commands），包括导入操作（import）、导出操作（export）、导入所有表（import-all-tables）、列出所有数据库实例（list-databases）和列出特定数据库实例中的所有表（list-tables）等。

11.3.1 Sqoop 的工具命令

在 Linux 命令提示符下输入 sqoop help 会输出 Sqoop 支持的所有工具命令（$为 Linux 命令提示符），示例如下。

```
$ sqoop help
usage: sqoop COMMAND [ARGS]
Available commands:
  codegen        Generate code to interact with database records
  create-hive-table  Import a table definition into Hive
  ……
See 'sqoop help COMMAND' for information on a specific command.
```

从 sqoop help 命令输出的信息（输出的信息中有一部分内容省略）可以看出，Sqoop 操作主要包括两部分，分别为工具命令（COMMAND）及其相应参数（ARGS）。可以使用命令 sqoop help COMMAND 获取相关工具命令 COMMAND 的详细信息。例如，查看 import 操作的相关详细信息，执行下述命令输出与 sqoop import 操作相关的所有详细信息。

```
$ sqoop help import
Common arguments:
--connect <jdbc-uri>                              Specify JDBC connect string
--connection-manager <class-name>                 Specify connection manager class name
 --connection-param-file <properties-file>        Specify connection parameters file
 ……
Generic Hadoop command-line arguments:
(must preceed any tool-specific arguments)
Generic options supported are
-conf <configuration file>                  specify an application configuration file
-D <property=value>                         use value for given property
-fs <local|namenode:port>                   specify a namenode
-jt <local|jobtracker:port>                 specify a job tracker
……
```

执行 Sqoop 操作时，可以指定一般参数（generic arguments）或 Sqoop 特定工具命令参数（specific arguments），可以为工具命令的某些属性设置自定义值，其中一般参数用于设置 Hadoop 相关属性，参数选项前面以短横线-为标志，如-conf、-D；Sqoop 特定工具命令参数用于设置与

Sqoop 操作相关的属性，参数选项前面以双短横线--为标志，如--connect，除非其为如-P 样式的单字符选项。Sqoop 工具命令参数又分为 Sqoop 所有工具命令通用参数（common arguments）和 Sqoop 特定工具命令参数，如--connect、--username、--password 等，这些参数在 Sqoop 所有工具命令中都必须用到；Sqoop 特定工具命令参数为某些操作特有的参数，如 import 工具特有的参数--append、--where 等。一般参数必须位于特定参数前面。

使用 Sqoop 工具命令除了使用完整的命令形式 sqoop(toolname)外，还可以使用 toolname 的特定脚本文件名 sqoop-(toolname)执行相同的操作，如 sqoop import 与 sqoop-import 功能相同、sqoop export 与 sqoop-export 功能相同等。脚本程序文件 sqoop-(toolname)与 sqoop 都位于${SQOOP_HOME}/bin 目录下，实际上脚本程序文件 sqoop-(toolname)调用的是 sqoop (toolname)命令操作。

11.3.2 Sqoop 与 MySQL

下面介绍 Sqoop 支持的工具命令。新建一个 MySQL 数据库 SqoopDB 和用户 bear，并授予用户 bear 拥有操作数据库 SqoopDB 的所有权限。

微课 11-1
Sqoop 与 MySQL
的操作演示

（1）使用 root 用户登录 MySQL 数据库。

```
$ mysql -u root -p
```

（2）输入 root 用户密码，创建 MySQL 数据库 SqoopDB。

```
mysql> create database sqoopDB;
```

（3）使用 root 用户登录 MySQL 数据库，创建用户 bear，密码为 123456。

```
$ mysql -u root -p
mysql> create user 'bear' identified by '123456';
```

（4）授权用户 bear 拥有数据库 sqoopDB 的所有权限。

```
mysql> grant all privileges on sqoopDB.* to 'bear'@'%' identified by '123456';
```

（5）刷新系统权限表。

```
mysql>flush privileges;
```

下面使用 bear 用户登录 MySQL 数据库，在数据库实例 sqoopDB 下创建一张 employees 表，后面所有的 Sqoop 相关操作都在 SqoopDB employees 表上进行。

（1）使用 bear 用户登录 MySQL 数据库。

```
$ mysql -u bear -p
```

（2）输入密码，进入 MySQL 数据库 SqoopDB。

```
mysql> use sqoopDB;
```

（3）创建 employees 表。

```
mysql> CREATE TABLE employees (
     ->    id int(11) NOT NULL AUTO_INCREMENT,
     ->    name varchar(100) NOT NULL,
     ->    age int(8) NOT NULL DEFAULT 0,
     ->    place varchar(400) NOT NULL,
     ->    entry_time timestamp NOT NULL DEFAULT CURRENT_TIMESTAMP,
     ->    position varchar(500),
     ->    PRIMARY KEY (id)
     -> )ENGINE=InnoDB DEFAULT CHARSET=utf8;
Query OK, 0 rows affected (0.18 sec)
```

（4）向 employees 表插入 3 条数据。

```
mysql>  INSERT  INTO  employees(name,age,place,position)  VALUES('James',27,'New York','Manager');
mysql>  INSERT  INTO  employees(name,age,place,position)  VALUES('Allen',30,'New York','CEO');
mysql>  INSERT  INTO  employees(name,age,place,position)  VALUES('Sharen',33,'New York','CTO');
```

（5）查询 employees 表的结果如图 11-1 所示。

```
mysql> select * from employees;
+----+--------+-----+----------+---------------------+----------+
| id | name   | age | place    | entry_time          | position |
+----+--------+-----+----------+---------------------+----------+
|  1 | James  |  27 | New York | 2015-01-13 21:55:02 | Manager  |
|  2 | Allen  |  30 | New York | 2015-01-13 21:56:07 | CEO      |
|  3 | Sharen |  33 | New York | 2015-01-13 21:56:41 | CTO      |
+----+--------+-----+----------+---------------------+----------+
3 rows in set (0.00 sec)
```

图 11-1　查询 employees 表的结果

11.3.3　sqoop-import 操作

sqoop-import 工具将 RDBMS 中的单个表导入 HDFS，RDBMS 表中的每一行以单独记录形式存储在 HDFS 中，记录默认以文本文件格式（每个记录一行）存储，还可以二进制形式存储，如 Avro 文件格式或序列文件格式（SequenceFiles）。

微课 11-2
Sqoop 数据库服务器的连接及数据导入

sqoop-import 语法格式为（两种操作功能一样）：

```
$ sqoop import (generic-args) (import-args)
$ sqoop-import (generic-args) (import-args)
```

一般参数（generic arguments）位于 import 参数前面，一般参数包括--connect、--username、--password 等，import 参数包括--where、--warehouse-dir 等。

sqoop-import 操作的步骤如下。

1. 连接数据库服务器

使用 sqoop import 操作从 RDBMS 中将表导入 HDFS，首先需要连接 RDBMS，使用--connect 选项可以指定 RDBMS 连接参数，连接参数类似于 URL，包括 JDBC 驱动名、数据库类型名、数据库服务器位置、数据库服务器连接端口和数据库实例名等属性信息。例如，下述命令使用--connect 选项指定连接运行在服务器 database.mysql.node1 上的 MySQL 数据库，连接端口号为 3306，数据库名为 SqoopDB，同时使用--username 选项指定连接用户名，--password 选项指定连接密码。

```
$ sqoop import --connect jdbc:mysql://database.mysql.node1:3306/sqoopDB --username bear --password 123456
```

注意　如果在 Hadoop 分布式集群环境中使用 Sqoop 操作，则运行 MySQL 数据库的服务器名不能为 localhost 或 127.0.0.1，因为 Sqoop 操作会转换成 MapReduce 任务在整个集群中并行执行，连接字符串会被集群中的所有节点用于并发访问 MySQL 服务器，如果连接字符串指定为 localhost，集群中的所有机器节点都将访问不同的 MySQL 数据（各节点访问本地 MySQL 数据库服务器，实质上有可能有些节点并未安装 MySQL 数据库），则会使 Sqoop 操作执行失败。因此，数据库服务器名应该指定为集群中所有节点都能够连接的机器名称或 IP 地址，如该例使用机器名为 database.mysql.node1 访问 MySQL 数据库服务器。

上述操作存在一种安全隐患，因为连接密码被暴露，所以一种安全的折中方案是将密码保存到文件中并设定文件权限为 400（即只有文件拥有者，才能访问文件中的内容），这样其他用户便不能看到密码，之后在执行 sqoop import 操作时，可以通过--password-file 选项指明密码文件所在位置，Sqoop 之后会读取密码文件并获取相应密码。例如，假设密码所在文件为${HOME}/.password，上述 sqoop-import 操作变为：

```
$ sqoop import --connect jdbc:mysql://database.mysql.node1:3306/sqoopDB --username
bear --password-file ${HOME}/.password
```

另一种方式是将--password-file 选项换成-P 选项，以交互方式提示用户输入密码。

```
$ sqoop import --connect jdbc:mysql://database.mysql.node1:3306/sqoopDB --username
bear -P
Enter password:
```

2. 将 MySQL 表 sqoopDB.employees 中的数据导入 HDFS 上

```
$ sqoop import --connect jdbc:mysql://database.mysql.node1:3306/sqoopDB
--username bear -P --table employees --target-dir /user/sqoop
Enter password: （输入用户 bear 连接 MySQL 数据库的密码）
```

其中--table 选项指定数据库表名，--target-dir 指定 HDFS 目录（注意，--target-dir 选项指定的目录中最后一个子目录不能存在，否则 Sqoop 执行失败，即上述目录/user/sqoop 中的子目录 sqoop 不能存在 HDFS 中），上述操作会根据默认的 map 任务数在--target-dir 选项指定的目录中生成多个文件，可以使用-m 或--num-mappers 选项指定 map 任务数。例如，下述操作指定启动 1 个 map 任务执行相关操作，在--target-dir 选项指定的目录下生成 1 个结果文件。

```
$ sqoop import --connect jdbc:mysql://database.mysql.node1:3306/sqoopDB --username
bear -P --table employees --target-dir /user/sqoop1 -m 1
Enter password: （输入用户 bear 连接 MySQL 数据库的密码）
```

3. 查看导入 HDFS 的表数据

Sqoop import 操作的结果保存在--target-dir 选项指定的 HDFS 相应位置，使用 hdfs dfs 命令查看/user/sqoop 目录下的文件。

```
$ hdfs dfs -ls /user/sqoop
Found 4 items
-rw-r--r--   2 root supergroup  0 2019-02-14 11:07 /user/sqoop/_SUCCESS
-rw-r--r--   2 root supergroup  50 2019-02-14 11:07 /user/sqoop/part-m-00000
-rw-r--r--   2 root supergroup  46 2019-02-14 11:07 /user/sqoop/part-m-00001
-rw-r--r--   2 root supergroup  47 2019-02-14 11:07 /user/sqoop/part-m-00002
```

查看带-m 1 选项的 sqoop import 操作的结果目录 sqoop 1。

```
$ hdfs dfs -ls /user/sqoop1
Found 2 items
-rw-r--r--   2 root supergroup      0 2019-02-14 11:08 /user/sqoop1/_SUCCESS
-rw-r--r--   2 root supergroup    143 2019-02-14 11:08 /user/sqoop1/part-m-00000
```

可以看出带-m 1 选项的 sqoop import 结果是生成一个单独的文件，而不带-m 1 选项会根据表中的记录行数和 Sqoop 默认的 map 任务数生成多个文件。

查看导入的表数据保存在 HDFS 上的结果文件内容。

```
$ hdfs dfs -cat /user/sqoop1/part-m-00000
1,James,27,New York,2019-02-13 21:55:02.0,Manager
2,Allen,30,New York,2019-02-13 21:56:07.0,CEO
3,Sharen,33,New York,2019-02-13 21:56:41.0,CTO
```

sqoop-import 操作还支持--columns、--where 等条件选项用于只导入表中的部分数据，可以使用 sqoop help import 命令获取相关详细信息。

4．将 sqoop-import 增量导入 HDFS

若 MySQL 数据库中的表内容发生了变化，如执行了 INSERT、UPDATE 等操作，则可以使用 Sqoop 的增量导入功能将发生变化的数据重新导入 HDFS。Sqoop 目前支持两种模式的增量导入，分别为 append 模式和 lastmodified 模式，append 模式主要针对 INSERT 操作，lastmodified 模式主要针对 UPDATE 操作。

Sqoop 增量导入中的 append 模式必须指定--check-column 选项，在执行 sqoop import 操作之前，根据该选项指定的列内容变化情况确定表中的哪些行需要执行导入操作，通常为--check-column 选项指定的列具有连续自增功能，如 id 列；还可以为 check-column 列指定选项--last-value，用于只导入 check-column 列中 last-value 值以后的表行，然后存储在 HDFS 相应目录下的一个单独文件中，否则会将原表中的所有数据导入 HDFS 相应目录下的一个单独文件中。例如，向 employees 表 INSERT 一条数据，然后执行增量导入。

向 employees 表插入一条数据。

```
mysql> INSERT INTO employees(name,age,place,position)
              VALUES('Timmy',25,'Chicago','staff');
```

基于 employees 表的 id 列执行增量导入，不指定--last-value 选项。

```
$ sqoop import --connect jdbc:mysql://database.mysql.node1:3306/sqoopDB --username
bear -P --table employees --target-dir /user/sqoop1 --incremental append --check-
column id
 -m 1
```

查看新生成的文件内容如下。

```
$ hdfs dfs -cat  /user/sqoop1/part-m-00001
1,James,27,New York,2019-02-13 21:55:02.0,Manager
2,Allen,30,New York,2019-02-13 21:56:07.0,CEO
3,Sharen,33,New York,2019-02-13 21:56:41.0,CTO
4,Timmy,25,Chicago,2019-02-14 14:08:47.0,staff
```

基于 employees 表的 id 列执行增量导入，指定--last-value 选项，值为 3。

```
$ sqoop import --connect jdbc:mysql://database.mysql.node1:3306/sqoopDB --username
bear  -P  --table  employees  --target-dir  /user/sqoop1  --incremental  append
--check-column id
--last-value 3 -m 1
```

查看新生成的文件内容如下。

```
$ hdfs dfs -cat  /user/sqoop1/part-m-00001
4,Timmy,25,Chicago,2019-02-14 14:08:47.0,staff
```

Sqoop 增量导入中的 lastmodified 模式基于 UPDATE 操作会修改表相应列的 timestamp，根据 timestamp 最新值执行增量导入，同样 lastmodified 模式需要指定--check-column 选项，check 列的类型必须是日期类型（如 timestamp 或 date 类型），可以为 check-column 列指定选项--last-value，执行此操作来进行增量导入。例如，更新 employees 表中用户 Sharen 的籍贯为 Shanghai，然后执行 lastmodified 模式增量导入。

更新 employees 表中用户 Sharen 的籍贯为 Shanghai。

```
mysql> UPDATE employees SET place='Shanghai' WHERE name='Sharen';
Query OK, 1 row affected (0.03 sec)
Rows matched: 1  Changed: 1  Warnings: 0
```

执行 lastmodified 模式增量导入。

```
$ sqoop import --connect jdbc:mysql://database.mysql.node1:3306/sqoopDB --username
bear -P --table employees --target-dir /user/sqoop1 --incremental lastmodified
--check-column entry_time --last-value '2019-02-14 00:00:00' --append -m 1
```

lastmodified 模式增量导入的真正设计理念应该是对数据库表被修改行或被修改列的 timestamp 值执行增量导入，为数据库表行设定 timestamp 属性，对表行的所有操作应该会更新相应行的 timestamp 属性值为执行修改操作时的时间值。lastmodified 模式增量导入的 check 列必须是日期或时间类型，在实际中可能设计复杂、开销大，如 timestamp 或 date。因此，除非 check 列是日期类型，否则 Sqoop 增量导入模式应该选择 append 模式，而不是 lastmodified 模式。

5. 将 MySQL 表 sqoopDB.employees 中的数据导入 Hive

sqoop import 的主要功能是将 RDBMS 中的表数据导入 HDFS 的文件中，如果在 Hadoop 平台上部署了 Hive，也可以将表数据导入 Hive 中。为 sqoop import 指定--hive-import 选项，即可将表数据导入 Hive 中；使用--hive-table 选项可以指定 hive 表名，若省略该选项，则默认使用原 RDBMS 表名；如果 Hive 存在同名的表，则使用--hive-overwrite 选项可以覆盖原 Hive 表中的内容；使用--create-hive-table 选项可以将原 RDBMS 表结构复制到 Hive 表中。

使用 sqoop import 将 RDBMS 表数据导入 Hive 中的过程如下。

（1）将相应 RDBMS 表数据导入 HDFS 的文件中。

（2）把 RDBMS 表数据类型映射成 Hive 数据类型，然后根据 RDBMS 表结构在 Hive 上执行 CREATE TABLE 操作创建 Hive 表。

（3）在 Hive 中执行 LOAD DATA INPATH 语句将 HDFS 上的 RDBMS 表数据文件移动到 Hive 数据仓库目录（该目录由定义在文件${HIVE_HOME}/conf/hive-site.xml 中的属性${ hive.metastore.warehouse.dir}设置）。

例如，将 RDBMS 表 employees 中的数据导入 Hive 中，相应 Hive 生成的表名默认为 employees（注意：下述操作使用-m 1 参数只指定一个 map 任务，若使用默认的方式，则可以省略）。

```
$ sqoop import --connect jdbc:mysql://database.mysql.node1:3306/sqoopDB --table
employees --username bear -P --hive-import -m 1
```

执行上述操作后，Hive 会在数据仓库目录下新建一个 employees 子目录，数据内容保存在 employees 目录下。查看新建的文件内容如下。

```
$ hdfs dfs -cat /hive/warehouse/employees/part-m-00000
1James27New York2019-02-15 21:55:02.0Manager
2Allen30New York2019-02-15 21:56:07.0CEO
3Sharen33Shanghai2019-02-15 21:56:41.0CTO
4Timmy25Chicago2019-02-15 21:57:47.0staff
```

可以看出原 RDBMS 表中的每行数据各字段连接在一起。

进入 Hive 命令提示符下，查看生成的 Hive 表内容如下。

```
hive> select * from employees;
OK
1       James   27      New York       2019-02-15 22:55:02.0   Manager
2       Allen   30      New York       2019-02-15 22:56:07.0   CEO
3       Sharen  33      Shanghai       2019-02-15 22:56:41.0   CTO
4       Timmy   25      Chicago        2019-02-16 14:08:47.0   staff
```

6. 将 MySQL 表 sqoopDB.employees 中的数据导入 HBase

除了上面介绍的 Sqoop 支持将 RDBMS 表数据导入 HDFS 和 Hive 中外，Sqoop 还支持将 RDBMS 表数据导入 HBase 表中，Sqoop 将 RDBMS 表中的每一行数据使用 HBase 的 put 操作插入 HBase 表中，HBase 生成表的行键默认使用 RDBMS 表的主键，可以使用--hbase-row-key

选项指定使用 RDBMS 表某一特定的列作为 HBase 生成表的行键，若 RDBMS 表的主键为组合键，则必须使用--hbase-row-key 选项将 RDBMS 表的组合键以逗号分隔开，然后设置成 HBase 生成表的行键。使用--column-family 选项指定目标 HBase 表的列族名，将 RDBMS 表数据导入 HBase 表的特定列族下。使用--hbase-table 选项指定目标 HBase 表名，若不存在，操作错误返回。使用--hbase-create-table 选项，若目标 HBase 表不存在，则创建。若无法确定目标 HBase 表是否存在，则可以在 Sqoop 导入操作中结合使用--hbase-table 选项和--hbase-create-table 选项，当 HBase 表不存在时，Sqoop 使用 HBase 的配置信息自动创建 HBase 表和相应的列族。

例如，将 RDBMS 表 employees 中的数据导入 HBase 中。

进入 HBase Shell 创建 HBase 表 hbase_employees，定义列族为 col_family。

```
hbase(main):001:0> create 'hbase_employees', 'col_family'
0 row(s) in 2.1710 seconds
=> Hbase::Table - hbase_employees
```

该操作会在 HBase 位于 HDFS 上保存 HBase 表数据的目录/hbase/data/default（其中根目录/hbase 由定义在${HBASE_HOME}/conf/hbase-site.xml 文件的属性${hbase.rootdir}指定）下创建一个子目录 hbase_employees，用于保存 hbase_employees 表数据。

创建的 hbase_employees 表逻辑结构如表 11-1 所示。

表 11-1　创建的 hbase_employees 表逻辑结构

row-key（行键）	col_family:（列族）

将 RDBMS 表数据导入 HBase 表 hbase_employees 中。

```
$ sqoop import --connect jdbc:mysql://database.mysql.node1:3306/sqoopDB --username bear -P --table employees --hbase-create-table --hbase-table hbase_employees --column-family col_family --hbase-row-key id
```

进入 HBase Shell，查询 hbase_employees 表中的数据（为了显示输出结果的需要，对输出内容进行了调整。timestamp 为执行 HBase 表操作时自动生成的时间戳，内容形式为“1421244516134”，所有的时间戳内容替换为“xxxx”。输出结果中的 ROW 列为 HBase 表行键 row-key 列，COLUMN+CEIL 列为 HBase 表属性列，格式为“列族：属性列”）。

```
$ hbase shell
hbase(main):002:0> scan 'hbase_employees'
ROW                        COLUMN+CELL
 1     column=col_family:age, timestamp=xxxx, value=27
 1     column=col_family:entry_time, timestamp= xxxx, value=2019-02-17 21:55:02.0
 1     column=col_family:name, timestamp= xxxx, value=James
 1     column=col_family:place, timestamp= xxxx, value=New York
 1     column=col_family:position, timestamp= xxxx, value=Manager
 2     column=col_family:age, timestamp= xxxx, value=30
 2     column=col_family:entry_time, timestamp= xxxx, value=2019-02-17 21:56:07.0
 2     column=col_family:name, timestamp= xxxx, value=Allen
 2     column=col_family:place, timestamp= xxxx, value=New York
 2     column=col_family:position, timestamp= xxxx, value=CEO
 3     column=col_family:age, timestamp= xxxx, value=33
 3     column=col_family:entry_time, timestamp= xxxx, value=2019-02-17 21:56:41.0
 3     column=col_family:name, timestamp= xxxx, value=Sharen
 3     column=col_family:place, timestamp= xxxx, value=Shanghai
 3     column=col_family:position, timestamp= xxxx, value=CTO
```

```
 4     column=col_family:age, timestamp= xxxx, value=25
 4     column=col_family:entry_time, timestamp= xxxx, value=2019-02-17 14:08:47.0
 4     column=col_family:name, timestamp= xxxx, value=Timmy
 4     column=col_family:place, timestamp= xxxx, value=Chicago
 4     column=col_family:position, timestamp= xxxx, value=staff
4 row(s) in 0.2290 seconds
```

生成的 Hbase hbase_employees 表的逻辑结构如表 11-2 所示。

表 11-2　生成的 hbase_employees 表的逻辑结构

row-key（行键）	col_family:（列族）				
	name	age	place	entry_time	position
1	James	27	New York	2019-02-17 1:55:02.0	Manager
2	Allen	30	New York	2019-02-17 1:56:07.0	CEO
3	Sharen	33	Shanghai	2019-02-17 1:56:41.0	CTO
4	Timmy	25	Chicago	2019-02-17 4:08:47.0	taff

11.3.4　sqoop-import-all-tables 操作

sqoop import-all-tables 工具的语法与 sqoop-import 语法大致相同，唯一的区别是 sqoop import-all-tables 操作将多个 RDBMS 表导入 HDFS 上，每个 RDBMS 表数据分别位于 HDFS 的一个单独目录下。

执行 sqoop import-all-tables 操作必须满足以下条件。

（1）每个 RDBMS 表中只有一个单独列作为主键，即不能是多个列的组合键作为主键。

（2）执行导入操作时，每个 RDBMS 表的所有列都将被导入 HDFS。

（3）不能在 RDBMS 表上附加任何诸如 WHERE 条件的子句。

Sqoop-import 语法格式为（两种操作功能一样）:

```
$ sqoop import-all-tables (generic-args) (import-args)
$ sqoop-import-all-tables (generic-args) (import-args)
```

如前所述，程序 sqoop-import-all-tables 实际上调用的是 sqoop import-all-tables 命令。执行 sqoop-import-all-tables 操作时，不能使用 sqoop-import 操作中的--table、--split-by、--columns 和--where 选项，但可以在 sqoop-import-all-tables 操作中指定--exclude-tables 选项排除必须导入的 RDBMS 表。例如，在 MySQL 数据库实例 SqoopDB 下创建一张商品信息表 items_info。

```
mysql> CREATE TABLE items_info (
    ->    id int(11) NOT NULL AUTO_INCREMENT,
    ->    name varchar(50) NOT NULL,
    ->    price float(10,5) NOT NULL DEFAULT 0.0,
    ->    brand varchar(50) NOT NULL,
    ->    stock int(11),
    ->    PRIMARY KEY (id)
    -> )ENGINE=InnoDB DEFAULT CHARSET=utf8;
Query OK, 0 rows affected (0.38 sec)
```

向 items_info 表插入 4 条数据。

```
mysql> INSERT INTO items_info(name,price,brand,stock)
            VALUES ('shoes',325,'playboy',32);
Query OK, 1 row affected (0.03 sec)
```

```
mysql> INSERT INTO items_info(name,price,brand,stock)
            VALUES ('shoes',400,'camel',100);
Query OK, 1 row affected (0.04 sec)

mysql> INSERT INTO items_info(name,price,brand,stock)
            VALUES ('clothes',800,'camel',120);
Query OK, 1 row affected (0.05 sec)

mysql> INSERT INTO items_info(name,price,brand,stock)
            VALUES ('clothes',600,'playboy',120);
Query OK, 1 row affected (0.06 sec)
```

查询表 items_info，显示结果如图 11-2 所示。

```
mysql> select * from items_info;
+----+---------+-----------+---------+-------+
| id | name    | price     | brand   | stock |
+----+---------+-----------+---------+-------+
|  1 | shoes   | 325.00000 | playboy |    32 |
|  2 | shoes   | 400.00000 | camel   |   100 |
|  3 | clothes | 800.00000 | camel   |   120 |
|  4 | clothes | 600.00000 | playboy |   120 |
+----+---------+-----------+---------+-------+
4 rows in set (0.00 sec)
```

图 11-2　查询表 items_info 显示结果

查看数据库实例 SqoopDB 中的所有表，如图 11-3 所示。

```
mysql> show tables;
+--------------------+
| Tables_in_sqoopDB  |
+--------------------+
| employees          |
| items_info         |
+--------------------+
2 rows in set (0.00 sec)
```

图 11-3　查看数据库实例 SqoopDB 中的所有表

从输出结果可以看到数据库实例 SqoopDB 包含 employees 和 items_info 2 张表。执行 sqoop import-all-tables 操作将数据库实例 SqoopDB 中的所有表导入 HDFS。

```
$ sqoop import-all-tables --connect jdbc:mysql://database.mysql.node1:3306/sqoopDB
--username bear -P
```

执行上述 sqoop import-all-tables 命令后，会在 HDFS 的/user/${username}/目录（${username} 为当前 Linux 用户名，如当前登录的 Linux 用户为 trucy）下生成两个目录 employees 和 items_info，原各 RDBMS 表中的数据保存在相应目录下。例如，employees 目录保存原 RDBMS employees 表数据，items_info 目录保存原 RDBMS items_info 表数据。

11.3.5　sqoop-export 操作

sqoop-export 操作与 sqoop-import 的操作是相反的，即 Sqoop 把 HDFS、Hive、HBase 中的文件或数据根据用户指定的分隔符解析成一系列记录和记录字段导出到 RDBMS 中，RDBMS 表必须存在，否则 sqoop-export 操作执行出错。

1. sqoop-export 语法及说明

sqoop-export 语法格式为（两种操作功能一样）:

```
$ sqoop export (generic-args) (export-args)
$ sqoop-export (generic-args) (export-args)
```

执行sqoop-export操作时,组合选项--export-dir、--table和组合选项--export-dir、--call之一必须指定。

（1）--export-dir选项用于指定执行sqoop-export操作时的HDFS目录位置（Hive表数据和HBase表数据都是以文件形式存储在HDFS上，因此针对Hive和HBase的导出操作，数据源仍是通过--export-dir选项指定）。

（2）--table选项指定目标RDBMS表名。

（3）--call用于指定sqoop-export操作调用RDBMS存储过程。

在默认情况下，会针对RDBMS表的所有列执行导出操作，可以使用--columns选项指定以逗号分隔的RDBMS表中的某些特定列执行数据导出操作，指定的列顺序与HDFS上的记录字段按顺序对齐。

注意，RDBMS表中那些没有被选中的列要么在定义时指定了默认值，要么允许为NULL值，否则sqoop-export操作会以失败返回。可以指定-m选项设置导出操作并行度，默认启动4个map任务执行export操作。

2. sqoop-export 操作模式

sqoop-export操作包括3种模式，分别为INSERT模式、UPDATE模式和CALL模式。

（1）Sqoop-export操作默认将HDFS上的数据以INSERT模式插入指定的RDBMS表中，若导出的数据违反了RDBMS表的相关约束（如主键唯一约束），或在RDBMS表中包含了相同的数据，则sqoop-export操作执行失败，因此使用该模式接收HDFS数据的RDBMS表最好的方法是新建空表。

（2）如果指定--update-key选项以UPDATE模式导出数据，则该模式替换目标RDBMS表中已存在的记录。sqoop-export操作会根据--update-key选项指定的RDBMS表列更新表中已存在的数据行，若表中不存在相应的记录行，则sqoop-export操作默认跳过，不会返回任何错误信息，同时，可以指定--update-mode选项为allowinsert模式（sqoop-export允许--update-key选项执行插入操作的模式），将原RDBMS表中不存在的记录插入表中。同样，若表中存在多行满足--update-key选项指定条件的记录行，则sqoop-export操作更新所有满足条件的表记录，--update-key选项可以指定多个列，各列之间以逗号分隔。

若存储在HDFS上的数据字段分隔符与RDBMS表的字段分隔符不兼容，例如，MySQL数据库表中的各字段分隔符为逗号“,”，记录行结束符为“\n”，而HDFS文件内部各数据字段分隔符为指定为“:”，记录行结束符为“\r\n”，那么可以使用--input-fields-terminated -by选项说明HDFS文件内部各数据字段的分隔符。例如，Hive表的默认字段分隔符为'\0001'，因此将Hive表数据导出到RDBMS表需要指定--input- fields-terminated-by '\0001'选项，使用选项--input-lines-terminated-by说明HDFS文件内部各数据的记录行结束符。使用--fields-terminated-by选项可以指定目标RDBMS表的字段分隔符，--lines-terminated-by选项指定目标RDBMS表的记录行结束符。如果指定的分隔符与HDFS文件内容不匹配或与RDBMS表不兼容，则Sqoop会发现HDFS文件内容中各字段数目与RDBMS表列数不相等，从而抛出ParseExceptions错误信息，然后出错返回。

如创建一张与employees表前4个字段结构相同的表users_info，示例如下。

```
mysql> CREATE TABLE users_info (
    ->    id int(11) NOT NULL AUTO_INCREMENT,
    ->    name varchar(100) NOT NULL,
```

```
    ->    age int(8) NOT NULL DEFAULT 0,
    ->    place varchar(400) NOT NULL,
    ->    PRIMARY KEY (id)
    -> )ENGINE=InnoDB DEFAULT CHARSET=utf8;
Query OK, 0 rows affected (0.25 sec)
```

查看前面使用 sqoop-import 操作将 RDBMS employees 表 HDFS 上的数据(该操作生成了两个文件，分别为 part-m-00000 和 part-m-00001)。

文件 part-m-00000 的内容如下。

```
$ hdfs dfs -cat /user/sqoop1/part-m-00000
1,James,27,New York,2019-02-17 21:55:02.0,Manager
2,Allen,30,New York,2019-02-17 21:56:07.0,CEO
3,Sharen,33,New York,2019-02-17 21:56:41.0,CTO
```

文件 part-m-00001 的内容如下。

```
$ hdfs dfs -cat /user/sqoop1/part-m-00001
4,Timmy,25,Chicago,2019-02-17 14:08:47.0,staff
```

使用 sqoop-export 操作将上述文件 part-m-00000 和 part-m-00001 中的内容导入 uses_info 表，指定--columns 选项导出记录行中前 4 个字段的值。

```
$ sqoop export --connect jdbc:mysql://database.mysql.node1:3306/sqoopDB --table users_info --columns "id,name,age,place" --username bear -P --export-dir /user/sqoop1/
```

进入 MySQL 数据库，查看 users_info 表的内容，如图 11-4 所示。

```
mysql> select * from users_info;
+----+--------+-----+----------+
| id | name   | age | place    |
+----+--------+-----+----------+
|  1 | James  |  27 | New York |
|  2 | Allen  |  30 | New York |
|  3 | Sharen |  33 | New York |
|  4 | Timmy  |  25 | Chicago  |
+----+--------+-----+----------+
4 rows in set (0.00 sec)
```

图 11-4 查看 users_info 表的内容

（3）指定 CALL 模式调用目标 RDBMS 存储过程。

CALL（调用）模式是指 Sqoop 将为每条记录创建一个存储过程调用的模式。sqoop-export 执行方式为启动多个 map 任务并行地执行，即分成多条记录，各个 map 任务与 RDBMS 都建立一个单独的连接，因此，有多少个 map 任务就有多少个事务连接，各个 map 任务之间互不影响，每个 map 任务因为处理进度不同，造成在 Sqoop-export 操作返回之前就可以在 RDBMS 中看到完成的局部结果。此外，只有当所有 map 任务都成功处理完成，sqoop-export 才会成功返回，若有一个 map 任务执行失败，sqoop-export 操作就出错返回，执行失败的 map 任务的结果是未知的。由于不同的 map 任务都运行在一个单独的事务中，运行完成的 map 任务会提交处理结果，运行失败的 map 任务会回滚执行到截至当前位置的所有操作到初始状态，所有已成功完成的 map 任务的处理结果都会持久化存储到 RDBMS 表中，因此，当前看到的结果都是 sqoop-export 操作的局部完成结果。

11.3.6 sqoop-list-databases 和 sqoop-list-tables 操作

sqoop-list-databases 用于列举出指定数据库服务器中的数据库模式。

```
$ sqoop list-databases --connect jdbc:mysql://database.mysql.node1/sqoopDB --username bear -P
```

```
   Enter password:
   information_schema
   mysql
   performance_schema
   sqoopDB
```

sqoop-list-tables 用于列举出指定数据库服务器中的数据库表。

```
   $ sqoop list-tables --connect jdbc:mysql://database.mysql.node1/sqoopDB --username
bear -P
   Enter password:
   employees
   items_info
   users_info
```

上述 sqoop-list-databases 操作和 sqoop-list-tables 操作中指定--onnect 选项连接数据库服务器时，未指定服务器端口号，Sqoop 端口号默认为 3306。

11.4 Hive、Pig 和 Sqoop 三者之间的关系

通过第 9 章和第 10 章的介绍，读者已经了解到 Hive 和 Pig 都是基于 Hadoop 进行大数据分析，但两者的应用侧重方向和面向的使用者不同。Hive 主要面向对 SQL 技术比较熟悉的开发人员进行数据分析，Pig 采用基于数据流的全新方式对数据进行分析。因此，两者的处理方式差异很大。本章通过学习 Sqoop，进一步了解了各种数据处理方式的特点和应用方向，因此，本节简单介绍 Hive、Pig、Sqoop 三者之间的关系或联系，以便读者能够更清晰地理解各种数据分析、处理技术。

微课 11-3
Hive、Pig 和
Sqoop 的比较

目前数据的爆发式增长造成了大数据技术人员供不应求，同时也提出了一系列新的数据理解思维模式和处理方式，传统相关数据技术的处理方式、技术特点不太适应时代发展需要。

（1）Hive 技术诞生于 Facebook，为大数据技术与传统数据处理方式搭起了一座桥梁，对传统的数据处理方式进行了封装，将上层应用的所有 SQL 操作转换为底层的分布式应用，使比较擅长 SQL 技术的人员也能处理大数据。

（2）Pig 诞生于雅虎。另外，Pig 充分利用分布式特性，所有操作都基于 Hadoop 的固有特性，在处理数据方面，不同处理操作可以根据数据特点编写相应的分布式应用程序，对数据原始结构要求很低。Pig Latin 提供了一系列功能操作命令，使用 Pig Latin 功能操作命令可以方便地分析数据，支持数据加载、萃取、转换等功能，实现传统 SQL 技术在数据仓库方面的所有应用，同时能够灵活处理大数据。因此，Pig 在处理大数据过程中具有更大的灵活性，但学习梯度比较大。Hive 学习成本低，只要熟悉 SQL 技术，就很容易上手，但处理方式受传统结构化处理技术的限制。

（3）Sqoop 的主要功能是实现 Hadoop 分布式存储平台上的数据与传统关系型数据库中的数据进行迁移操作，如传统的业务数据存储在关系型数据库中，数据量达到一定规模后需要对其进行分析或统计。对数据进行分析时，单纯以关系型数据库作为存储方式，采用传统数据技术对数据进行处理可能会成为瓶颈，这时可以将业务数据从关系型数据库导入 Hadoop 平台进行离线分析；在 Hadoop 平台对大规模的数据进行分析以后，可以将结果导出到关系型数据库中作为业务的辅助数据。因此，Hive、Pig、Sqoop 三者之间的关系相辅相成，针对不同的应用需求互为补充。

习题

1. 简要描述 Sqoop 的功能。

2. 简要描述 Sqoop 支持的功能操作有哪些。

3. 分别安装 MySQL 数据库和 Sqoop 工具，实现 MySQL 数据库和 HDFS 之间的数据导入、导出操作。

第12章 大数据实时处理技术

12

Web 2.0 时代引发了数据爆炸式增长，随之带来了数据处理的瓶颈，过去 10 年的数据处理技术革命很好地解决了这一问题。Hadoop 和 MapReduce 是针对大量数据进行批处理设计的，在处理效率和响应速度上都不能满足数据实时处理的要求。因此，有必要设计一种新的数据实时处理技术，以对即时产生的大量数据进行快速、有效的处理，使数据的价值尽快显现出来并充分利用。

Storm 和 Spark 正是应数据的实时处理需求诞生的。本章将讲解 Storm 和 Spark 大数据实时处理技术，并对 Storm 和 Spark 之间的差异进行比较说明，进而使读者能较全方位地掌握大数据实时处理技术。

12.1 Storm 大数据实时处理技术

因为 Storm 大数据实时处理技术框架 Storm-Yarn 是基于 Apache Storm 实现的，所以两者的框架结构和数据处理方式基本一致，只是 Storm-Yarn 将 Apache Storm 的相关组成部分与 Hadoop 的资源管理器 Yarn 中的各功能部分关联起来。因此，为便于理解，在介绍 Storm-Yarn 之前，先介绍 Apache Storm 的结构组成部分和处理数据方式。

12.1.1 Apache Storm 的组成结构

Storm 集群中的各功能组成部分与 Hadoop 集群中的一个 MapReduce 作业（job）的各功能组成部分相似。Hadoop 集群中运行的一个 MapReduce 程序称为一个作业，而 Storm 集群中运行的一个实时应用程序称为一个拓扑（Topology），这是因为各个 Storm 组件之间的数据流动形成逻辑上的一个拓扑结构。MapReduce 中的 Job 与 Storm 中的 Topology 的区别是 Job 运行到最后会结束，而 Topology 会一直运行，除非对其执行 kill 操作。

Storm 集群的节点类型包括 Master 和 Worker 两种。Master 节点运行着一种称为 Nimbus 的守护进程，类似于 MapReduce 作业中的 JobTracker 进程的功能，Nimbus 负责集群资源的申请、集群中任务的分配以及任务失败监控等操作。Worker 节点上运行着一种称为 Supervisor 的守护进程，Supervisor 负责执行 Nimbus 分配的任务，并按 Nimbus 的指示重新执行失败任务等操作。

Storm 集群中的 Nimbus 和 Supervisor 是无状态的，两者之间的所有协调操作是由 ZooKeeper 集群实现的，Storm 集群的组成结构如图 12-1 所示。守护进程 Nimbus 和进程管理工具 Supervisor 的状态信息都保存在 ZooKeeper 集群中，或保存在相应守护进程所在节点的本地磁盘中，这就使 Storm 集群在运行过程中非常稳定。例如，执行命令 kill-9 Nimbus 或 kill-9 Supervisors 后，ZooKeeper 立即启动备份 Nimbus 或 Supervisors，使 Storm 集群保持当前的运行状态，好像什么也没有发生一样。

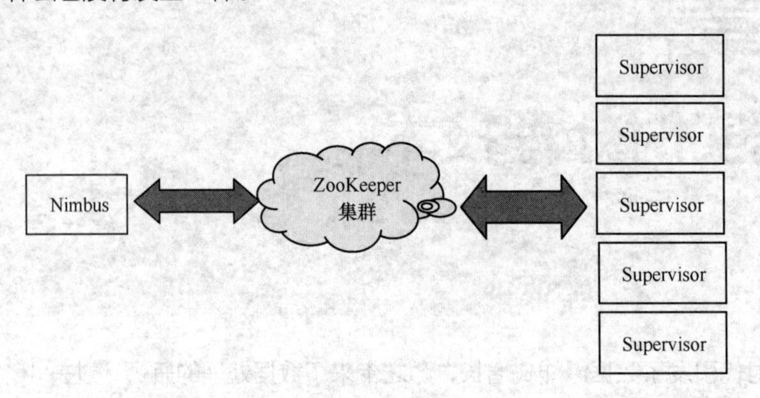

图 12-1　Storm 集群组成结构

12.1.2　数据流与分组

1. Storm 数据流

Storm 处理的数据称为流（Stream），流在 Storm 内各组件之间的传输形式是一系列元组（Tuple）序列，处理数据流过程如图 12-2 所示。每个元组内可以包含不同类型的数据，如 int、string 等类型，但不同元组间对应位置上数据的类型必须一致，这是因为元组中数据的类型由各组件在处理前事先定义明确。

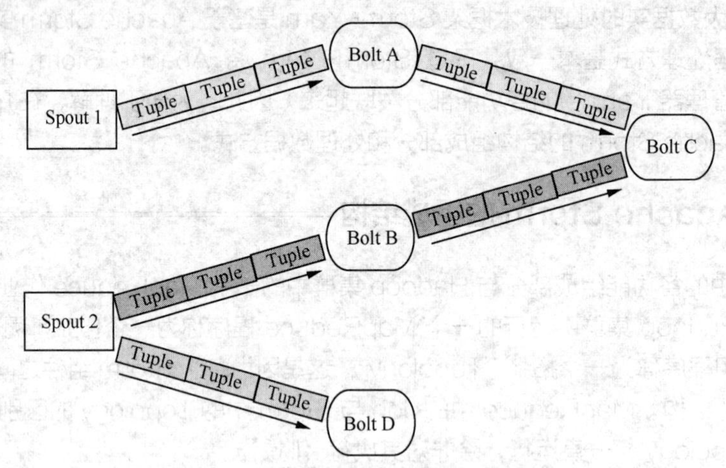

图 12-2　Storm 处理数据流过程示意图

Storm 集群中的每个节点每秒可以处理成百上千个元组，数据流在各个组件成分间类似于水流源源不断地从前一个组件流向后一个组件，而元组则类似于转载水流的管道。Storm 集群中各组件或角色的功能描述如表 12-1 所示。

表 12-1　Storm 集群中各组件或角色的功能描述

组件或角色	功能描述
Topology（拓扑）	Storm 中运行的一个实时应用程序，因为各组件间的消息流动形成逻辑上的一个拓扑结构
Task（任务）	每个 Spout/Bolt 具体的工作内容，也是各个节点之间进行分组的单位

续表

组件或角色	功能描述
Spout（数据源）	在一个 Topology 中产生源数据流的组件。通常情况下，Spout 会从外部数据源中读取数据，然后将读取的数据转换为 Topology 内部数据形式的源数据，Spout 是一个主动的角色，其接口中有个 next（元组）函数，Storm 框架会不停地调用此函数，用户只要在其中生成源数据即可
Bolt（数据处理）	在一个 Topology 中接收数据，然后执行处理操作的组件。Bolt 可以执行过滤、函数操作、合并、写数据库等操作，Bolt 是一个被动的角色，其接口中有个 execute(元组 input)函数，接收到消息后会调用此函数，用户可以在其中执行自己想要的操作。一个 Bolt 的输出可以作为另一个 Bolt 的输入对数据进行进一步处理，如图 12-2 中的 Bolt A、Bolt B 和 Bolt C
Tuple（元组）	一次数据传输的基本单元。数据传输需要的格式本来应该是一个 Key-Value 形式的 Map 结构，但是由于各个组件间传递的元组的字段名称和字段类型已经事先定义好，元组中只要按序填入各个 Value 就行了，所以就是一个 Value List
Stream（数据流）	源源不断传输的数据就组成了 Stream
Stream Grouping	即数据流的分割方法。基于 Storm 集群处理数据的方式，需要事先将 Spout 产生的数据源分割成不同的块，然后交由不同节点上的 Bolt 处理。Storm 提供若干种实用的 Grouping 方式，包括 shuffle、fields、all、global、none、direct 和 local or Shuffle 等

2. Storm 分组

Storm 中有 7 种内置分组模式，如下所述。

（1）Shuffle 分组：Task 中的数据随机分配，这样可以保证同一级 Bolt 上的每个 Task 处理的 Tuple 的数量一致，如图 12-3 所示。

（2）Fields 分组：依据 Tuple 中的某个 Field 或多个 Field 的值划分。例如，Stream 依据 user-id 的值分组，具有相同 user-id 值的 Tuple 将分配到相同的 Task 中，如图 12-4 所示。

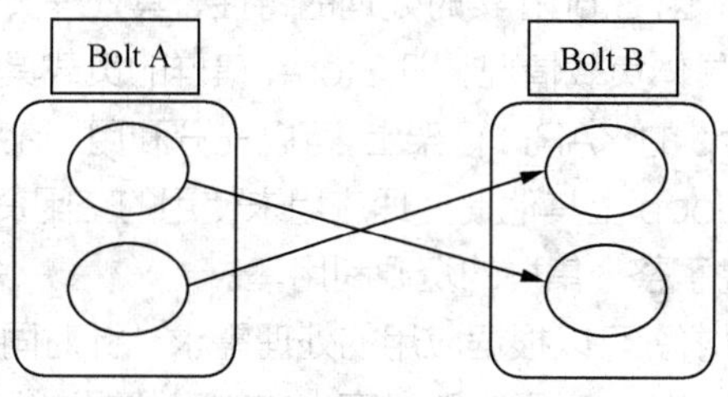

图 12-3　Shuffle 分组模式

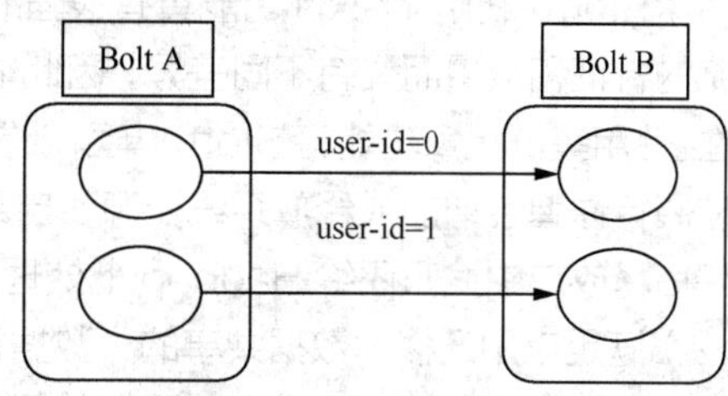

图 12-4　Fields 分组模式

（3）All 分组：所有的 Tuple 分发到 Task 中，如图 12-5 所示。

（4）Global 分组：Stream 将选择一个 Task 作为分发目的地，通常是选择最新 ID 的 Task，如图 12-6 所示。

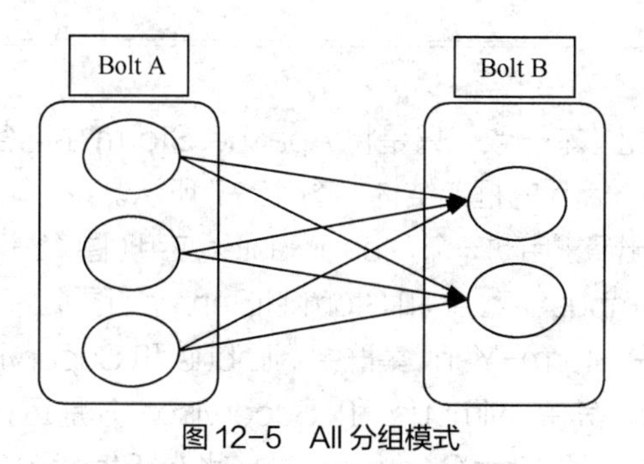

图 12-5　All 分组模式

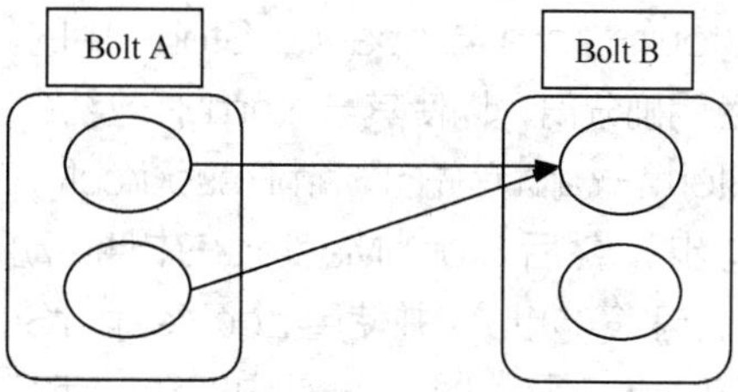

图 12-6　Global 分组模式

（5）None 分组：目前等同于 Shuffle 分组。

（6）Direct 分组：产生数据的 Spout/Bolt 可以确定这个 Tuple 被 Bolt 的哪些 Task 消费。若使用 Direct 分组，则需要使用 OutputCollector 的 emitDirect 分发实现。

（7）Local or shuffle 分组：若目标 Bolt 中的一个或多个 Task 与当前产生数据的 Task 处于同一个 Worker 进程中，就通过内部的线程间通信，将 Tuple 直接发送到当前 Worker 进程中的目的 Task。

12.1.3 Storm-Yarn 产生的背景

Storm 具有很强的数据实时处理能力，其整体架构借鉴了 Hadoop 的多节点分布式并行处理功能来解决单机面临大量数据处理能力受限的瓶颈，其分布式集群的管理方式也是采用 Hadoop 的 Master/Slave 模式，具有高容错性和可扩展性。

由于 Hadoop 起步较早，其底层的 HDFS 和 MapReduce 已趋于成熟和完善，这就促使其在分布式领域变得越来越通用，支持的上层应用也越来越丰富多样。目前 Hadoop 正逐步奠定其在分布式处理技术领域的地位，开始实施其定义分布式处理技术规范这一远大计划，其构建的分布式生态系统受到了微软、雅虎、阿里巴巴、Cloudera、百度等公司的支持，尤其是 Hadoop 2 中重新定义的 YARN 通用框架，为上层应用提供底层系统资源的自动化管理，极大地简化了分布式应用资源管理。

雅虎基于 Hadoop 分布式平台实现 Storm-Yarn，将 Storm 实时处理技术整合到 Hadoop 生态系统中，使 Storm 可以访问 Hadoop 的存储资源（如 HDFS、HBase），从而利用其集群计算资源进行更广泛的实时数据处理。

基于 Hadoop YARN 实现 Storm 主要有下述优点。

（1）Storm 利用 YARN 功能具有很强的弹性支持。因 Storm 实时处理的特性，其处理负荷因数据流的特征和数量而具有不同差异，因此很难预测其具体负载情况，即 Storm 集群的负载具有不可控性。使用集群隔离功能将 Storm 集群部署到 Hadoop 的 YARN 框架上，可以充分利用 Hadoop 的易扩展特性弹性增加或释放系统资源，自动获取 Hadoop 上其他批处理应用未使用的空闲资源，使用完后释放或中途归还给 Hadoop 批处理应用，提高了整个集群的资源利用率。

（2）满足应用迁移、数据共享的大数据技术处理要求。可以根据应用的处理需求，针对同一数据实现在实时处理和批处理应用范围的数据共享需求。例如，对用户即时产生的实时数据进行在线处理并立即获得处理结果可以采用低延迟的 Storm 实时处理功能；若需要对用户产生的同类数据进行后期深层次挖掘，则可以将数据暂时存储起来，然后采用 MapReduce 批处理功能进行线下处理，挖掘出数据中更有用的信息。这样就实现了同一数据的多方面利用。

12.1.4 Storm-Yarn 的功能

Storm-Yarn 与 Apache Storm 中的各组件功能基本一致，只是将 Apache Storm 中的各组件角色明确分离，以使其与 Yarn 有效结合。Storm-Yarn 的框架结构如图 12-7 所示。

Storm-Yarn 首先向 YarnResourceManager 发出请求启动一个 StormMaster 应用（图 12-7 中的第①步），然后 StormMaster 在本地启动 StormNimbusServer 和 StormUIServer（图 12-7 中的第④步和第⑤步），并使用 ZooKeeperServer 维护 Storm-Yarn 集群中 Nimbus 和 Supervisor 之间的主从关系（图 12-7 中的第②步和第③步），其中 Nimbus 和 Supervisor 分别运行在 YarnResourceManager 为其分配的各个单独的资源容器（YarnContainer）中。此外，Storm-Yarn

还可以操作或访问运行在 Hadoop 上的 HBase（图 12-7 中的第⑦步）。

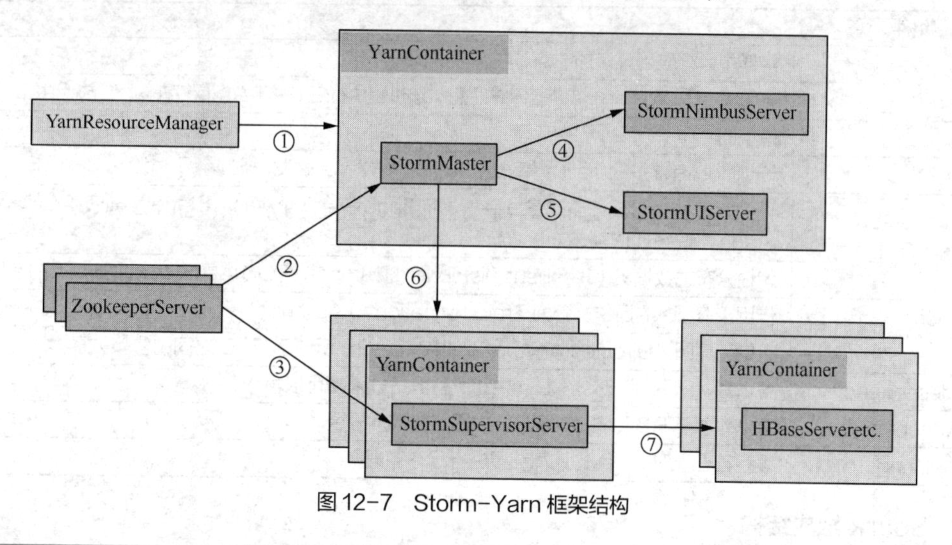

图 12-7　Storm-Yarn 框架结构

12.2 Spark 大数据实时处理技术

Apache Spark 最初是由 UC Berkeley AMPLab 开发的一款类似于 MapReduce 的开源分布式集群计算框架，后来贡献给 Apache 自由软件基金会，目前已升级为 Apache 顶级项目。

MapReduce 在运行完成后，将中介数据存储到磁盘中，而 Spark 使用了存储器内运算技术，能在数据尚未写入硬盘时，即在存储器内分析运算。Spark 在存储器内运行程序的运算速度比 MapReduce 的运算速度快上 100 倍，如图 12-8 所示，即便是运行程序基于硬盘时，Spark 也能达到 10 倍速度。Spark 允许用户将数据加载至集群存储器，并多次对其进行查询，非常适用于机器学习算法。

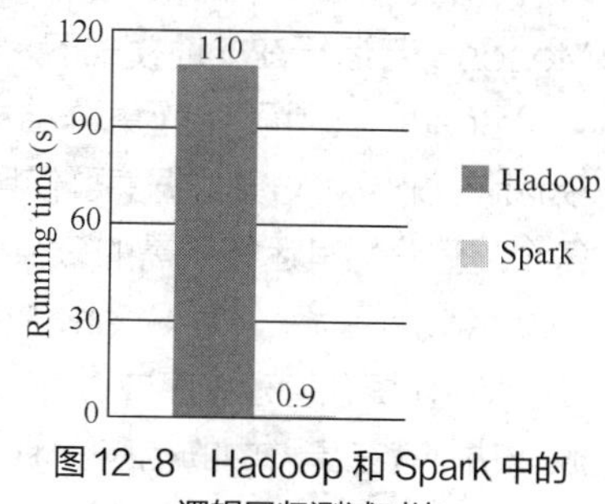

图 12-8　Hadoop 和 Spark 中的逻辑回归测试对比

12.2.1 Apache Spark 架构

1. Spark 集群的基本概念

Spark 集群的基本概念包括 Application、Application jar、Driver program、Cluster manager、Deploy mode、Task、Job、Stage 等。表 12-2 所示总结了 Spark 集群的基本概念，以使读者深刻理解和掌握 Spark 架构。

表 12-2　Spark 集群的基本概念

组件	概念
Application	建立在 Spark 上的用户应用程序，由一个 Driver 和多个 Excutor 组成
Application jar	将用户基于 Spark 的代码打包成 jar 包
Driver program	驱动程序，运行 main()方法的进程，并负责创建 SparkContext
ClusterManager	负责获取集群资源的外部服务（独立模式管理器、Mesos、Yarn）
Deploy mode	决定在何处运行 Driver 进程的部署模式，该模式分为 Cluster 和 Client 模式

续表

组件	概念
WorkerNode	集群中运行应用程序的节点
Executor	应用程序在 Worker 节点上启动的进程，该进程执行任务并将数据保存在内存或磁盘中
Task	最小的工作单元
Job	一个 Job 有许多的 Task，每一个 Action 操作都会触发一个 Job
Stage	一个 Job 被拆分成许多的 Stage，一个 Stage 包含多个 Task，Stage 是提交作业的最小单位，Stage 之间彼此依赖
RDD	弹性分布式数据集（Resilient Distributed Dataset，RDD）是 Spark 中最基本的数据抽象
Operation	作用于 RDD 的操作，分为 Transformation 和 Action 两种
DAG	有向无环图（Directed Acyclic Graph，DAG）反映了 RDD 之间的依赖关系
Wide dependency	宽依赖，子 RDD 对父 RDD 中的所有数据分区都有依赖
Narrow dependency	窄依赖，子 RDD 依赖父 RDD 中固定的数据分区
CacheManager	缓存管理，对 RDD 的计算结果进行缓存管理

2. Spark 组成结构

Spark 需要底层文件系统支持，其集群运行环境需要一个集群管理者（ClusterManager）负责资源的管理。Spark 支持的文件系统有 HDFS、Cassandra、OpenStack Swift 和 Amazon S3（Simple Storage Service），Spark 可运行在本地模式下，可以使用本地文件系统代替分布式文件系统。关于 Spark 的集群资源管理系统 ClusterManager 可以使用 Hadoop Yarn 或 Apache Mesos，若运行在本地模式下，则可以不需要 ClusterManager。

Spark 应用程序的集群结构如图 12-9 所示。Spark 应用程序由运行于用户主程序中的 SparkContext 对象根据集群使用情况分为多个相互独立的进程集，然后访问 ClusterManager，为各个进程分配其运行所需的资源（图 12-9 中的第①步），其中 SparkContext 可以同时连接多个 ClusterManager，为 Spark 应用程序分配所需的运行资源，如 Spark 单机模式内含的资源管理程序、Yarn 资源管理程序或 Mesos 资源管理程序。若 SparkContext 连接 ClusterManager 获取资源成功，就在集群中的相应空闲 WorkerNode 节点上为各个单独 Spark 进程建立独立的运行空间 Executor（图 12-9 中的第②～④步），Executor 分为多个区，分别为任务区（Task）和数据缓存区（Cache），它们都位于内存中。不同运行空间 Executor 相互独立，但可以在 SparkContext 的控制下实现 Cache 中的数据共享，这也是为什么 Spark 可以基于内存支持高效的多次迭代计算操作。

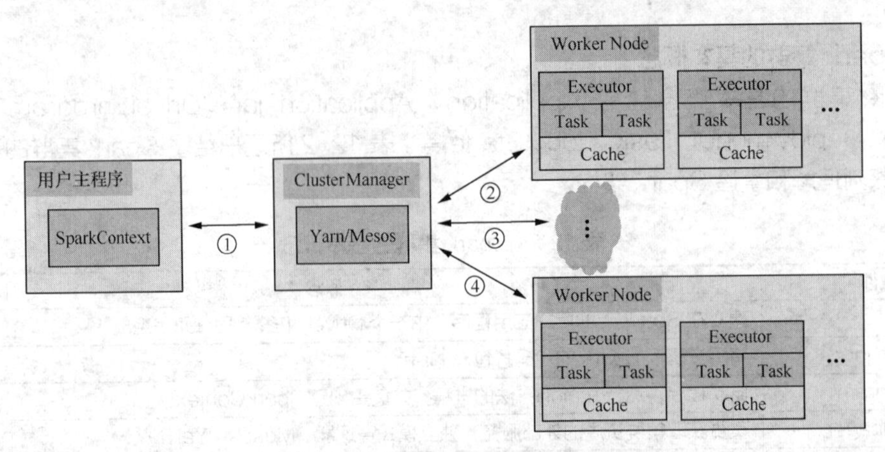

图 12-9　Spark 应用程序集群结构

为进程创建好工作空间 Executor 后，SparkContext 将 Spark 应用程序的代码或任务计划分发到任务区 Task 中，最后一切准备过程就绪，即可执行 Spark 程序。

启动 Spark 应用程序后，该程序会一直接收输入数据，及时处理并输出结果，整个处理过程如流水一般源源不断进行。SparkContext 发出 kill 命令时，即可终止该程序的运行，否则会一直运行下去。

图 12-9 中有如下几个需要注意的地方。

（1）每个应用程序都拥有自己的运行空间 Executor，Executor 在应用程序的整个生命周期一直存在，Task 以多线程的方式处理数据流。这种处理方式的优点是可以隔离不同的进程空间，避免相互之间干扰。

（2）Spark 应用独立于底层 ClusterManager，并不受限于某一 ClusterManager，提高了其抽象灵活性。Spark 只需要获得 Executor 进程运行空间以及 Executor 与 SparkContext 相互间的通信连接即可运行，这说明 Spark 应用程序可以根据资源需求情况动态申请，运行在任意一种集群资源管理器 ClusterManager（如 Yarn、Mesos）上，从而与运行其上的其他应用程序共存，提高集群资源的利用率。

（3）SparkContext 可以根据数据在集群中各 WorkerNode 的分布情况，使向集群资源管理器申请的 Executor 尽量与数据位于相同的节点，实现数据处理本地化，以应用程序迁移的方式降低网络通信开销。

3. Spark 架构的特点

（1）Spark 拥有轻量级的集群计算框架。Spark 将 Scala 应用于程序架构，而 Scala 这种多范式的编程语言具有并发性、可扩展性以及支持编程范式的特征，与 Spark 紧密结合，能够轻松地操作分布式数据集，并且可以添加新的语言结构。

（2）Spark 包含了大数据领域的数据流计算和交互式计算。Spark 可以与 HDFS 交互取得分布式文件系统中的数据文件，同时 Spark 的迭代、内存计算以及交互式计算为数据挖掘和机器学习提供了很好的框架。

（3）Spark 有很好的容错机制。Spark 使用了 RDD，RDD 被表示为 Scala 对象分布在一组节点中的只读对象集中，这些集合是弹性的，保证数据集丢失时，可以对丢失的数据集进行重建。

12.2.2 Apache Spark 的扩展功能

Spark 是一个通用的基于内存的高效集群计算系统，提供了丰富的 Java、Scala、Python 上层 API，可以在其上编写自己特定的应用程序。此外，Spark 还提供了丰富的上层应用处理工具，包括处理结构化或半结构化数据的 Spark SQL、机器学习算法库 MLlib、图形处理框架 GraphX、数据流式处理功能 SparkStreaming。其中，Spark 上的所有处理操作都会转换为底层的流式处理操作，因此，SparkStreaming 是 Spark 处理数据的基础功能之一。

Apache Spark 支持的扩展功能如图 12-10 所示，可以将 Spark SQL、MLlib、GraphX、SparkStreaming 等功能完全无缝集成在同一个 Spark 应用中，提高相应应用程序的处理功能。若想了解更多有关 Spark 的原理和功能，可以参考官网。

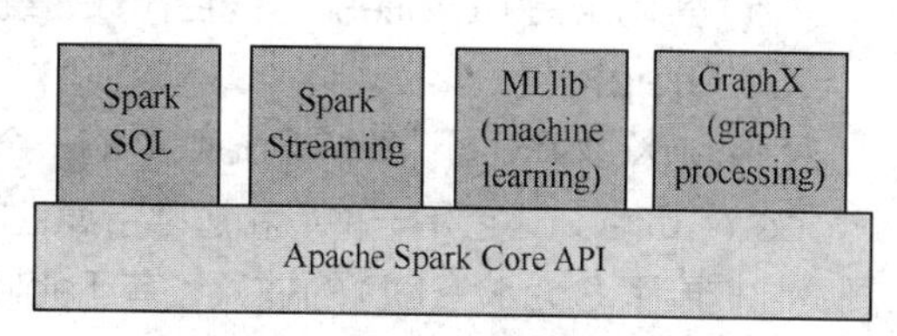

图 12-10 Spark 扩展功能

1. Spark SQL

Spark SQL 是 Spark 用来处理结构化数据的一个模块。不同于 Spark RDD 的基本 API，Spark

SQL接口提供了更多关于数据结构和正在执行的计算信息。在Spark内部，Spark SQL利用这些信息更好地进行程序的优化。实际运用中，可通过SQL与Dataset API与Spark SQL进行交互。当相同的引擎被用来执行一个计算时，有不同的API和语言种类可供选择。这种统一性意味着开发人员可以轻松切换各种熟悉的API来完成同一个计算工作。Spark SQL具有如下特征。

（1）易整合：无缝地将SQL查询与Spark程序整合。Spark SQL允许使用SQL或熟悉的DataFrame API在Spark程序中查询结构化数据，支持Java、Scala、Python和R语言。

（2）统一数据访问方式：以同样的方式连接到任何数据源。DataFrame和SQL提供了访问各种数据源的常用方法，包括Hive、Avro、JSON和JDBC等。

（3）兼容Hive：在现有仓库上运行SQL或HQL（Hive Query Language）查询。Spark SQL支持HQL语法，允许访问现有的Hive仓库。

（4）标准的数据连接：通过JDBC或ODBC连接。支持商业智能软件等外部工具通过标准数据库连接器（JDBC/ODBC）连接Spark SQL进行查询。

2. SparkStreaming

SparkStreaming是Spark核心API的一个扩展，它支持可伸缩、高吞吐量、容错的处理实时数据流。支持从多种数据源获取数据，如Kafka、Flume、Kinesis和TCP套接字，获取数据后，可以通过map、reduce、join和window等高级函数对数据进行处理。最后，还可以将处理结果推送到文件系统、数据库等。SparkStreaming的结构如图12-11所示。

图12-11　SparkStreaming的结构

MLlib是Spark的机器学习库，旨在使机器学习变得可扩展和更容易。它由一些通用的算法和工具组成，包括分类、回归、聚类、协同过滤等，还包括底层的优化原语和高层的管道API。具体来说主要包括以下5个方面的内容。

（1）机器学习算法（Machine Learning Algorithms）：常见的学习算法有分类、回归、聚类和协同过滤。

（2）特征化（Featurization）：特征提取、变换、降维和选择。

（3）管道（Pipelines）：用于构造、评估和优化机器学习管道的工具。

（4）持久性（Persistence）：保存和加载算法、模型和管道。

（5）实用工具（Utilities）：线性代数、统计、数据处理等工具。

3. GraphX

GraphX是用于图计算的Spark中的一个新组件。GraphX的核心抽象是Resilient Distributed Property Graph，它是一种点和边都带属性的有向多重图。它扩展了Spark RDD的抽象，有Table和Graph两种视图，但只需要一份物理存储。两种视图都有自己独有的操作符，从而使操作更加灵活，提高了执行效率。GraphX的结构如图12-12所示。

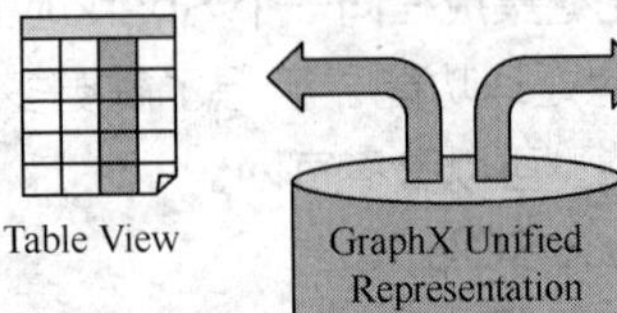

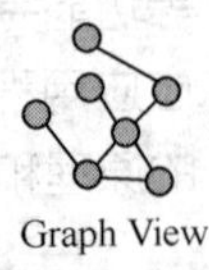

图12-12　GraphX的结构

对 Graph 视图的所有操作，最终都会转换成其关联的 Table 视图的 RDD 操作来完成，即对一个图的计算，等价于一系列 RDD 的转换过程。因此，Graph 也具备 RDD 的 3 个关键特性：不可变的、分布式的和容错的。从逻辑上，所有图的转换和操作都产生了一个新图；从物理上，GraphX 会有一定程度的不变的顶点和边的复用优化，对用户透明。

12.3 Storm 与 Spark 的异同

Storm 与 Spark 都是开源的分布式流处理框架，两者在处理海量数据方面具有很多共同点，当然也存在很大差异。

微课 12-1
Hadoop、Storm 与 Spark 的比较

1. Storm 与 Spark 的共同点

两者的共同点如下。

（1）开源的分布式集群计算框架。

（2）基于内存的高效实时数据处理功能，处理过程中途无磁盘访问操作。

（3）集群资源可扩展性好，数据容错性高。

（4）相对于 MapReduce 批处理模型，两者在处理数据方面都具有低延迟性。

（5）两者都提供了丰富的 Java、Python 上层 API。

（6）目前两者都对 Hadoop 分布式存储平台提供了良好支持。

2. Storm 与 Spark 的差异

两者之间的差异如下。

（1）Storm 是针对大数据进行实时处理的一个框架，数据在 Storm 框架内是一个个连续不断的事件流，从其中一个组件流向另一个组件。Spark 拥有丰富的数据处理扩展功能，包括处理结构化或半结构化数据的 SQL 功能、机器学习算法库 MLlib、图像处理库 GraphX 等，其主要目标是解决 MapReduce 批处理模型的低效率问题。

（2）Storm 集群没有专门的文件系统支持，可以直接部署在一般通用文件系统上，因为其所有的操作和数据都是在内存中，程序的最终状态和结构都返回到上层应用中，不需要访问文件系统，但目前的 Storm-Yarn 实现可以支持访问分布式数据库和分布式文件系统 HDFS。Spark 集群一般需要专门的分布式文件系统支持，如 HDFS、Amazon S3 等（单机模式一般只需要通用文件系统即可支持），因此，可以将其处理的最终结果保存在分布式文件系统或分布式数据库中。

（3）由于 Storm 可以不需要专门的文件系统支持，数据在不同组件间的传输方式为一个个事件流，其处理结果可以不用保存在磁盘中，因此，其处理数据的效率一般可以达到秒内的延迟。而 Spark 虽然宏观上是基于内存的实时数据处理，但其集群间管理和传输数据的方式仍是将数据事先分成很多块发送到相应处理节点，微观上仍是一个小的批处理过程，其处理效率有几秒的延迟。在时间性能上，Spark 比 Storm 要差些，Storm 处理的是每次传入的数据流，Spark 处理的是某个时间段窗口内的数据流。

（4）Storm 作为一个独立的产品架构在大型互联网公司 Twitter 中诞生且从 2011 年一直运行至今，获得了很多大型 IT 公司的支持，其性能和稳定性得到了很好的实际性验证；但其目前仍处于商业实际应用的实验阶段，还存在很多技术缺陷。尽管如此，但 Spark 功能丰富、强大，且能够与 Hadoop 实现无缝集成，相信其会不断完善和强大，成为大数据处理技术的一个重要分支。

总而言之，基于目前大量数据快速产生的特点和人们生活节奏日益加快，过去 10 年的大数据批处理技术已不能完全解决数据价值的即时响应需求，需要对海量数据进行实时、高效的处理，并将处理结果及时反馈给上层应用以充分利用数据价值，Storm 和 Spark 正是为解决实时数据处理需求而产生的，两者既可以单独部署在普通 Linux 集群中，也可以部署在 Hadoop 集群环境下，充分利用 Hadoop 分布式文件系统的功能获取和保存数据，弥补了两者自身没有文件系统支持功能的缺陷。本章简要描述了基于 Hadoop 平台的实时处理技术 Storm-Yarn 和 Spark，这两个实时数据处理功能作为独立的功能组件可以简单、快速地部署在 Hadoop 平台的 YARN 框架下，体现了 Hadoop 平台的通用性。

习题

1. Storm 和 Spark 的功能分别是什么？
2. Storm 集群的组成及其对应功能分别是什么？
3. Storm 数据流对象的组成成分有哪些？简述各成分的功能。
4. 简述 Storm 与 Storm-Yarn 的区别。
5. Spark 框架处理数据的各组成成分包含哪些？简述 Spark 处理数据的过程。
6. Spark 支持的扩展功能有哪些，并说明其作用。
7. 简述 Storm 与 Spark 的异同点。

附录A 使用Eclipse提交Hadoop任务时相关错误的修复

1. 提交任务时出现 Failed to locate the winutils binary in the hadoop binary path

java.io.IOException: Could not locate executable null\bin\winutils.exe in the Hadoop binaries 错误。

该错误出现，说明编译没有通过，这是由于 Hadoop-2.x 源文件 bin 目录下的相关文件与 Windows 不兼容，需要使用如下操作修复。

（1）下载 hadoop-common-2.7.7-bin-master.zip，可在官网下载。

（2）解压 hadoop-common-2.7.7-bin-master.zip，用\hadoop-common-2.7.7-bin-master\bin 目录下的所有文件覆盖 E:\hadoop-2.7.7\bin 中的文件。

（3）将 E:\hadoop-2.7.7\bin\hadoop.dll 文件复制到 C:\Windows\System32 中。

（4）将 E:\hadoop-2.7.7\bin 添加到环境变量 Path 中。

2. 提交任务时出现 org.apache.hadoop.util.Shell$ExitCodeException: /bin/bash: line 0: fg: no job control 错误

这其实是 Hadoop-2.7.7 本身的 bug 所致，这个问题同样发生在 Hadoop-2.3 中，具体情况可以在 Apache 的官网中找到。

问题的解决方式是：下载 MRApps.patch、YARNRunner.patch、HADOOP-10110.patch 这 3 个文件，即 MRApps.patch、YARNRunner.patch、HADOOP-10110.patch，然后为 Hadoop-2.7.7 源代码打上补丁，再重编译成源文件即可。

上面的方法操作起来非常麻烦，但是实际上只是 hadoop-2.7.7 源文件中的两个 jar 包有问题。

```
hadoop-2.7.7\share\hadoop\mapreduce\hadoop-mapreduce-client-common-2.7.7.jar
hadoop-2.7.7\share\hadoop\mapreduce\hadoop-mapreduce-client-jobclient-2.7.7.jar
```

可以直接从网上搜索下载其他网友重编译好的 jar 包，替换掉 NameNode 的 jar 包和本地 Hadoop 源文件中的 jar 包；如果建立的是 Java 工程，那么还需替换掉项目中相应的依赖包。之后找到本地 Hadoop 源文件中的如下 jar 包（或 Java 工程的相应依赖包）。

```
E:\hadoop-2.7.7\share\hadoop\mapreduce\hadoop-mapreduce-client-core-2.7.7.jar
```

用压缩软件打开，双击修改 mapred-default.xml，如图 A-1 所示。

添加如下变量。

```
<property>
<name>mapred.remote.os</name>
<value>Linux</value>
<description>Remote MapReduce framework's OS, can be either Linux or Windows
</description>
</property>
```

```
<property>
<name>mapreduce.application.classpath</name>
<value>
$HADOOP_CONF_DIR,
$HADOOP_COMMON_HOME/share/hadoop/common/*,
$HADOOP_COMMON_HOME/share/hadoop/common/lib/*,
$HADOOP_HDFS_HOME/share/hadoop/hdfs/*,
$HADOOP_HDFS_HOME/share/hadoop/hdfs/lib/*,
$HADOOP_MAPRED_HOME/share/hadoop/mapreduce/*,
$HADOOP_MAPRED_HOME/share/hadoop/mapreduce/lib/*,
$HADOOP_YARN_HOME/share/hadoop/yarn/*,
$HADOOP_YARN_HOME/share/hadoop/yarn/lib/*
</value>
</property>
```

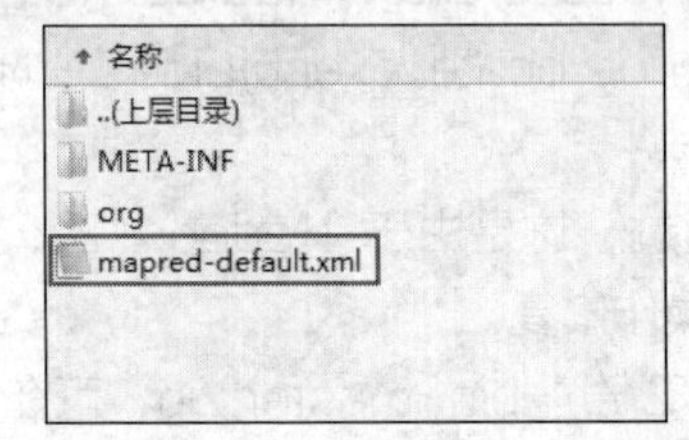

图 A-1 修改 mapred-default.xml 文件

附录B
常用Pig内置函数

1. 可重入函数（Eval Functions）

（1）AVG

语法：AVG(expression)

用法：计算数值的平均值，使用 AVG 函数之前，必须使用 GROUP 语句将待计算数值数据分组，例如，使用 GROUP ALL 语句把所有数值数据分类成一个整体，然后计算所有数值数据的平均值，使用 GROUP BY 语句对数值数据分组，然后计算各个分组数值数据的平均值。expression 中的值必须为 int、long、float、double、bigdecimal、biginteger 或 bytearray 类型的数值数据。AVG 函数会忽略 null 值。

实例：计算每一个学生成绩点 gpa 的平均值。

```
grunt> A = LOAD 'student.txt' AS (name:chararray, term:chararray, gpa:float);
grunt> DUMP A;
(John,fl,3.9F)
(John,wt,3.7F)
(John,sp,4.0F)
(John,sm,3.8F)
(Mary,fl,3.8F)
(Mary,wt,3.9F)
(Mary,sp,4.0F)
(Mary,sm,4.0F)
grunt> B = GROUP A BY name;
grunt> DUMP B;
(John,{(John,fl,3.9F),(John,wt,3.7F),(John,sp,4.0F),(John,sm,3.8F)})
(Mary,{(Mary,fl,3.8F),(Mary,wt,3.9F),(Mary,sp,4.0F),(Mary,sm,4.0F)})
grunt> C = FOREACH B GENERATE A.name, AVG(A.gpa);
grunt> DUMP C;
({(John),(John),(John),(John)},3.850000023841858)
({(Mary),(Mary),(Mary),(Mary)},3.925000011920929)
```

（2）CONCAT

语法：CONCAT (expression, expression, […expression])

用法：用于连接两个或多个相同类型的 expression 值，若任何一个 expression 值为 null，则所得结果为 null 值。

实例：将 f1、f2 和 f3 这 3 个字段连接在一起，f1 与 f2 用下画线“_”连接在一起。

```
grunt> A = LOAD 'data' as (f1:chararray, f2:chararray, f3:chararray);
grunt> DUMP A;
(apache,open,source)
(hadoop,map,reduce)
(pig,pig,latin)
grunt> X = FOREACH A GENERATE CONCAT(f1, '_', f2,f3);
grunt> DUMP X;
```

```
(apache_opensource)
(hadoop_mapreduce)
(pig_piglatin)
```

（3）COUNT

语法：COUNT(expression)

用法：统计 expression 中的元素总数，expression 中的元素一般为 bag 类型。使用 COUNT 函数之前，必须使用 GROUP 语句将 expression 中的所有元素分组，例如，使用 GROUP ALL 语句把所有元素分类成一个整体，然后统计整个分类的元素数，使用 GROUP BY 语句将元素分组，然后计算各个分组中的元素数。

实例：统计每一个 bag 类型中的 tuple 元素数。

```
grunt> A = LOAD 'data' AS (f1:int,f2:int,f3:int);
grunt> DUMP A;
(1,2,3)
(4,2,1)
(8,3,4)
(4,3,3)
(7,2,5)
(8,4,3)
grunt> B = GROUP A BY f1;
grunt> DUMP B;
(1,{(1,2,3)})
(4,{(4,2,1),(4,3,3)})
(7,{(7,2,5)})
(8,{(8,3,4),(8,4,3)})
grunt> X = FOREACH B GENERATE COUNT(A);
grunt> DUMP X;
(1L)
(2L)
(1L)
(2L)
```

（4）MAX

语法：MAX(expression)

用法：用于计算 expression 内单列数值数据中的最大值，expression 变量一般为 int、long、float、double、bigdecimal、biginteger、chararray、datetime 或 bytearray 类型。执行 COUNT 函数之前，必须使用 GROUP 语句将 expression 中的所有元素分组。MAX 函数会忽略 null 值。

实例：计算每一个学生所有项目的最高分。

```
grunt> A = LOAD 'student' AS (name:chararray, session:chararray, gpa:float);
grunt> DUMP A;
(John,fl,3.9F)
(John,wt,3.7F)
(John,sp,4.0F)
(John,sm,3.8F)
(Mary,fl,3.8F)
(Mary,wt,3.9F)
(Mary,sp,4.0F)
(Mary,sm,4.0F)
grunt> B = GROUP A BY name;
grunt> DUMP B;
(John,{(John,fl,3.9F),(John,wt,3.7F),(John,sp,4.0F),(John,sm,3.8F)})
(Mary,{(Mary,fl,3.8F),(Mary,wt,3.9F),(Mary,sp,4.0F),(Mary,sm,4.0F)})
grunt> X = FOREACH B GENERATE group, MAX(A.gpa);
grunt> DUMP X;
(John,4.0F)
(Mary,4.0F)
```

（5）MIN

MIN 是与 MAX 函数相对应，用于计算 expression 内单列数值数据中的最小值。

（6）SUM

语法：SUM(expression)

用法：用于计算数值的总和，执行 COUNT 函数之前，必须使用 GROUP 语句将 expression 中的所有元素分组。expression 类型一般为 int、long、float、double、bigdecimal、biginteger 或 bytearray 等数值类型。SUM 函数会忽略 null 值。

实例：计算每个人的宠物总数。

```
grunt> A = LOAD 'data' AS (owner:chararray, pet_type:chararray, pet_num:int);
grunt> DUMP A;
(Alice,turtle,1)
(Alice,goldfish,5)
(Alice,cat,2)
(Bob,dog,2)
(Bob,cat,2)
grunt> B = GROUP A BY owner;
grunt> DUMP B;
(Alice,{(Alice,turtle,1),(Alice,goldfish,5),(Alice,cat,2)})
(Bob,{(Bob,dog,2),(Bob,cat,2)})
grunt> X = FOREACH B GENERATE group, SUM(A.pet_num);
grunt> DUMP X;
(Alice,8L)
(Bob,4L)
```

2. 加载/存储函数（Load/Store Functions）

（1）BinStorage

语法：BinStorage()

用法：以二进制形式加载/存储数据。

实例：将 BinStorage()函数应用到 LOAD、STORE 操作用于加载、存储数据。

```
grunt> A = LOAD 'data' USING BinStorage();
grunt> STORE A into 'output' USING BinStorage();
```

（2）JsonLoader、JsonStorage

语法：JsonLoader(['schema'])、JsonStorage( )

用法：JsonLoader 用于加载 JSON 格式的数据，JsonStorage 用于存储 JSON 格式的数据。schema 为可选的 Pig 模式，位于单引号内。

实例：为加载的数据指定相关模式。

```
grunt> a = load 'a.json' using JsonLoader('a0:int, a1:{(a10:int,a11:charar ray)},
a2:(a20:double, a21:bytearray), a3:[chararray]');
```

（3）PigDump

语法：PigDump()

用法：使用 UTF-8 格式存储数据。

实例：将 PigDump()应用于 STORE 操作。

```
grunt> STORE X INTO 'output' USING PigDump();
```

（4）PigStorage

语法：PigStorage(['field_delimiter'] , ['options'])

用法：使用结构化文本文件格式加载或存储数据。field_delimiter 为数据字段分隔符，默认为

tab 指标符“\t”，可以指定其他符号为分隔符，如逗号（,）、冒号（:）等。options 为以字符串形式的选项，可以指定多个选项，选项之间以空格隔开，如('optionA optionB optionC')。当前支持的选项如下。

('schema')：指定用一个隐藏的 JSON 文件存储关系的模式。

('noschema')：加载数据时，忽略相应的模式。

('tagPath')：在原数据字段之前增加一个伪列 INPUT_FILE_PATH，用于指明包含该记录的文件输入路径。

('tagFile')：在原数据字段之前增加一个伪列 INPUT_FILE_NAME，用于指明包含该记录的文件名。

PigStorage 为 pig 加载（LOAD）/存储（STORE）数据时使用的默认函数，操作的文件格式为结构化的文本文件（可读的 UTF-8 格式）。

实例：加载的文件内容各字段以 tab 字符作为分隔符，各记录以换行符结尾，该格式为 LOAD 或 STORE 操作文件的默认格式，第一条语句与第二条语句功能相同。

```
A = LOAD 'student' USING PigStorage('\t') AS (name: chararray, age:int, gpa: float);
A = LOAD 'student' AS (name: chararray, age:int, gpa: float);
```

STORE 操作使用 PigStorage(':')定义存储的目标文件中各字段之间以冒号（:）作为分隔符，指定存储目录为 output，文件名为 part-nnnnn（如 part-00000）。

```
STORE X INTO  'output' USING PigStorage('*');
```

（5）TextLoader

语法：TextLoader()

用法：用于加载 UTF-8 格式的非结构化数据，输入文件中的每一行作为一个单独的字段存储在 tuple 形式的结果中。

实例：将 TextLoader()函数应用于 LOAD 操作。

```
A = LOAD 'data' USING TextLoader();
```

（6）HBaseStorage

语法：HBaseStorage('columns', ['options'])

用法：用于从 HBase 表中加载数据或把结果存储到 HBase 表中。参数 columns 指定多个列名用于读取数据或存储数据，列族（column family）与列名之间以冒号分隔，不同列之间以空格分隔，只需要指定 Pig 操作的相关列。options 为以空格分隔的一个或多个选项，选项以字符串形式位于单引号内，形式如('-optionA=valueA -optionB=valueB-optionC= valueC')。常见选项 options 如下。

```
-loadKey=(true|false) ：设置加载数据时，是否返回的 tuple 结果中第一个值为记录行键（row key），默认为 false。
-gt=minKeyVal：设置只返回 rowkey 大于 minKeyVal 的记录。
-gte=minKeyVal：设置只返回 rowkey 大于等于 minKeyVal 的记录。
-lt=maxKeyVal：设置只返回 rowkey 小于 maxKeyVal 的记录。
-lte=maxKeyVal：设置只返回 rowkey 小于等于 maxKeyVal 的记录。
-regex=regex：设置只返回 rowkey 与 regex 匹配的记录。
-limit=numRowsPerRegion：设置从每个 region 中提取数据的最大行数。
-caching=numRows：保存在缓存中的记录条数。
实例：LOAD 操作使用 HBaseStorage 函数，并使用 AS 关键字指定模式。
grunt> raw = LOAD 'hbase:// TableName'
       USING org.apache.pig.backend.hadoop.hbase.HBaseStorage(
```

```
        'info:first_name  info:last_name  tags:*',  '-loadKey=true  -limit=5')
    AS (id:bytearray, first_name:chararray, last_name:chararray, tags_map:map[]);
```

上述 LOAD 操作定义的关系 raw 中第一列 id 为记录在数据库中的 rowkey，设置-loadKey=true 选项指定执行 LOAD 操作时自动添加 key 值; info:first_name 和 info:last_name 列为实际数据列，包含完整的模式，即字段名和字段类型；第三列 tags:*中的星号*为通配符，表示返回 tags 列族中所有存在的列，为该字段定义的别名为 tags_map，类型为 map[]，用于存储一系列字段值，map 中的 key 为 HBase 表中的列名，key 类型为 chararray，map 中的 value 为相应列值，value 类型可以指定为 int 或 chararray。

从 HDFS 中使用默认的 PigStorage 函数加载数据，使用 STORE 操作将结果数据存储到 HBase 表中。

```
    A  =  LOAD  'hdfs_users'  AS  (id:bytearray,  first_name:chararray,  last_name:chararray);
    STORE A INTO 'hbase://users_table'
    USING org.apache.pig.backend.hadoop.hbase.HBaseStorage(
    'info:first_name info:last_name');
```

注意关系 A 中的模式包含 3 个字段，而 STORE 操作中的 HBaseStorage 函数只包含两个参数，因为关系 A 中的第一个字段 id 被用作 HBase 表中的 rowkey。

3. 数学函数（Math Functions）

（1）ABS

语法：ABS(expression)

用法：返回 expression 的绝对值，expression 的类型为 int、long、float 或 double。

（2）CEIL

语法：CEIL(expression)

用法：返回不小于 expression 的最小整数。例如，CEIL(4.3)和 CEIL(4.6)都返回 5，CEIL(-4.3)和 CEIL(-4.6)都返回-4，即对 expression 向上取整，expression 的类型为 double。

（3）FLOOR

语法：FLOOR(expression)

用法:返回不大于expression的最大整数。例如,CEIL(4.3)和CEIL(4.6)都返回4,CEIL(-4.3)和 CEIL(-4.6)都返回-5，即对 expression 向下取整，expression 的类型为 double。

（4）LOG

语法：LOG(expression)

用法：以 e 为底返回 expression 的自然对数，expression 的类型为 double。

（5）LOG10

语法：LOG10(expression)

用法：以 10 为底返回 expression 的自然对数，expression 的类型为 double。

（6）RANDOM

语法：RANDOM( )

用法：返回 double 类型的大于等于 0.0 且小于 1.0 的伪随机数。

（7）ROUND

语法：ROUND(expression)

用法：以四舍五入的方式返回 expression 的整数值，若 expression 为 float 类型，则函数返回值为 int 类型，若 expression 为 double 类型，则函数返回值为 long 类型。例如，ROUND(4.3) 返回 4，ROUND(4.6)返回 5，ROUND(-4.3)返回 4，ROUND(-4.6)返回-5。注意，ROUND(-4.5) 会返回-4，当取中间负数值时，会返回最大值。

（8）SQRT

语法：SQRT(expression)

用法：返回 expression 的正数平方根，expression 的类型为 double。

4. 字符串函数（String Functions）

（1）EqualsIgnoreCase

语法：EqualsIgnoreCase(string1, string2)

用法：忽略大小写方式比较两个字符串是否相等。若 string1 和 string2 中的任何一个为 null，则结果返回 null。

（2）INDEXOF

语法：INDEXOF(string, 'character', startIndex)

用法：从 string 的 startIndex 位置开始向后搜索，寻找 character 第一次出现的位置。startIndex 默认从 0 开始计数。

（3）LAST_INDEX_OF

语法：LAST_INDEX_OF(string, 'character')

用法：从 string 的末尾开始向前搜索，寻找 character 第一次出现的位置。

（4）LOWER

语法：LOWER(string)

用法：把 string 中的所有字符转换为小写，若 string 为 null，则结果返回 null。

（5）SUBSTRING

语法：SUBSTRING(string, startIndex, stopIndex)

用法：返回 string 中从 startIndex 位置开始到 stopIndex 位置结束的子字符串，startIndex 默认从 0 开始计数，不包括 stopIndex 位置上的字符。

（6）TRIM

语法：TRIM(string)

用法：去除 string 中的首尾空格字符，若 string 为 null，则结果返回 null。

（7）UPPER

语法：UPPER(string)

用法：把 string 中的所有字符转换为大写，若 string 为 null，则结果返回 null。

5. 时间函数（Datetime Functions）

（1）CurrentTime

语法：CurrentTime()

用法：返回当前时间的 DateTime 对象。

（2）GetDay

语法：GetDay(datetime)

用法：以天为单位返回时间。

（3）GetHour

语法：GetHour(datetime)

用法：以小时为单位返回时间。

（4）GetMilliSecond

语法：GetMilliSecond(datetime)

用法：以 ms 为单位返回时间。

（5）GetMinute

语法：GetMinute(datetime)

用法：以分钟为单位返回时间。

（6）GetMonth

语法：GetMonth(datetime)

用法：以月为单位返回时间。

（7）GetSecond

语法：GetSecond(datetime)

用法：以 s 为单位返回时间。

（8）GetWeek

语法：GetWeek(datetime)

用法：返回一年中的第几周。

（9）GetYear

语法：GetYear(datetime)

用法：以年为单位返回时间。

6. Map/Bag/Tuple 函数

（1）TOTUPLE

语法：TOTUPLE(expression [, expression …])

用法：将一个或多个任意类型的 expression 转换为 tuple 类型。

实例：把字段 name、age、gpa 转换为 tuple 类型。

```
grunt> A = LOAD 'student' AS (name:chararray, age:int, gpa:float);
grunt> DUMP A;
(John,18,4.0)
(Mary,19,3.8)
(Bill,20,3.9)
(Joe,18,3.8)
grunt> B = FOREACH a GENERATE TOTUPLE(name,age,gpa);
grunt> DUMP B;
((John,18,4.0))
((Mary,19,3.8))
((Bill,20,3.9))
((Joe,18,3.8))
```

（2）TOBAG

语法：TOBAG(expression [, expression …])

用法：将一个或多个任意类型的 expression 转换为 bag 类型。该函数首先将每个 expression 转换为单独的 tuple 类型，然后把所有 tuple 类型数据封装到 bag 类型中。

实例：将 name 字段和 gpa 字段分别转换为单独的 tuple 类型，然后封装到 bag 类型中。

```
grunt> A = LOAD 'student' AS (name:chararray, age:int, gpa:float);
grunt> DUMP A;
(John,18,4.0)
(Mary,19,3.8)
```

```
(Bill,20,3.9)
(Joe,18,3.8)
grunt> B = FOREACH A GENERATE TOBAG(name, gpa);
grunt> DUMP B;
({(John),(4.0)})
({(Mary),(3.8)})
({(Bill),(3.9)})
({(Joe),(3.8)})
```

（3）TOMAP

语法：TOMAP(key-expression, value-expression [, key-expression, value-expression …])

用法：将每对 key-expression，value-expression 转换为 map 类型。必须为该函数提供偶数个参数，其中，第奇数个参数的类型必须为 chararray，第偶数个参数的类型可以为 map value 支持的任何类型。

实例：获取字段 name 和字段 gpa 并转换为 map 类型。

```
grunt> A = LOAD 'student' AS (name:chararray, age:int, gpa:float);
grunt> DUMP A;
(John,18,4.0)
(Mary,19,3.8)
(Bill,20,3.9)
(Joe,18,3.8)
grunt> B = FOREACH A GENERATE TOMAP(name, gpa);
grunt> DUMP B;
[John#4.0]
[Mary#3.8]
[Bill#3.9]
[Joe#3.8]
```